W0255437

Teubner Studienbücher

Mathematik

Afflerbach: **Statistik-Praktikum mit dem PC.** DM 24,80

Ahlswede/Wegener: **Suchprobleme.** DM 37,–

Aigner: **Graphentheorie.** DM 34,–

Ansorge: **Differenzenapproximationen partieller Anfangswertaufgaben.**
DM 32,– (LAMM)

Behnen/Neuhaus: **Grundkurs Stochastik.** 2. Aufl. DM 39,80

Bohl: **Finite Modelle gewöhnlicher Randwertaufgaben.** DM 36,– (LAMM)

Böhmer: **Spline-Funktionen.** DM 32,–

Bröcker: **Analysis in mehreren Variablen.** DM 38,–

Bunse/Bunse-Gerstner: **Numerische Lineare Algebra.** DM 38,–

v. Collani: **Optimale Wareneingangskontrolle.** DM 29,80

Collatz: **Differentialgleichungen.** 7. Aufl. DM 38,– (LAMM)

Collatz/Krabs: **Approximaltionstheorie.** DM 29,80

Constantinescu: **Distributionen und ihre Anwendungen in der Physik.** DM 23,80

Dinges/Rost: **Prinzipien der Stochastik.** DM 38,–

Dufner/Jensen/Schumacher: **Statistik mit SAS.** DM 42,–

Fischer/Kaul: **Mathematik für Physiker.**
Band 1: Grundkurs. 2. Aufl. DM 48,–

Fischer/Sacher: **Einführung in die Algebra.** 3. Aufl. DM 28,80

Floret: **Maß- und Integrationstheorie.** DM 39,80

Großmann/Roos: **Numerik partieller Differentialgleichungen.** DM 48,–

Hackbusch: **Integralgleichungen.** Theorie und Numerik. DM 38,– (LAMM)

Hackbusch: **Iterative Lösung großer schwachbesetzter Gleichungssysteme.**
DM 42,– (LAMM)

Hackbusch: **Theorie und Numerik elliptischer Differentialgleichungen.** DM 38,–

Hackenbroch: **Integrationstheorie.** DM 23,80

Hainzl: **Mathematik für Naturwissenschaftler.** 4. Aufl. DM 39,80 (LAMM)

Hässig: **Graphentheoretische Methoden des Operations Research.** DM 26,80 (LAMM)

Hettich/Zonke: **Numerische Methoden der Approximation und semi-intiniten
Optimierung.** DM 29,80

Hilbert: **Grundlagen der Geometrie.** 13. Aufl. DM 32,–

Ihringer: **Allgemeine Algebra.** DM 24,80

Jeggle: **Nichtlineare Funktionalanalysis.** DM 32,–

Kall: **Analysis für Ökonomen.** DM 29,80 (LAMM)

B. G. Teubner Stuttgart

Methoden zur numerischen Behandlung nichtlinearer Gleichungen und Optimierungsaufgaben

2., überarbeitete Auflage
Von Prof. Dr. rer. nat. Peter Kosmol
Universität Kiel

Springer Fachmedien Wiesbaden GmbH 1993

Prof. Dr. rer. nat. Peter Kosmol

Geboren 1942 in Ratiborhammer/Schlesien. Von 1960 bis 1965 Studium
der Mathematik und Physik mit anschließender Assistententätigkeit bis
1967 an der Universität Wroclaw (Breslau). 1970 Promotion, 1974 Habili-
tation und 1979 Ernennung zum apl. Professor in Kiel. Seit 1971 Betreu-
ung des Arbeitsbereiches Optimierungs- und Approximationstheorie
einschließlich der dazugehörigen numerischen Verfahren am Mathematischen Seminar der Universität Kiel.

ISBN 978-3-519-12085-8   ISBN 978-3-663-12239-5 (eBook)
DOI 10.1007/978-3-663-12239-5

Die Deutsche Bibliothek – CIP-Einheitsaufnahme

Kosmol, Peter:
Methoden zur numerischen Behandlung nichtlinearer
Gleichungen und Optimierungsaufgaben / von Peter Kosmol. –
2., überarb. Aufl. – Stuttgart : Teubner, 1993
  (Teubner Studienbücher : Mathematik)
  ISBN 978-3-519-12085-8

Gesamtherstellung: Druckhaus Beltz, Hemsbach/Bergstraße
Umschlaggestaltung: M. Koch, Reutlingen

Vorwort

Das Ziel der hier vorliegenden Abhandlung ist eine einfache einheitliche Darstellung der Konvergenzbeweise für numerische Verfahren nichtlinearer Optimierungsaufgaben und der damit verbundenen nichtlinearen Gleichungen. Im wesentlichen werden Verfahren betrachtet, die auf der Idee des Gradienten- und Newton-Verfahrens beruhen. Es wurde dabei nach möglichst einfachen Beweisen für die Konvergenz und die Konvergenzgeschwindigkeit von Algorithmen für Aufgaben in dem Euklidischen Raum $\mathbb{R}^n$ gesucht. Es hat sich aber herausgestellt, daß gerade die einfachen Beweise nicht die spezielle Struktur des $\mathbb{R}^n$ benutzen und in allgemeinen normierten Räumen gültig sind. Das zentrale Beweismittel ist hier der Mittelwertsatz der Differentialrechnung in der Integralform, der auch in Banachräumen gilt. Wir setzen den Begriff eines Vektorraumes (linearen Raumes) als bekannt voraus und wollen mit der Definition eines normierten Raumes die Einführung beginnen. Die Auswahl der Eigenschaften eines normierten Raumes wird sich an der Tatsache orientieren, daß die Numerik in $\mathbb{R}^n$ im Vordergrund stehen soll. Unter einem Vektorraum wird im gesamten Text ein Vektorraum über dem Körper der reellen Zahlen verstanden. Es wird empfohlen sofort mit dem eigentlichen Text (ab Kapitel 1) anzufangen und die Einführung nur als Nachschlagewerk zu benutzen. Denn die Einführung ist an einigen Stellen als Ergänzung gedacht. So werden z.B. im Abschnitt 0.8.6 uniform konvexe Funktionen eingeführt, die auch für die Numerik in $\mathbb{R}^n$ wichtig sind. Jedoch zur vollen Entfaltung kommt dieser Begriff erst im Rahmen der normierten Räume und die allgemeine Sicht kann auch zum besseren Verständnis führen. Weiter sind die im Text behandelten Optimierungsaufgaben nichtrestringiert und in der Einführung wird gezeigt, wie restringierte Aufgaben auf nichtrestringierte zurückgeführt werden können (s. 0.9). Die Stabilitätssätze (s. 0.3.2) weisen z.B. einen Weg, wie man nichtdifferenzierbare Aufgaben durch eine Folge differenzierbarer ersetzen kann.

Viele in den Anwendungen vorkommende Aufgaben sind nichtdifferenzierbar, aber sie lassen sich oft mit der dazugehörigen Theorie auf das Lösen von nichtlinearen Gleichungen zurückführen, so z.B. die Aufgaben der Čebyšev-und L_1-Approximation s. [G-G], [G-S], [H-Z] und [K4].

Dieser Text wendet sich an Leser, die eine zweisemestrige Mathematik-Vorlesung im Rahmen eines Studiums der Mathematik, Informatik oder der Naturwissenschaften gehört haben.

Die Kapitel 1, 2 und 12 beruhen auf einer früheren Ausarbeitung einer meiner Vorlesungen von Bärbel Schröder.

Das mühevolle Schreiben haben Anne-Katrin Främbs, Inken Höhrmann und Sabine Thielk übernommen und mit großer Sorgfalt durchgeführt. Ihnen sei herzlich gedankt.

Von den Hörern meiner Vorlesungen habe ich zahlreiche Hinweise und Korrekturen zu der früheren Version des Skriptes erhalten. Reinhard Lohse hat mir durch sein sorgfältiges Studieren des Textes sehr geholfen

Ihnen allen sei herzlich gedankt.

Kiel, im Januar 1989   Peter Kosmol

Vorwort zur zweiten Auflage

Die wesentlichen Änderungen dieser Neuauflage bestehen aus neuen Algorithmen, die in den Abschnitten 2.5, 10.8 und Kapitel 13 zu finden sind. Ich habe die Hoffnung, die meisten Druckfehler jetzt beseitigt zu haben. Mein herzlicher Dank gilt meinen Lesern, die mir dabei geholfen haben, und vor allem Reinhard Lohse, der mich stets unterstützt hat.

Den Mitarbeitern des Verlages danke ich für die gute Zusammenarbeit und für das Entgegenkommen bei der Herstellung dieser Auflage.

Kiel, im Februar 1993   Peter Kosmol

Inhaltsverzeichnis

Einführung

0.1   NORMIERTE RÄUME

<u>Definition</u> 1:

Sei X ein Vektorraum. Dann heißt eine Abbildung

1) $\qquad\qquad \|\cdot\| : X \rightarrow \mathbb{R}_+$

Norm (auf X), wenn sie folgende Eigenschaften hat:

    (N1) $\quad \forall\ x \in X : \|x\| = 0$ genau dann, wenn $x = 0$

    (N2) $\quad \forall\ \alpha \in \mathbb{R},\ x \in X : \|\alpha x\| = |\alpha|\ \|x\|$ (positive Homogenität)

    (N3) $\quad \forall\ x,y \in X : \|x+y\| \le \|x\| + \|y\|$

Das Paar $(X,\|\cdot\|)$ heißt **normierter Raum**.

In einem normierten Raum kann man die Konvergenz von Folgen mit Hilfe der Konvergenz in $\mathbb{R}$ erklären.

<u>Definition</u> 2:

Seien X, Y normierte Räume. Eine Folge $(x_k)_0^\infty$ in X heißt gegen ein $x \in X$ **konvergent**, falls die Zahlenfolge $(\|x_k - x\|)_0^\infty$ eine Nullfolge ist. Bezeichnung: $x_k \underset{k\to\infty}{\longrightarrow} x$ und $x = \lim_k x_k$

Sei M eine Teilmenge von X. $f : M \rightarrow Y$ heißt **stetig** in $x \in M$, falls für jede gegen x konvergente Folge $(x_k)_0^\infty$ die Folge $(f(x_k))_0^\infty$ gegen $f(x)$ konvergiert.

OFFENE UND ABGESCHLOSSENE MENGEN

<u>Definition</u> 3:

Sei $(X,\|\cdot\|)$ ein normierter Raum, sei $x_0 \in X$ und $r \in \mathbb{R}_+$. Dann heißt die Menge

$$K(x_0,r) := \{\ x \in X \mid \|x - x_0\| < r\ \}$$

offene Kugel mit dem **Mittelpunkt** x_0 und **Radius** r. Sei U eine Teilmenge von X. Ein Punkt $u \in U$ heißt **innerer Punkt** von U, falls ein $\alpha > 0$ mit $K(u,\alpha) \subset U$ existiert. $U \subset X$ heißt **offene Menge**, wenn jeder Punkt aus U ein innerer Punkt ist. Eine Menge $A \subset X$ heißt **abgeschlossen**, falls das Komplement $X\backslash A$ offen ist.

<u>Aufgabe</u>: Seien X,Y normierte Räume und $M \subset X$. Eine Funktion $f : X \rightarrow Y$ ist genau dann stetig in $x_0 \in M$, wenn zu jedem $\varepsilon > 0$ ein $\delta > 0$ existiert, so daß für alle $x \in K(x_0,\delta)$ gilt: $f(x) \in K(f(x_0),\varepsilon)$.

<u>Bezeichnung</u> 1:

$C(M,Y) := \{\ f : M \rightarrow Y \mid f\ \text{stetig}\ \}$, $C(M) := C(M,\mathbb{R})$ und $C[a,b] := C([a,b])$.

Bemerkung 1:

Sei $(X, \|\cdot\|)$ ein normierter Raum. Dann ist die Norm $\|\cdot\|$ eine stetige Funktion.

Beweis: Dies folgt direkt aus der folgenden Ungleichung, die aus (N3) folgt: Für alle $x,y \in X$ ist

2)
$$\big|\, \|x\| - \|y\| \,\big| \leq \|x-y\| \, ,$$

da $\|x\| - \|y\| = \|x-y+y\| - \|y\| \leq \|x-y\| + \|y\| - \|y\| = \|x-y\|$
und analog $\|y\| - \|x\| \leq \|x-y\|$ gilt.

BEISPIELE FÜR NORMIERTE RÄUME:

i) $(\mathbb{R}, |\cdot|)$

ii)   Sei $X = \mathbb{R}^n$ und

     a) $\|x\|_2 := \big(\sum_{i=1}^{n} x_i^2\big)^{\frac{1}{2}}$ (Euklidische Norm)

     b) $\|x\|_1 := \sum_{i=1}^{n} |x_i|$ (l^1 - Norm)

     c) $\|x\|_\infty := \max_{1 \leq i \leq n} |x_i|$ (l^∞ - Norm)

iii)   Sei T eine kompakte Teilmenge des $\mathbb{R}^n$ und
$X = \{\, x : T \to \mathbb{R} \mid x \text{ stetig} \,\}$. Dann ist durch $\|x\| = \max_{t \in T} |x(t)|$ eine Norm auf X erklärt.

BANACHRÄUME

Definition 4:

Eine Folge $(x_k)_0^\infty$ in einem normierten Raum X heißt *Cauchy-Folge*, wenn gilt

$$\forall\, \varepsilon > 0 \; \exists\, k_0 \in \mathbb{N} \; \forall\, k,m \geq k_0 : \|x_k - x_m\| < \varepsilon \, .$$

Ein normierter Raum X heißt *vollständig*, wenn jede Cauchy-Folge in ihm konvergiert. Ein vollständiger normierter Raum heißt *Banachraum*.

Alle Beispiele für normierte Räume aus 3) sind Banachräume. Die Ableitung einer Funktion an einer Stelle wird später mit dem Begriff einer linearen Abbildung eingeführt. In diesem Zusammenhang ist für uns der folgende Satz von Bedeutung.

Definition 5:

Unter dem *Dualraum* X^* eines normierten Raumes X verstehen wir die Gesamtheit aller stetigen Funktionale auf X, also

$$X^* := \{\, u : X \to \mathbb{R} \mid u \text{ linear und stetig} \,\}.$$

Vermöge

$$(\alpha u_1 + \beta u_2)(x) = \alpha u_1(x) + \beta u_2(x) \text{ für } \alpha,\beta \in \mathbb{R};\; u_1, u_2 \in X^*;\; x \in X$$

ist X^* ein Vektorraum über $\mathbb{R}$. Mit

3) $\qquad u \longmapsto \|u\| := \sup \{ u(x) \mid x \in X, \|x\| \leq 1 \}$

wird X^* zu einem normierten Raum (Übungsaufgabe). Den Dualraum eines normierten Raumes wollen wir stets mit 3) als normierten Raum auffassen.

Leicht ist die folgende Beschreibung stetiger linearer Funktionale zu zeigen. Eine lineare Funktion $u : X \longrightarrow \mathbb{R}$ ist genau dann stetig, wenn u auf der Einheitskugel gleichmäßig beschränkt ist, d.h. es existiert ein $c > 0$, so daß für alle x mit $\|x\| \leq 1$ gilt: $|u(x)| \leq c$.

Satz 1:

Der Dualraum eines normierten Raumes ist ein Banachraum.

Beweis: Sei $(u_n)_0^\infty$ eine Cauchy-Folge in X^*. Dann ist für jedes $x \in X$ $(u_n(x))$ eine Cauchy-Folge in $\mathbb{R}$, da für $n,m \in \mathbb{N}$ nach 3) gilt:

$$|u_n(x) - u_m(x)| = |(u_n - u_m)(x)| \leq \|u_n - u_m\| \|x\|$$

Da $\mathbb{R}$ vollständig ist, existiert eine Zahl u_x mit

$$u_n(x) \xrightarrow[n \to \infty]{} u_x$$

Sei nun ein Funktional $u : X \longrightarrow \mathbb{R}$ durch

$$x \longmapsto u(x) := u_x$$

erklärt. Dann ist u linear, weil für alle $\alpha, \beta \in \mathbb{R}$ und $x, y \in X$ gilt:

$$u(\alpha x + \beta y) = \lim_{n \to \infty} u_n(\alpha x + \beta y) =$$
$$\alpha \lim_{n \to \infty} u_n(x) + \beta \lim_{n \to \infty} u_n(y) = \alpha\, u(x) + \beta\, u(y).$$

Da $(u_n)_0^\infty$ eine Cauchy-Folge ist, gibt es zu jedem $\varepsilon > 0$ ein $k \in \mathbb{N}$, so daß für alle $n,m > k$ $\|u_n - u_m\| < \varepsilon$ gilt. Für alle $x \in X$ ist nach 3)

$$|u_n(x) - u_m(x)| \leq \|u_n - u_m\| \|x\| \leq \varepsilon \|x\|.$$

Für $n \geq n_0$ und alle $x \in X$ ist

(∗) $\qquad |(u_n - u)(x)| = |u_n(x) - u(x)| = \lim_{m \to \infty} |u_n(x) - u_m(x)| \leq \varepsilon \|x\|$

Damit ist $|u(x)| \leq \varepsilon \|x\| + \|u_n\| \|x\|$ auf der Einheitskugel gleichmäßig beschränkt und damit stetig. Aus (∗) folgt mit 3) $\|u_n - u\| \leq \varepsilon$, d.h.

$$u_n \xrightarrow[n \to \infty]{} u.$$ $\qquad\qquad\qquad\blacksquare$

0.2 PRÄ-HILBERT-RÄUME

Definition 1:

Unter einem (reellen) *Prä-Hilbert-Raum* versteht man ein Paar $(X, \langle \cdot, \cdot \rangle)$, bestehend aus einem Vektorraum X und einer Abbildung

$$\langle \cdot, \cdot \rangle : X \times X \longrightarrow \mathbb{R},$$

die die folgenden Eigenschaften besitzt:

(S1) $\langle\cdot,\cdot\rangle$ ist *bilinear*, d.h. für alle $x \in X$ sind die Abbildungen
$$\langle\cdot,x\rangle : X \to \mathbb{R}, \quad \langle x,\cdot\rangle : X \to \mathbb{R} \text{ linear.}$$

(S2) $\langle\cdot,\cdot\rangle$ ist *symmetrisch*, d.h. für alle $x,y \in X$ gilt:
$$\langle x,y\rangle = \langle y,x\rangle .$$

(S3) $\langle\cdot,\cdot\rangle$ ist *positiv definit*, d.h. für alle $x \in X\backslash\{0\}$ gilt: $\langle x,x\rangle > 0$.

Eine Abbildung $\langle\cdot,\cdot\rangle$, die die Eigenschaften (S1), (S2), (S3) besitzt, heißt *Skalarprodukt*.

Es gilt die

Cauchy-Schwarzsche Ungleichung:

Sei $(X,\langle\cdot,\cdot\rangle)$ ein Prä-Hilbert-Raum. Dann gilt für alle $x,y \in X$:
$$\langle x,y\rangle^2 \leq \langle x,x\rangle \cdot \langle y,y\rangle \quad (\text{bzw. } |\langle x,y\rangle| \leq \|x\| \cdot \|y\|).$$

Beweis: Seien x, y Elemente des Prä-Hilbert-Raumes $(X, \langle\cdot,\cdot\rangle)$. Ist $y = 0$, so ist $\langle x,y\rangle = 0 = \langle y,y\rangle$. Sei also $y \neq 0$. Dann gilt zunächst für alle $\lambda \in \mathbb{R}$:
$$0 \leq \langle x + \lambda y, x + \lambda y\rangle = \langle x,x\rangle + 2\lambda \langle x,y\rangle + \lambda^2\langle y,y\rangle .$$

Für $\lambda = - \dfrac{\langle x,y\rangle}{\langle y,y\rangle}$ gilt demnach insbesondere
$$0 \leq \langle x,x\rangle - \frac{\langle x,y\rangle^2}{\langle y,y\rangle} ,$$

woraus die Behauptung folgt. ∎

Das Gleichheitszeichen in der Cauchy-Schwarzschen Ungleichung gilt offenbar genau dann, wenn die Vektoren x,y linear abhängig sind.

Auf jedem Prä-Hilbert-Raum $(X,\langle\cdot,\cdot\rangle)$ ist auf natürliche Weise eine Norm, genannt *Skalarproduktnorm* , durch
$$\|x\| : X \to \mathbb{R}$$
$$x \mapsto \|x\| := \sqrt{\langle x,x\rangle}$$
gegeben. Mit der Cauchy-Schwarzschen Ungleichung folgt (N3), denn es gilt für $x,y \in X$:
$$(\|x\|+\|y\|)^2 = \|x\|^2 + 2\|x\|\|y\| + \|y\|^2 \geq$$
$$\langle x,x\rangle + 2\langle x,y\rangle + \langle y,y\rangle = \langle x+y, x+y\rangle = \|x+y\|^2 .$$

Durch direktes Nachrechnen zeigt man sofort die

Parallelogrammgleichung:

Sei $(X,\langle\cdot,\cdot\rangle)$ ein Prä-Hilbert-Raum. Dann gilt für alle $x,y \in X$:
$$\|x+y\|^2 + \|x-y\|^2 = 2(\|x\|^2 + \|y\|^2).$$

Definition 2: Ein Prä-Hilbert-Raum der bzgl. der Skalaproduktnorm vollständig ist, heißt *Hilbert-Raum.*

Beispiele für Prä-Hilbert-Räume sind:

(1) $\mathbb{R}^n$ mit $\langle x,y\rangle := \sum_{i=1}^{n} x_i y_i$ für $x = (x_1,\ldots,x_n)$, $y = (y_1,\ldots,y_n) \in \mathbb{R}^n$

(2) $C[a,b]$ mit $\langle x,y\rangle := \int_a^b x(t)y(t)dt$ für $x,y \in C[a,b]$.

(3) Für eine stetige Funktion $\omega : [a,b] \to \mathbb{R}$, die auf (a,b) positiv ist, der Raum $C[a,b]$ mit

$$\langle x,y\rangle_\omega := \int_a^b x(t)y(t)\omega(t)dt \quad \text{für } x,y \in C[a,b].$$

0.3 KONVEXE FUNKTIONEN

Sei X ein Vektorraum.

Definition 1:

Eine Teilmenge K von X heißt **konvex**, wenn für alle $x,y \in K$ die **Verbindungsstrecke** $[x,y] := \{\alpha x + (1-\alpha)y \mid \alpha \in [0,1]\}$ in K liegt.

Bemerkung:

Sei K eine konvexe Teilmenge von X, $x_1,\ldots,x_n$ endlich viele Punkte aus K und $\lambda_1,\ldots,\lambda_n$ reelle Zahlen mit $\lambda_1,\ldots,\lambda_n \geq 0$ und $\lambda_1 + \cdots + \lambda_n = 1$.

Dann ist die Konvexkombination $\lambda_1 x_1 + \cdots + \lambda_n x_n \in K$.

Beweis: Der Beweis wird durch Induktion nach der Anzahl der Punkte geführt. Ist n = 2, liegen also nur zwei Punkte aus K vor, so folgt die Behauptung unmittelbar aus der Definition einer konvexen Menge.

Es sei nun $n \in \mathbb{N}$ mit $n \geq 2$ derart, daß die Aussage bereits für je n Punkte aus K richtig ist. Seien nun $x_1,\ldots,x_n,x_{n+1}$ Punkte aus K und $\lambda_1, \ldots, \lambda_n, \lambda_{n+1}$ reelle Zahlen mit $\lambda_1, \ldots, \lambda_n, \lambda_{n+1} \geq 0$ und $\lambda_1 + \cdots + \lambda_n + \lambda_{n+1} = 1$. Es kann nun o.B.d.A. angenommen werden, daß $\lambda := \lambda_1 + \cdots + \lambda_n > 0$ ist, da andernfalls die Aussage trivialerweise gilt. Dann ist aber $\lambda + \lambda_{n+1} = 1$ und $\frac{1}{\lambda}(\lambda_1 + \cdots + \lambda_n) = 1$, so daß aus der Konvexität von K direkt folgt:

$$\lambda_1 x_1 + \cdots + \lambda_{n+1} x_{n+1} = \lambda \left(\sum_{k=1}^{n} \frac{\lambda_k}{\lambda} x_k \right) + \lambda_{n+1} x_{n+1} \in K,$$

da nach Induktionsvoraussetzung $\sum_{k=1}^{n} \frac{\lambda_k}{\lambda} x_k \in K$ ist. $\blacksquare$

Definition 2:

Sei K eine konvexe Teilmenge von X. Eine Funktion $f : K \to \mathbb{R}$ heißt **konvex**, wenn für alle $x,y \in K$ und alle $\alpha \in [0,1]$ gilt:

$$f(\alpha x + (1-\alpha)y) \leq \alpha f(x) + (1-\alpha)f(y).$$

Ein Zusammenhang konvexer Funktionen mit konvexen Mengen zeigt sich, wenn man den Begriff des "Epigraphen" einführt.

Definition 3:

Sei K eine Menge und $f : K \to \mathbb{R}$ eine Funktion. Unter dem *Epigraphen von f* versteht man die Menge

$$\text{Epi}(f) := \{(x,r) \in K \times \mathbb{R} \mid f(x) \leq r \}.$$

Der Epigraph enthält also alle Punkte aus $K \times \mathbb{R}$, die auf und über dem Graphen von f liegen.

Mit diesem Begriff erhält man die folgende Charakterisierung konvexer Funktionen.

0.3.1 JENSENSCHE UNGLEICHUNG

Satz 1:

Sei K eine konvexe Teilmenge von X und $f : K \to \mathbb{R}$ eine Funktion. Dann sind die folgenden Aussagen zueinander äquivalent:

(1) f ist konvex.

(2) $\text{Epi}(f)$ ist eine konvexe Teilmenge von $X \times \mathbb{R}$.

(3) f erfüllt die Jensensche Ungleichung, d.h. für alle $n \in \mathbb{N}$, für alle $x_1 ,...,x_n \in K$ und für alle $\lambda_1 ,...,\lambda_n \in \mathbb{R}$ mit $\lambda_1 ,...,\lambda_n \geq 0$ und $\lambda_1 + \cdots + \lambda_n = 1$ gilt:

$$f(\sum_{k=1}^{n} \lambda_k x_k) \leq \sum_{k=1}^{n} \lambda_k f(x_k) \ .$$

Beweis: Die genannten Voraussetzungen seien erfüllt.

$(1) \Rightarrow (2)$: Seien $(x,r),(y,s) \in \text{Epi}(f)$, und sei $\lambda \in [0,1]$. Dann gilt, da f konvex ist:

$$f(\lambda x + (1-\lambda)y) \leq \lambda f(x) + (1-\lambda)f(y) \leq \lambda r + (1-\lambda)s, \text{ d.h.:}$$

$$\lambda(x,r) + (1-\lambda)(y,s) = (\lambda x + (1-\lambda)y , \lambda r + (1-\lambda)s) \in \text{Epi}(f).$$

$(2) \Rightarrow (3)$: Sei $n \in \mathbb{N}$, und seien $x_1 ,...,x_n \in K$, $\lambda_1 ,...,\lambda_n \in \mathbb{R}$ mit $\lambda_1 ,...,$ $\lambda_n \geq 0$ und $\lambda_1 + \cdots + \lambda_n = 1$. Es sei also $f(x_1), ... , f(x_n) \in \mathbb{R}$. Dann liegen die Punkte $(x_1, f(x_1)),..., (x_n, f(x_n))$ in $\text{Epi}(f)$. Da $\text{Epi}(f)$ nach Voraussetzung konvex ist, ist auch nach Bemerkung

$$(\sum_{k=1}^{n} \lambda_k x_k , \sum_{k=1}^{n} \lambda_k f(x_k)) = \sum_{k=1}^{n} \lambda_k (x_k, f(x_k)) \in \text{Epi}(f) \ ,$$

also gilt:

$$f(\sum_{k=1}^{n} \lambda_k x_k) \leq \sum_{k=1}^{n} \lambda_k f(x_k) \ .$$

$(3) \Rightarrow (1)$ ist offensichtlich. $\blacksquare$

Offenbar sind alle konstanten und alle linearen Funktionale auf einem Vektorraum konvex. Aus gegebenen konvexen Funktionen lassen sich neue konstruieren. Es sei K eine konvexe Teilmenge von X.

(1) Seien $\alpha_1, \ldots, \alpha_n \in \mathbb{R}_+$ und $f_1, \ldots, f_n : K \to \mathbb{R}$ konvexe Funktionen. Dann ist auch $\alpha_1 f_1 + \cdots + \alpha_n f_n$ eine konvexe Funktion.

Speziell sind also affine Funktionen, d.h. Summen aus linearen und konstanten Funktionen konvex.

(2) Sei $f : K \to \mathbb{R}$ eine konvexe Funktion, C eine konvexe Obermenge von $f(K)$ und $g : C \to \mathbb{R}$ eine konvexe, monoton wachsende Funktion. Dann ist $g \circ f : K \to \mathbb{R}$ konvex.

[Denn für alle $x, y \in K$ und $\lambda \in [0,1]$ gilt: $(g \circ f)(\lambda x + (1 - \lambda)y) = g(f(\lambda x + (1 - \lambda)y)) \leq$ (da f konvex und g monoton wachsend ist) $\leq g(\lambda f(x) + (1 - \lambda)f(y)) \leq$ (da g konvex ist) $\leq \lambda g(f(x)) + (1 - \lambda)g(f(y)) = \lambda(g \circ f) + (1 - \lambda)(g \circ f)(y)$.]

(3) Ist φ eine affine Abbildung von X in einen weiteren Vektorraum Y und $f : Y \to \mathbb{R}$ eine konvexe Funktion, so ist $f \circ \varphi : X \to \mathbb{R}$ konvex.

[Da φ affin ist, gibt es eine lineare Abbildung $A : X \to Y$ und einen Vektor $y_0 \in Y$ derart, daß für alle $x \in X$ gilt: $\varphi(x) = A(x) + y_0$. Damit gilt für alle $x_1, x_2 \in X$ und $\lambda \in [0,1]$:
$(f \circ \varphi)(\lambda x_1 + (1 - \lambda)x_2) = f(A(\lambda x_1 + (1 - \lambda)x_2) + y_0) =$ (da A linear ist)
$= f(\lambda A(x_1) + (1 - \lambda)A(x_2) + y_0) = f(\lambda(A(x_1) + y_0) + (1 - \lambda)(A(x_2) + y_0)) =$
$f(\lambda \varphi(x_1) + (1 - \lambda)\varphi(x_2)) \leq \lambda f(\varphi(x_1)) + (1 - \lambda)f(\varphi(x_2)) =$
$\lambda(f \circ \varphi)(x_1) + (1 - \lambda)(f \circ \varphi)(x_2)$.]

0.3.2 ÄQUIVALENZ DER NORMEN UND STETIGKEIT KONVEXER FUNKTIONEN IN $\mathbb{R}^n$. STABILITÄTSSÄTZE.

Für die weiteren Untersuchungen wird es für uns wichtig sein, daß die Begriffe: offen, abgeschlossen, kompakt und stetig (topologische Eigenschaften) in $\mathbb{R}^n$ unabhängig von der Wahl der Norm sind. Denn es gilt der

<u>Normäquivalenzsatz:</u>
Zwei beliebige Normen $\|\cdot\|$ und $\|\cdot\|'$ sind auf $\mathbb{R}^n$ äquivalent, d.h. es gibt Konstanten $0 < \alpha \leq \beta$ derart, daß für alle $x \in \mathbb{R}^n$ gilt:

1) $\qquad\qquad \alpha \|x\|' \leq \|x\| \leq \beta \|x\|'$.

Vor dem Beweis betrachten wir eine geometrische und eine analytische Deutung dieses Satzes. Die Normäquivalenz besitzt die folgende geometrische Interpretation: Die linke Seite besagt, daß die Kugel $\{x \mid \|x\|' \leq \frac{1}{\alpha}\}$ die Einheitskugel K bzgl. $\|\cdot\|$ enthält, während die Kugel $\{x \mid \|x\|' \leq \frac{1}{\beta}\}$ in K enthalten ist. So gilt z.B. in $\mathbb{R}^n$ für die l_1-Norm $\|x\|_1 := \sum_{i=1}^{n} |x_i|$ und die Euklidische Norm $\|x\|_2 := \sqrt{\sum\limits_{i=1}^{n} |x_i|^2}$

2) $\qquad\qquad \|x\|_2 \leq \|x\|_1 \leq \sqrt{n}\,\|x\|_2$

Die linke Ungleichung folgt aus $\quad \sum\limits_{i=1}^{n} x_i^2 \leq \left(\sum\limits_{i=1}^{n} |x_i|\right)^2 \quad$ und die rechte mit

der Cauchy-Schwarzschen Ungleichung (s. 0.2)

$$\sum_{i=1}^{n} |x_i| = \sum_{i=1}^{n} (\operatorname{sign} x_i)\, x_i \leq \sqrt{\sum_{i=1}^{n} 1}\ \sqrt{\sum_{i=1}^{n} |x_i|^2}$$

Analytisch kann man die Normäquivalenz 1) folgendermaßen deuten: Die
Norm $\|\cdot\|$ ist in dem normierten Raum $(\mathbb{R}^n, \|\cdot\|')$ stetig und umgekehrt ist $\|\cdot\|'$
in $(\mathbb{R}^n, \|\cdot\|)$ stetig. In diesem Zusammenhang ist der folgende Satz mit
dem Normäquivalenzsatz eng verwandt und soll zuerst bewiesen werden.

<u>Satz</u> 1:

Jede konvexe Funktion f auf dem Euklidischen Raum $\mathbb{R}^n$ ist stetig.

Beweis: Teil a) Wir zeigen zunächst: f ist in 0 stetig.
Sei $V := \{x \in \mathbb{R}^n \mid \sum\limits_{i=1}^{n} |x_i| < 1\}$ (die offene l_1 - Einheitskugel). Für
$x = (x_1,\ldots,x_n) \in V$ ist

$$x = \sum_{i=1}^{n} x_i e_i = \sum_{i=1}^{n} |x_i|\,\operatorname{sign} x_i\, e_i + \left(1 - \sum_{i=1}^{n} |x_i|\right)\cdot 0.$$

Daraus und aus der Konvexität von f folgt für alle $x \in V$

3) $\qquad f(x) \leq \sum\limits_{i=1}^{n} |x_i|\, f(\operatorname{sign} x_i\, e_i) + \left(1 + \sum\limits_{i=1}^{n} |x_i|\right) f(0) \leq$

$\qquad\qquad \leq \max\left(\{f(e_i)\}_1^n, \{f(-e_i)\}_1^n, f(0)\right) =: M_0 < \infty\,,$

da auf der rechten Seite das Maximum über endlich viele Zahlen
gebildet wird. Für alle $x \in V$ ist also:

4) $\qquad\qquad f(x) - f(0) \leq M_0 - f(0) := M$

Für alle $0 < \alpha < 1$ und alle $x \in U$ gilt

5) $\qquad\qquad f(\alpha x) = f(\alpha x + (1 - \alpha)\cdot 0) \leq \alpha f(x) + (1 - \alpha) f(0) =$

$\qquad\qquad\qquad \alpha(f(x) - f(0)) + f(0)$

Sei $0 < \varepsilon < M$ vorgegeben und $U := \frac{\varepsilon}{M} V$ (d.h. $U = K(0, \frac{\varepsilon}{M})$ in der
l_1 -Norm), d.h. zu jedem $y \in U$ existiert ein $x \in V$ mit $y = \frac{\varepsilon}{M} x$, woraus
mit 1)

6) $\qquad\qquad f(y) - f(0) = f(\frac{\varepsilon}{M} x) - f(0) \leq \frac{\varepsilon}{M}(f(x) - f(0)) \leq \varepsilon$

folgt. Mit $2f(0) = 2f(\frac{y-y}{2}) \leq f(y) + f(-y)$ folgt aus 2)

7) $\qquad\qquad f(0) - f(y) \leq f(-y) - f(0) \leq \varepsilon.$

Da nach 2) $U = \frac{\varepsilon}{M} V$ die Euklidische Kugel $K(0, \frac{\varepsilon}{\sqrt{n}\,M})$ enthält, bedeuten 6) und 7) die Stetigkeit von f an der Stelle 0.
Teil b) Sei $x_0 \in X$ und $\bar{f}(x) := f(x + x_0)$. $\bar f$ ist offenbar konvex und
nach Teil a) in 0 stetig, was die Stetigkeit von f in x_0 bedeutet. ∎

Beweis des Normäquivalenzsatzes: Offenbar genügt es zu zeigen, daß eine beliebige Norm $\|\cdot\|'$ auf $\mathbb{R}^n$ äquivalent zu der Euklidischen Norm $\|\cdot\|$ ist. Als konvexe Funktion ist $\|\cdot\|'$ in $(\mathbb{R}^n, \|\cdot\|)$ stetig, d.h. zu $\varepsilon = 1$ existiert ein $\alpha > 0$, so daß für x mit $\|x\| \le \alpha$ gilt: $\|x\|' \le 1$. Damit ist für alle $x \in \mathbb{R}^n \setminus \{0\}$

$$\left\| \frac{\alpha x}{\|x\|} \right\|' \le 1 \qquad \text{bzw.} \qquad \alpha \|x\|' \le \|x\|$$

Als stetige Funktion besitzt $\|\cdot\|'$ auf der kompakten Euklidischen Einheitssphäre S eine Minimallösung y (s. 0.8.1). Damit gilt für alle $x \in \mathbb{R}^n$

$$\left\| \frac{x}{\|x\|} \right\|' \ge \|y\|' \ .$$

Für $\beta := \dfrac{1}{\|y\|'} < \infty$ ist also $\|x\| \le \beta \|x\|'$. ∎

Mit dem Beweis von Satz 1 bekommen wir eine weitere überraschende Aussage (s. auch [Ro]), die die Grundlage für den anschließenden Stabilitätssatz ist.

Definition:

Seien X, Y normierte Räume, M eine Teilmenge von X und F eine Familie von Funktionen $f : M \to Y$.

a) Sei $x_0 \in M$. F heißt *in x_0 gleichgradig stetig*, wenn
$$\forall \varepsilon > 0 \ \exists \delta > 0 \ \forall f \in F \ \forall x \in M \text{ mit } \|x - x_0\| < \delta :$$
$$\|f(x) - f(x_0)\| < \varepsilon.$$

b) F heißt *gleichgradig stetig*, wenn F in jedem $x_0 \in M$ gleichgradig stetig ist.

c) F heißt *punktweise beschränkt*, wenn für jedes $x \in M$ die Menge $\{f(x) \mid f \in F\}$ in Y beschränkt ist.

Satz 2:

Jede punktweise beschränkte Familie konvexer Funktionen auf $\mathbb{R}^n$ ist gleichgradig stetig.

Beweis: Ersetzt man im Beweis von Satz 1 die Konstante M_0 (s. 3) durch

$$M_0 = \max \left(\{ \sup_{f \in F} f(e_i) \}_{i=1}^{n} , \{ \sup_{f \in F} f(-e_i) \}_{i=1}^{n} , \sup_{f \in F} f(0) \right) < \infty$$

und $M = \sup_{f \in F} (M_0 - f(0)) < \quad$, so gelten die Abschätzungen 6) und 7) gleichzeitig für alle $f \in F$. ∎

Bemerkung 1:

Dieser Satz gilt auch für konvexe Funktionen auf einer offenen

Teilmenge eines Banachraumes (bzw. eines topologischen Vektorraumes der zweiten Kategorie) (s. [K1], [K4]).

Als Folgerung aus Satz 2 erhalten wir den für Beweise von Stabilitätsaussagen besonders geeigneten

Satz 3:

Sei $(f_n : \mathbb{R}^n \to \mathbb{R})_1^\infty$ eine Folge konvexer Funktionen, die punktweise gegen die Funktion $f : \mathbb{R}^n \to \mathbb{R}$ konvergiert. Dann ist die Konvergenz **stetig**, d.h. für jedes $x \in \mathbb{R}^n$ und jede gegen x konvergente Folge $(x_n)_1^\infty$, gilt

$$f_n(x_n) \to f(x) .$$

Beweis: Sei $x_n \to x$ und $\varepsilon > 0$. Eine punktweise konvergente Folge ist offenbar punktweise beschränkt. Nach Satz 2 ist $\{f_n\}_1^\infty$ gleichgradig stetig, d.h. zu jedem $\varepsilon > 0$ gibt es ein $\delta > 0$, so daß für alle $n \in \mathbb{N}$ und alle $z \in K(x,\delta)$ gilt:

$$|f_n(z) - f_n(x)| < \varepsilon$$

Da $x_n \to x$ und $f_n(x) \to f(x)$, gibt es ein $n_0 \in \mathbb{N}$, so daß für $n \geq n_0$, $x_n \in K(x,\delta)$ und $|f_n(x) - f(x)| < \varepsilon$ ist. Also gilt für $n \geq n_0$:

$$|f_n(x_n) - f(x)| \leq |f_n(x_n) - f_n(x)| + |f_n(x) - f(x)| < 2\varepsilon. \quad \blacksquare$$

Bemerkung 2:

Bei der Behandlung von Optimierungsaufgaben wird oft das Ausgangsproblem ersetzt. So werden z.B. nichtdifferenzierbare Funktionen mit differenzierbaren Funktionen approximiert: Dies erfordert Untersuchungen über die Abhängigkeit des Extremalwertes und der Lösungen eines Optimierungsproblems von der Änderung der Daten des Problems (s. z.B. [DFG], [Kr 2]). Die dazugehörigen Sätze nennt man Stabilitätssätze der Optimierungstheorie. Mit dem 0.3.2 Satz 2 kann man Stabilitätssätze für konvexe Optimierungsaufgaben in $\mathbb{R}^n$ erhalten, die sich teilweise auf Banachräume übertragen lassen (s. [K1], [K4]).

Um die aus den obigen Sätzen resultierenden Stabilitätsaussagen anzugeben, brauchen wir einen Konvergenzbegriff für Mengen (topologische Konvergenz).

Definition: (Kuratowski-Konvergenz von Mengen)

Sei X ein normierter Raum und sei $(M_n)_1^\infty$ eine Folge von Teilmengen von X. Dann bezeichne

$$\overline{\lim_{n\to\infty}} \, M_n := \{y \in X \mid y = \lim_{i \to\infty} y_{n_i}, \; y_{n_i} \in M_{n_i}, \; n_1 < n_2 \cdots \} .$$

$$\underline{\lim_{n \to\infty}} \, M_n := \{y \in X \mid \exists n_0 \in \mathbb{N} \; \forall n \geq n_0 : y_n \in M_n \text{ und } y_n \xrightarrow[n\to\infty]{} y\}$$

Die Folge $(M_n)_1^\infty$ heißt gegen die Menge M konvergent (bzw. Kuratowski-konvergent), falls gilt:

$$\varliminf_{n \to \infty} M_n = \varlimsup_{n \to \infty} M_n = M .$$

Bezeichnung: $M = \lim_{n \to \infty} M_n$

Mit dieser Definition gilt z.B. die folgende Verallgemeinerung (s. [K1],[K4]) des aus der Approximationstheorie bekannten Satzes von Kripke.
Dabei bezeichne für ein $f : X \to \mathbb{R}$ und ein $C \subset X$

$M(f,C) := \{ x \in C \mid f(x) = \inf f(C)\}$

Satz 4:

Sei X ein endlichdimensionaler normierter Raum und $(S_n)_1^\infty$ eine Folge abgeschlossener Teilmengen von X mit $\lim_n S_n := S \neq \emptyset$. Sei $(f_n : X \to \mathbb{R})_1^\infty$ eine Folge konvexer Funktionen, die punktweise gegen $f : X \to \mathbb{R}$ konvergiert. Ferner sei $M(f, X)$ nicht leer und beschränkt. Dann gilt

    a) $\varlimsup_{n \to \infty} [M(f_n, S_n)]$ ist nicht leer und $\bigcup_n M(f_n, S_n)$ ist beschränkt.

       Außerdem existiert ein $n_0 \in \mathbb{N}$, so daß für $n \geq n_0$ $M(f_n, S_n)$ nicht leer ist.

    b) $\varlimsup_{n \to \infty} [M(f_n, S_n)] \subset M(f, S)$

    c) $\inf f_n (S_n) \to \inf f(S)$

    d) $f(x_n) \to \inf f(S)$ für $x_n \in M(f_n, S_n)$

Weiter sei noch der besonders einfache und ergiebige Fall der monotonen Konvergenz erwähnt.(s. [K4],[K6])

Definition :

Sei X ein metrischer Raum und $f : X \to \overline{\mathbb{R}}$.
f heißt **unterhalbstetig (bzw. oberhalbstetig)**, wenn für jedes $r \in \mathbb{R}$ die Menge $\{ x \in \mathbb{R} \mid f(x) \leq r\}$ $\left(\text{bzw. } \{ x \in \mathbb{R} \mid f(x) \geq r\}\right)$ abgeschlossen ist.

Stabilitätssatz der monotonen Konvergenz:

Sei T eine abgeschlossene Teilmenge eines normierten Raumes (bzw. T ein top. Raum). Sei $(f_n : T \to \overline{\mathbb{R}})_1^\infty$ eine Folge unterhalbstetiger Funktionen, die monoton gegen eine unterhalbstetige Funktion $f : T \to \overline{\mathbb{R}}$ punktweise konvergiert. Dann gilt

$$\varlimsup_{n \to \infty} M(f_n, T) \subset M(f, T) .$$

Ist die Funktionenfolge monoton fallend, dann konvergieren die Werte der Aufgaben (f_n, T) gegen den Wert von (f, T), d.h.

(*) $$\inf f_n(T) \underset{n \to \infty}{\to} \inf f(T) .$$

Ist zusätzlich T kompakt, dann ist $\overline{\lim_{n\to\infty}}\ M(\mathfrak{f}_n,T) \neq \emptyset$ und die Konvergenz der Werte ist auch für monoton wachsende Funktionenfolgen gewährleistet.

Als Illustration für Stabilitätsaussagen soll jetzt die Konvergenz des Schnittebenenverfahrens von Kelley (s. [Ke]) gezeigt werden. Dies ist ein Verfahren zur Bestimmung von Minimallösungen konvexer differenzierbarer Funktionen auf einer beschränkten Restriktionsmenge, die durch endlich viele konvexe Ungleichungen beschrieben ist. Diese Aufgabe wird auf eine Folge von linearen Optimierungsaufgaben zurückgeführt, für die der besonders effektive Simplex-Algorithmus zur Verfügung steht.

0.3.3 DAS SCHNITTEBENENVERFAHREN

Seien $\mathfrak{f}, g_i : \mathbb{R}^n \to \mathbb{R}$, $i \in \{1,\dots,m\}$ differenzierbare konvexe Funktionen. Die Aufgabe

$$(*) \qquad \text{Minimiere } \mathfrak{f}(x) \text{ auf } \{x \in \mathbb{R}^n \,|\, g_i(x) \le 0, \ 1 \le i \le m\}$$

kann durch das Einfügen einer neuen Variablen als eine Aufgabe mit einer linearen Zielfunktion und $m+1$ konvexen Nebenbedingungen geschrieben werden. Man setzt hier den Wert der gegebenen Zielfunktion $\mathfrak{f}$ als neue Unbekannte ein. Die äquivalente Aufgabe in $\mathbb{R}^{n+1}$ lautet dann

$$\text{Minimiere } x_{n+1} \text{ auf } \{x = (x_1,\dots,x_{n+1}) \,|\, g_i(x_1,\dots,x_n) \le 0 \,,$$
$$1 \le i \le m \,, \ g_{m+1}(x) := \mathfrak{f}(x_1,\dots,x_n) - x_{n+1} \le 0\}$$

Nun werden die nichtlinearen Restriktionen durch lineare Restriktionen approximiert. Die daraus resultierende Aufgabe ist eine Aufgabe der linearen Optimierung (Programmierung).

Wir gehen von der folgenden Aufgabe aus:

Für ein vorgegebenes $c \in \mathbb{R}^n$ und die differenzierbaren konvexen Funktionen $g_i : \mathbb{R}^n \to \mathbb{R}$, $i = 1,\dots,m+1$, minimiere $\langle c,x \rangle$ auf

$$S := \{x \in \mathbb{R}^n \,|\, g_i(x) \le 0\}$$

Ist S beschränkt, so können wir das folgende Verfahren benutzen.

Algorithmus von Kelley:

0) Bestimme ein die Restriktionsmenge S enthaltendes Polyeder S_0, setze $k = 0$.

1) Löse die lineare Optimierungsaufgabe mit der Restriktionsmenge S_k. Setze eine Lösung dieser Aufgabe als y_k .

2) Gilt für alle $i \in \{1,\dots,m+1\}$ $g_i(y_k) \le 0$, dann stoppe.

3) Suche $j \in \{1,\dots,m+1\}$ mit $g_j(y_k) = \max\{g_i(y_k)\,|\,1 \le i \le m+1\}$.

4) Setze $S_{k+1} := S_k \cap \{y \in \mathbb{R}^{n+1} \,|\, g_j(y_k) + \langle g_j'(y_k), y - y_k \rangle \le 0\}$.

5) Setze $k = k+1$ und gehe nach 1).

Satz:

Das Verfahren von Kelley erzeugt eine Folge von der jeder Häufungspunkt der Ausgangsaufgabe (*) genügt.

Zum Beweis brauchen wir die folgende Aussage:

Stabilitätslemma:

Sei $(f_k)_1^\infty$ eine Folge konvexer Funktionen in $C^1(\mathbb{R}^n)$, die punktweise gegen die Funktion $f : \mathbb{R}^n \to \mathbb{R}$ konvergiert. Ferner seien S und $\{S_k\}_1^\infty$ Teilmengen von $\mathbb{R}^n$ mit $\varlimsup_k S_k \supset S$.
Dann gilt:

$$S \cap \varlimsup_k M(f_k, S_k) \subset M(f, S).$$

Beweis: Sei $x = \lim_i x_{n_i}$, $x_{n_i} \in M(f_{n_i}, S_{n_i})$ und $x \in S_0$. Sei $y \in S$ beliebig gewählt und $y = \lim y_n$ mit $y_n \in S_n$. Mit 0.3.2 Satz 3 und $x_{n_i} \in M(f_{n_i}, S_{n_i})$ folgt

$$f(x) = \lim_i f(x_{n_i}) \leq \lim_i f_{n_i}(y_{n_i}) = f(y) . \qquad \blacksquare$$

Bemerkung:

Die Voraussetzung $\varlimsup_n S_n \supset S$ ist offensichtlich erfüllt, wenn für alle $n \in \mathbb{N}$ $S_n \supset S$ gilt. Wird im Stabilitätslemma $S = \lim S_n$ verlangt, so folgt mit obigem Beweis $\varlimsup_n M(f_n, S_n) \subset M(f, S)$.

Beweis des Satzes: Da die Funktionen $\{g_1, \ldots, g_{m+1}\}$ konvex sind, gilt mit 0.8.4.4) für alle $k \in \mathbb{N}$ $S_k \supset S$ und damit $\lim S_k \supset S$. Sei für $n \in \mathbb{N}$ $f_n(x) := \langle c, x \rangle$. Als konstante Folge ist $(f_n)_1^\infty$ punktweise konvergent. Nach dem Stabilitätslemma genügt es $\varlimsup_n M(f_n, S_n) \subset S$ zu zeigen. Sei $\bar{x}$ der Grenzwert einer konvergenten Teilfolge $(x_k)_{k \in K}$ von $(x_n)_1^\infty$. Da für alle $n \in \mathbb{N}$ $S_{n+1} \subset S_n$ gilt, ist $\bar{x} \in S_{k+1}$ $\forall k \in K$, d.h.

$$G(x_k) := \max\{g_i(x_k) \mid 1 \leq i \leq m+1\} = g_j(x_k) \leq \langle g_j'(x_k), x_k - \bar{x} \rangle$$

und wegen $G(x_k) \xrightarrow[k \in K]{} G(\bar{x})$, $\|x_k - \bar{x}\| \xrightarrow[k \in K]{} 0$ und

$$\sup\{\|g_j'(x)\| \mid x \in S_0, 1 \leq j \leq m\} < \infty$$

folgt $G(\bar{x}) \leq 0$, d.h. $\bar{x} \in S$. $\qquad \blacksquare$

0.4 RICHTUNGSABLEITUNG UND FRÉCHET-DIFFERENZIERBARKEIT

Definition 1:

Seien X, Y Vektorräume. Eine Abbildung $A : X \to Y$ heißt *linear,* wenn für alle $x, y \in X$ und alle $\alpha, \beta \in \mathbb{R}$ gilt:

1)
$$A(\alpha x + \beta y) = \alpha Ax + \beta Ay .$$

A heißt *homogen* (bzw. *positiv homogen*), wenn für alle $x \in X$ und alle $\alpha \in \mathbb{R}$ (bzw. $\alpha \in \mathbb{R}_+$) gilt: $A(\alpha x) = \alpha Ax$.

Definition 2:

Sei X ein Vektorraum, U eine Teilmenge von X, Y ein normierter Raum, $F : U \to Y$ eine Abbildung, $x_0 \in U$ und $z \in X$. Dann heißt F *in x_0 in Richtung z differenzierbar* (bzw. *Gâteaux-differenzierbar*), wenn es ein $\varepsilon > 0$ mit $[x_0 - \varepsilon z, x_0 + \varepsilon z] \subset U$ gibt und der Grenzwert

$$2) \qquad F'(x_0, z) := \lim_{t \to 0} \frac{F(x_0 + tz) - F(x_0)}{t}$$

in Y existiert. $F'(x_0, z)$ heißt die *Ableitung* (bzw. *Gâteaux-Ableitung*) von F in x_0 in Richtung z. F heißt *in x_0 Gâteaux-differenzierbar*, wenn F in x_0 in jeder Richtung $z \in X$ differenzierbar ist. Die Abbildung $F'(x_0, \cdot) : X \to Y$ heißt *Gâteaux-Ableitung* von F in x_0.

Bemerkung 1:

Offenbar ist $F'(x_0, \cdot) : X \to Y$ eine homogene Abbildung, aber sie braucht nicht immer linear zu sein.

Bezeichnung:

Seien X, Y normierte Räume. Dann bezeichne

$$3) \qquad L(X, Y) := \{ A : X \to Y \mid A \text{ ist linear und stetig} \}.$$

(Wenn X = Y ist, dann wird kurz L(X) geschrieben.)

Dieser Vektorraum wird zu einem normierten Raum durch die Wahl der folgenden Norm:

$$4) \qquad A \mapsto \|A\| := \sup \{ \|A(x)\| \mid \|x\| \leq 1 \}.$$

Mit der Schreibweise $L(X, Y)$ wollen wir stets diesen normierten Raum verstehen. Besonders oft wird die aus der Definition resultierende Abschätzung benutzt:

$$\|Ax\| \leq \|A\| \, \|x\| \text{ für alle } x \in X.$$

Eine direkte Übertragung des Beweises von 0.1 Satz 1 liefert den

Satz 1:

Sei X ein normierter Raum und Y ein Banachraum.

Dann ist $L(X, Y)$ ein Banachraum.

Definition 3: Seien X, Y normierte Räume, U eine offene Teilmenge von X und $F : U \to Y$ eine Abbildung.

1. F heißt *Fréchet-differenzierbar im Punkte $x \in U$*, falls eine lineare und stetige Abbildung $A : X \to Y$ existiert, so daß gilt:

$$\lim_{\|h\| \to 0} \frac{\|F(x + h) - F(x) - A(h)\|}{\|h\|} = 0$$

A heißt das *Fréchet-Differential* von F an der Stelle x und wird mit $F'(x)$ oder $DF(x)$ bezeichnet.

2. Ist F in jedem Punkt aus U Frèchet-differenzierbar, so heißt F
   Frèchet-differenzierbar und die Abbildung
$$F' : U \to L(X,Y) , \quad x \mapsto F'(x)$$
   heißt **Frèchet-Ableitung** von F.

3. Ist F Frèchet-differenzierbar und die Frèchet-Ableitung
   $F' : U \to L(X,Y)$ stetig, so heißt F **stetig differenzierbar.** Dafür
   benutzen wir die Abkürzung $F \in C^1(U,Y)$. Im Falle $Y := \mathbb{R}$ wird
   $C^1(U) := C^1(U,\mathbb{R})$ gesetzt. Im gesamten Text wird das Wort
   "differenzierbar" im Sinne der Frèchet-Differenzierbarkeit benutzt.

<u>Bemerkung</u> 2:

Seien X,Y normierte Räume, U eine offene Teilmenge von X und
$F : U \to Y$ Frèchet-differenzierbar in $x \in U$. Dann gilt:

   1.   Das Frèchet-Differential ist eindeutig bestimmt.

   2.   F ist in x Gâteaux-differenzierbar und für alle $h \in X$ gilt:
$$F'(x;h) = F'(x)(h) .$$

Beweis: Übungsaufgabe.

Somit gelten die hier vorkommenden Sätze für Gâteaux-differenzierbare
Funktionen auch für Frèchet-differenzierbare Funktionen. Die untenstehende Kettenregel wird in mehreren Beweisen angewandt.

<u>Satz</u> 1 (Kettenregel):

Seien X,Y,Z normierte Räume, $U \subset X$ und $V \subset Y$ offen. Seien
$f : U \to Y$ und $g : V \to Z$ Abbildungen mit $f(U) \subset V$. Ist f in $x \in U$ und
g in $y := f(x) \in V$ Frèchet-differenzierbar, dann ist auch die Komposition $h := g \circ f : U \to Z$ in $x \in U$ Frèchet-differenzierbar und es gilt:
$$h'(x) = g'(f(x)) \circ f'(x) .$$
Beweis: siehe z. B. [Lu2] S. 176.

<u>Beispiel</u>: Seien X, Y normierte Räume, $U \subset X$ offen und $F: U \to Y$
differenzierbar. Ist für x, $h \in X$ das Intervall $(x-h, x+h)$ in U enthalten, so ist die Abbildung $g : (-1, 1) \to Y$ mit $t \mapsto g(t) := F(x+th)$ differenzierbar und es gilt:
$$g'(t) = F'(x+th)(h)$$

Beweis: Die Abbildung $\varphi: (-1, 1) \mapsto U$ mit $t \to x+th$ ist offensichtlich
Frechet-differenzierbar und für alle $t \in (-1, 1)$ gilt
$$\varphi'(t) = \lim_{\alpha \to 0} \frac{x+(t+\alpha)h-(x+th)}{\alpha} = h$$
Aus $g = F \circ \varphi$ folgt mit der Kettenregel die Behauptung.

0.5 DIFFERENTIALRECHNUNG IN $\mathbb{R}^n$.
MATRIX- UND OPERATORSCHREIBWEISE.

Mit $\mathbb{R}^n$ wird der Vektorraum aller n-dimensionalen Spaltenvektoren

$$x = \begin{pmatrix} x_1 \\ \cdot \\ x_n \end{pmatrix}$$

mit reellen Zahlen $x_i \in \mathbb{R}$ als Komponenten bezeichnet, in dem die Addition und skalare Multiplikation komponentenweise erklärt sind. Mit e_i bezeichnen wir die Einheitsvektoren (Koordinatenvektoren)

$$1) \qquad e_1 = \begin{pmatrix} 1 \\ 0 \\ \vdots \\ 0 \end{pmatrix}, \ldots, e_n = \begin{pmatrix} 0 \\ \vdots \\ \vdots \\ 1 \end{pmatrix}$$

Für ein $x \in \mathbb{R}^n$ bezeichnet x^T den zu x transponierten Vektor, den Zeilenvektor und für $x, y \in \mathbb{R}^n$ ist

$$2) \qquad \langle x, y \rangle := x^T y = \sum_{i=1}^{n} x_i y_i$$

Zwei Vektoren heißen **orthogonal** wenn $\langle x, y \rangle = 0$ ist. Wenn nicht anders vermerkt, so wird stets als Norm in $\mathbb{R}^n$ die euklidische Norm $\|x\| = \sqrt{\langle x, x \rangle}$ genommen. Für diese Norm gilt die *Cauchy - Schwarzsche Ungleichung:*

$$3) \qquad |\langle x, y \rangle| \leq \|x\| \, \|y\| \qquad \text{für alle } x, y \in \mathbb{R}^n$$

Bekanntlich kann eine lineare Abbildung von $\mathbb{R}^n$ in $\mathbb{R}^m$ mit einer $m \times n$ Matrix (m- Zeilen und n- Spalten) im folgenden Sinne identifiziert werden: Das Anwenden dieser linearen Abbildung auf ein Element aus dem $\mathbb{R}^n$ entspricht der Multiplikation dieser Matrix mit diesem Element. Die Matrix-Interpretation einer linearen Abbildung des $\mathbb{R}^n$ in $\mathbb{R}^m$ wird in dem gesamten Text benutzt. Konsequenterweise werden wir auch bei der Anwendung einer linearen Abbildung $A : X \longmapsto Y$ zwischen den normierten Räumen X und Y auf ein Element $x \in X$ manchmal die Klammern weglassen, d.h.

$$4) \qquad Ax := A(x) \ .$$

Sei $U \subset \mathbb{R}^n$ offen und $F : U \longmapsto \mathbb{R}^m$ in $x_0 \in U$ differenzierbar (Fréchet - differenzierbar) und F habe die Komponentendarstellung

$$F(x) = (F_1(x_1,\ldots,x_n), \ldots, F_m(x_1,\ldots,x_n))^T \text{ für alle } x = (x_1,\ldots,x_n)^T \in U \ .$$

Dann existiert für alle $i \in \{1,\ldots,m\}$ und $j \in \{1,\ldots,n\}$ die partielle Ableitung $\frac{\partial F_i}{\partial x_j}(x)$ (d. h. die Ableitung von F_i in x in Richtung e_j).

Faßt man die partiellen Ableitungen in der sogenannten Jacobi-Matrix

5) $\qquad J(x) = \left(\dfrac{\partial F_i}{\partial x_j}(x)\right) \qquad i = 1, \ldots, m,\ j = 1, \ldots, n$

zusammen, so gilt für alle $x \in \mathbb{R}^n$

6) $\qquad F'(x)(h) = J(x) \cdot h$

Im obigen Sinne wird also $F'(x)$ mit $J(x)$ identifiziert. Im Sonderfall $m = 1$ ist F eine Abbildung von $U \subset \mathbb{R}^n$ in $\mathbb{R}$. Hier kann der Zeilenindex weggelassen werden: wir schreiben kurz: $f: U \to \mathbb{R}$ mit $x \mapsto f(x) = f(x_1, \ldots x_n)$. Die Ableitung in einem Punkt $x \in U$ ist dann der Zeilenvektor

$$f'(x) = \left(\dfrac{\partial f(x)}{\partial x_1}, \ldots, \dfrac{\partial f(x)}{\partial x_n}\right) \in L(\mathbb{R}^n, \mathbb{R}).$$

Der zugeordnete Spaltenvektor

7) $\qquad \nabla f(x) := \left(f'(x)\right)^T$

heißt **Gradient** von f an der Stelle x. Es gilt für alle $h \in \mathbb{R}^n$:

8) $\qquad f'(x)(h) = f'(x)h = \nabla f'(x)^T h = \langle \nabla f(x), h \rangle.$

Mit 0.1.5) ist auch die Norm $\|f'(x)\|$ erklärt. Aus der Cauchy-Schwarzschen Ungleichung folgt hier :

9) $\qquad \|f'(x)\| = \|\nabla f(x)\|,$

wobei auf der linken Seite die Norm einer linearen Abbildung und auf der rechten Seite die Euklidische Norm gemeint ist.

Denn $\|f'(x)\| = \sup\{ |f'(x)v|;\ \|v\| = 1 \}$ und für $v \in \mathbb{R}^n$ mit $\|v\| = 1$ gilt: $|f'(x)v| = |\langle \nabla f(x), v \rangle| \le \|\nabla f(x)\|$. Andererseits sei $u := \nabla f(x) \ne 0$ und $v_o := u/\|u\|$. Dann ist $|f'(x)v_o| = \|\nabla f(x)\|$.

Falls die partiellen Ableitungen zweiter Ordnung von f in x existieren,

so heißt $\qquad H(x) := \left(\dfrac{\partial^2 f}{\partial x_j \partial x_i}(x)\right)_{i,j=1,\ldots,n}$ die Hesse-Matrix von f in x.

0.6 MITTELWERTSATZ IN DER INTEGRALFORM

Für eine stetige Matrix-Funktion $A = (a_{ij})_{n \times m}$ auf $[a,b]$ wird das Integral elementweise erklärt, d.h. $\displaystyle \int_a^b A(t)\, dt = \left(\int_a^b a_{ij}(t)\, dt\right)_{n \times m}.$

Als Verallgemeinerung erhalten wir das

Riemann-Integral Banachraum-wertiger Funktionen (s. [Die], [K-A]). Seien $a, b \in \mathbb{R}$ mit $a < b$, X ein Banachraum und $f : [a, b] \to X$.

> **Definition 1:** für jede Zerlegung $a = t_0 < t_1 \ldots < t_n = b$ von $[a,b]$ und jede Wahl von Punkten $\tau_k \in [t_k, t_{k+1}]$, $k \in \{0,1,\ldots n-1\}$ heißt

1) $\qquad \displaystyle \sum_{k=0}^{n-1} f(\tau_k)(t_{k+1} - t_k)$

> eine **Riemannsche Summe** von f. Die **Zerlegungsfeinheit** der Summe 1)

ist dann durch

2) $\qquad \eta := \max_{0 \le k \le n-1} (t_{k+1} - t_k)$

erklärt.

Die Funktion $\int$ heißt **Riemann - integrierbar**, falls ein u ϵ X existiert, so daß jede Folge von Riemannschen Summen von $\int$, deren dazugehörige Folge der Zerlegungsfeinheiten eine Nullfolge ist, gegen u konvergiert. Für dieses u schreibt man

3) $\qquad \int_a^b \int(t)\,dt := u.$

Wie im Fall reellwertiger Funktionen zeigt man leicht, daß eine auf einem abgeschlossenen Intervall stetige Funktion auch gleichmäßig stetig und deshalb integrierbar ist.

Weiter gilt die folgende

Verallgemeinerung des Hauptsatzes der Differential- und Integralrechnung:

Sei X ein normierter - , Y ein Banachraum und U eine offene Teilmenge von X , die die Strecke [u,v] enthält. Für eine stetig differenzierbare Abbildung F : U $\to$ Y und die Funktion φ : [0, 1] $\to$ Y mit t $\mapsto$ F(u+t(v-u)) gilt:

4) $\qquad F(v)-F(u) = \varphi(1) - \varphi(0) = \int_0^1 \varphi'(t)dt = \int_0^1 F'(u+t(v - u))(v - u)\,dt$

$\qquad\qquad = \Big(\int_0^1 F'(u+t(v - u))dt \Big)(v - u)$

Die Formel 4) wird auch der **Mittelwertsatz in der Integralform** genannt.

Für eine offene Teilmenge U eines normierten Raumes X und eine reellwertige Funktion $\int \epsilon\, C^2$ (U) haben wir auch den folgenden Mittelwertsatz zur Verfügung:

Seien x, y ϵ U mit [x,y] $\subset$ U.

Dann existiert ein $\bar{x}$ ϵ (x, y) derart, daß

5) $\qquad \int(y) = \int(x)+ \int'(x)(y-x)+ \frac{1}{2}(\int''(\bar{x})\,(y -x))(y- x)$

gilt.

Denn für die Funktion h : [0,1] $\to$ $\mathbb{R}$ mit t $\mapsto$ h(t):= $\int$(x+t(y-x)) folgt aus der Kettenregel (s. 0.4):

h'(0) = $\int$'(x)(y-x) und h''(t) = ($\int$''(x+t(y-x))(y-x))(y-x).

Mit der aus der Analysis I bekannten Taylorformel (s. [Fo] S. 175) folgt dann 5).

Die Eigenschaften des gewöhnlichen Riemann-Integrals reellwertiger Funktionen sowie ihre Beweise lassen sich weitgehend auf dieses abstrakte Riemann-Integral übertragen. Eine dieser Eigenschaften soll jetzt hervorgehoben werden.

Es gilt der

Satz: **Jensensche Ungleichung für Integrale**

Seien a, b $\in \mathbb{R}$ mit a < b, X ein Banachraum und $\int$: [a, b] $\to$ X integrierbar. Für jede stetige, konvexe Funktion Φ : X $\to \mathbb{R}$ gilt die *Jensensche*
Ungleichung:

5)
$$\Phi\left(\frac{\int_a^b \int(t)dt}{b-a}\right) \leq \frac{\int_a^b \Phi\big(\int(t)\big)dt}{b-a} \ .$$

Insbesondere gilt für die Norm in X

6)
$$\left\| \int_a^b \int(t)dt \right\| \leq \int_a^b \|\int(t)\| \, dt.$$

Beweis: Sei für $n \in \mathbb{N}$ und $i \in \{0, ..., n\}$ $t_i := a + \frac{i}{n}(b-a)$ (äquidistante Zerlegung von [a, b]). Mit der Stetigkeit und Konvexität von Φ folgt:

$$\Phi\left(\frac{\int_a^b \int(t)d\,t}{b-a}\right) = \Phi\left(\lim_{n\to\infty}\frac{1}{b-a}\sum_{i=1}^n \int(t_i)\frac{b-a}{n}\right) = \Phi\left(\lim_{n\to\infty}\frac{1}{n}\sum_{i=1}^n \int(t_i)\right) =$$

$$\lim_{n\to\infty}\Phi\left(\frac{1}{n}\sum_{i=1}^n \int(t_i)\right) \leq \lim_{n\to\infty}\left(\frac{1}{n}\sum_{i=1}^n \Phi\big(\int(t_i)\big)\right) = \frac{1}{b-a}\int_a^b \Phi\big(\int(t_i)\big)\,dt.$$

Aus der positiven Homogenität der Norm folgt dann 6). ∎

Die jetzt kommende Folgerung aus 4) wird in diesem Text besonders
oft benutzt und deshalb das Mittelwertsatz-Lemma genannt. Dafür
brauchen wir die folgende

Definition 2 :

Seien X, Y normierte Räume und U eine Teilmenge von Y. Eine
Abbildung F heißt *Lipschitz-stetig in U,* falls ein L $\in \mathbb{R}_+$ existiert, so
daß für alle x, y $\in$ U gilt:

7)
$$\|F(x) - F(y)\| \leq L\,\|x - y\|.$$

Dafür wollen wir die Bezeichnung $F \in Lip_L(U)$ benutzen.

F heißt *Lipschitz-stetig in x $\in$ U,* wenn eine Umgebung U' von x und
ein L > 0 existiert, so daß 7) für alle y $\in$ U' $\cap$ U gilt.

F heißt *lokal Lipschitz-stetig in U,* wenn jeder Punkt aus U eine Umgebung besitzt, in der F Lipschitz-stetig ist.

Es gilt das

Lemma: (Mittelwertsatz-Lemma)

Sei X ein normierter, Y ein Banach-Raum und U eine offene konvexe
Teilmenge von X. Die Abbildung F : U $\to$ Y sei differenzierbar.

Ist F' $\in Lip_L(U)$, dann gilt für alle x, y $\in$ U:

8)
$$\|F(y) - F(x) - F'(x)(y - x)\| \leq \frac{L}{2}\,\|y - x\|^2 .$$

Ist $F \in C^1(U, Y)$ und F' Lipschitz-stetig in x, so gilt 8) in einer Umgebung von x.

Beweis: Mit 4) und 6) gilt:

$$\|F(y) - F(x) - F'(x)(y - x)\| = \| \int_0^1 \big(F'(x+t(y - x)) - F'(x)\big)(y -x)\, dt \|$$

$$\leq \int_0^1 \|F'(x+t(y - x)) - F'(x)\| \, \|y - x\| \, dt \leq L \int_0^1 t \, \|y - x\|^2 dt = \frac{L}{2} \|y - x\|^2.$$

Weiter gilt die

Bemerkung 1:

Ist $F \in C^1(U, Y)$ und F' Lipschitz-stetig in x, so existiert eine Umgebung U' von x und ein $L > 0$, so daß für alle $u, v \in U \cap U'$ gilt:

$$\|F(v) - F(u) - F'(x)(v - u)\| \leq L/2(\|v - x\| + \|u - x\|) \|v - u\|.$$

Beweis: Folgt wie oben mit

$$\|F'(u + t(v - u) - F'(x)\| \leq Lt\|x - v\| + L(1 - t)\|x - u\|. \qquad \blacksquare$$

Bemerkung 2:

Sei X ein normierter Raum, Y ein Banachraum und U eine offene konvexe Teilmenge von X. Die Abbildung $F : U \to Y$ sei in $x \in U$ stetig und sei $(x_n)_{n \in \mathbb{N}}$ eine Folge in U, die gegen x konvergiert.
Dann gilt

$$9) \qquad \int_0^1 F(x_n + t(x_{n+1} - x_n))dt \xrightarrow[n\to\infty]{} F(x).$$

Beweis: Sei $\varepsilon > 0$. Da F stetig in x ist, existiert eine offene Kugel K um x, so daß für alle $y \in K$

$$\|F(x) - F(y)\| \leq \varepsilon$$

gilt. Mit $x_n \to x$ existiert ein n_0, so daß für $n \geq n_0$ $x_n \in K$ gilt. Damit ist für alle $t \in [0, 1]$ $x_n + t(x_{n+1} - x_n) = (1 - t)x_n + tx_{n+1} \in [x_n, x_{n+1}] \subset K$. Mit 6) folgt

$$\|\int_0^1 F(x_n + t(x_{n+1} - x_n))dt - F(x)\| = \|\int_0^1 (F(x_n + t(x_{n+1} - x_n)) - F(x)]dt\|$$

$$\leq \int_0^1 \|F(x_n + t(x_{n+1} - x_n)) - F(x)\|dt \leq \int_0^1 \varepsilon \, dt = \varepsilon. \qquad \blacksquare$$

0.7 MATRIZEN

0.7.1 EIGENWERTE UND POSITIV DEFINITE MATRIZEN

In diesem Abschnitt sollen die hier benötigten Matrix - Begriffe und Eigenschaften zusammengestellt werden. Die identische Matrix in $\mathbb{R}^n$ wird mit I bezeichnet. Die zu einer Matrix A inverse Matrix A^{-1} existiert genau dann, wenn det $A \neq 0$ ist. In diesem Fall wird A ***invertierbar*** (auch *regulär*) genannt, andernfalls heißt A *singulär*. Eine Matrix $A \in L(\mathbb{R}^n)$ heißt *orthogonal*, falls A invertierbar ist und $A^{-1} = A^T$ gilt, wobei A^T die Transponierte von A bezeichnet. Eine (reelle oder komplexe) Zahl λ heißt **Eigenwert** von $A \in L(\mathbb{R}^n)$, wenn ein $x \in \mathbb{R}^n \setminus \{0\}$ mit $Ax = \lambda x$ existiert. Der Vektor x heißt dann der zu λ gehörende **Eigenvektor**. Eine Matrix $A \in L(\mathbb{R}^n)$ hat genau n (unter Umständen mehrfache und entsprechend ihrer Vielfachheit zu zählende) Eigenwerte. Ferner sind die Eigenwerte einer symmetrischen Matrix reell.

Es gelten die folgenden Sätze:

Satz 1:

Zu einer symmetrischen Matrix $A \in L(\mathbb{R}^n)$ existiert eine orthogonale Matrix $U \in L(\mathbb{R}^n)$, so daß $A = U \Lambda U^T$ mit einer Diagonalmatrix

$$\Lambda = \begin{pmatrix} \lambda_1 & & \\ & \ddots & \\ & & \lambda_n \end{pmatrix} =: \operatorname{diag}(\lambda_1, \ldots, \lambda_n), \quad \lambda_i \in \mathbb{R}, \; i \in \{1, \ldots, n\}$$

gilt. Dabei sind die λ_i die Eigenwerte von A, und $u_i = U e_i$ sind zugehörige paarweise orthogonale und normierte Eigenvektoren. Insbesondere gilt für die Determinante von A

$$\det A = \det U \; \det \Lambda \; \det U^T = \det \Lambda = \lambda_1 \cdot \ldots \cdot \lambda_n.$$

Für nichtsymmetrische Matrizen gilt noch der folgende

Satz 2:

Es seien $A \in L(\mathbb{R}^n, \mathbb{R}^m)$ und $r := \operatorname{Rang}(A)$. Dann existieren orthogonale Matrizen $U \in L(\mathbb{R}^m)$, $V \in L(\mathbb{R}^n)$, so daß $A = U \Sigma V^T$ mit der Matrix

$$\Sigma = \left(\begin{array}{c|c} \begin{matrix} \sigma_1 & & \\ & \ddots & \\ & & \sigma_r \end{matrix} & 0 \\ \hline 0 & 0 \end{array} \right) \in L(\mathbb{R}^n, \mathbb{R}^m), \quad \sigma_i \in \mathbb{R}, \; \sigma_i > 0, \; 1 \le i \le r.$$

gilt. Die positiven Zahlen σ_i heißen *singuläre Werte* von A, ihre Quadrate σ_i^2 sind die von Null verschiedenen Eigenwerte sowohl von $A^T A$ als auch von $A A^T$.

Definition:

Eine Matrix $A \in L(\mathbb{R}^n)$ heißt *positiv semi-definit*, falls für alle $x \in \mathbb{R}^n$ gilt:

1) $\qquad x^T A x = \langle Ax, x \rangle \ge 0.$

Gilt sogar $x^T A x > 0$ für alle $x \in \mathbb{R}^n \setminus \{0\}$, so heißt A *positiv definit*. Eine Teilmenge M von $L(\mathbb{R}^n)$ heißt *gleichmäßig positiv definit*, falls Konstanten $m, m' > 0$ existieren, so daß für alle $A \in M$ und alle $x \in \mathbb{R}^n \setminus \{0\}$ gilt:

2) $\qquad m' \|x\|^2 > \langle Ax, x \rangle > m \|x\|^2.$

Aufgabe: Ist M kompakt und jedes A ϵ M positiv definit, so ist M gleichmäßig positiv definit (Hinweis: s. Satz von Weierstraß).

Zwischen der positiven Definitheit einer symmetrischen Matrix und deren Eigenwerten besteht ein enger Zusammenhang. Es gelten die folgenden Aussagen:

Satz 3:

Es sei A ϵ L($\mathbb{R}^n$) symmetrisch und $\lambda_1 \leq \lambda_2 \ldots \leq \lambda_n$ seien die Eigenwerte von A. Dann gilt für alle x ϵ $\mathbb{R}^n$:

3) $$\lambda_1 \| x \|^2 \leq x^T A x \leq \lambda_n \| x \|^2$$

und für die zu λ_1 und λ_n gehörenden Eigenvektoren wird auf der linken bzw. rechten Seite von 3 das Gleichheitszeichen angenommen.

Beweis : Nach Satz 1 existiert eine orthogonale Matrix U und eine Diagonalmatrix Λ = diag($\lambda_1, \ldots, \lambda_n$) mit A = U$\Lambda$U^T. Damit ist für x ϵ $\mathbb{R}^n$ und y := U^{T}x

$$x^T A x = x^T U \Lambda U^T x = y^T \Lambda y = \sum_{i=1}^{n} \lambda_i y_i^2 \qquad \text{und}$$

$$\lambda_1 \|x\|^2 = \lambda_1 \|y\|^2 \leq \sum_{i=1}^{n} \lambda_i y_i^2 \leq \lambda_n \sum_{i=1}^{n} y_i^2 = \lambda_n \|y\|^2 = \lambda_n \|x\|^2$$

Aus λu = Au folgt offenbar $u^T A u = \lambda \|u\|^2$ und damit der Rest der Behauptung.
∎

Als Folgerung erhalten wir den
Satz 4:
Eine symmetrische Matrix A ϵ L($\mathbb{R}^n$) ist genau dann positiv semidefinit (positiv definit), wenn alle ihre Eigenwerte nichtnegativ (positiv) sind.

Weiter gilt der
Satz 5:
Eine Matrix ist genau dann positiv definit, wenn sie invertierbar ist und die Inverse positiv definit ist.

Beweis: Die Invertierbarkeit einer positiv definiten Matrix folgt direkt aus Satz 1 und Satz 4. Den Rest der Behauptung sieht man mit

$$\langle A^{-1}y, y \rangle = \langle A^{-1}y, A A^{-1}y \rangle .$$
∎

Da eine Matrix A ϵ L($\mathbb{R}^n$, $\mathbb{R}^m$) eine lineare Abbildung zwischen $\mathbb{R}^n$ und $\mathbb{R}^m$ beschreibt ist durch 0.4.4) stets eine Norm auf L($\mathbb{R}^n$) gegeben, die **Operatornorm** genannt wird. Dabei soll hier sowohl der $\mathbb{R}^n$ wie auch der $\mathbb{R}^m$ mit der Euklidischen Norm versehen sein. Wir haben vereinbart, daß bei der Benutzung des Normzeichens ohne Index die Operatornorm verstanden wird, d.h. für $A \in L(\mathbb{R}^n, \mathbb{R}^m)$ bezeichnet

4) $\qquad \|A\| = \sup\{\|Ax\| \; ; \; \|x\| = 1\}$

Bei der Wahl von anderen Normen in $\mathbb{R}^n$ bzw. $\mathbb{R}^m$ entstehen durch 0.4 4) weitere Normen auf dem $L(\mathbb{R}^n)$. Falls A quadratisch und symmetrisch ist, kann $\|A\|$ durch Eigenwerte beschrieben werden. Es gilt dann

5) $\qquad \|A\| = \max\{|\lambda| \; ; \; \lambda \text{ Eigenwert von } A\}$

Mit Satz 2 folgt sogar eine Verallgemeinerung von 5), denn es gilt:

Satz 6:

Sei $A \in L(\mathbb{R}^n)$ und $A \neq 0$. Dann folgt:

a) $\qquad \|A\|^2 = \|A^T A\| = \|AA^T\| = \max\{\sigma \mid \sigma \text{ ist singulärer Wert von } A.\}$

und

b) $\qquad$ Für ein $\alpha \in \mathbb{R}$ ist

6) $\qquad \|A\|^2 \leq \alpha$

genau dann wenn für alle $x \in \mathbb{R}^n$ mit $\|x\| = 1$

7) $\qquad -\alpha \leq \langle A^T A x, x \rangle \leq \alpha$

Beweis : Teil b): Mit 6) folgt für x mit $\|x\| = 1$

$-\alpha \leq -\|A\|^2 \leq \|Ax\|^2 = \langle A^T A x, x \rangle = \langle Ax, Ax \rangle = \|Ax\|^2 \leq \|A\|^2 \leq \alpha$

Andererseits erhalten wir mit 7) für alle x mit $\|x\| = 1$

$\|Ax\|^2 = \langle A^T A x, x \rangle \leq \alpha \qquad$ d.h. $\|A\| \leq \sqrt{\alpha} \qquad$ bzw. $\|A\|^2 \leq \alpha$.

Teil a): Sei σ_n^2 der größte Eigenwert von $A^T A$, d.h. σ_n der größte singuläre Wert von A. Nach Satz 3 ist σ_n^2 das kleinste α, das 7) erfüllt. Damit und mit b) folgt also a).

Die Eigenschaft 5) folgt aus Satz 6 Teil a), weil für eine symmetrische Matrix A mit der Zerlegung aus Satz 1 gilt:

$$A^T A = AA = U\Lambda U^T U\Lambda U^T = U\Lambda^2 U^T$$

d.h. im Satz 2 ist $\Sigma = \Lambda^2$.

Weiter benötigen wir noch den folgenden

Satz 7:

Sei $Y \in L(\mathbb{R}^n)$ symmetrisch und positiv definit. Es gelte für $m, M \in \mathbb{R}_+ \setminus \{0\}$

8) $\qquad m\|x\|^2 \leq x^T Y x \leq M\|x\|^2$ für alle $x \in \mathbb{R}^n$.

Dann gelten

$\qquad$ a) Für jeden Eigenwert λ von Y ist $m \leq \lambda \leq M$.

$\qquad$ b) $m \leq \|Y\| \leq M$

$\qquad$ c) $\frac{1}{M} \leq \|Y^{-1}\| \leq \frac{1}{m}$

$\qquad$ d) $\frac{1}{M}\|x\|^2 \leq x^T Y^{-1} x \leq \frac{1}{m}\|x\|^2 \qquad\qquad\qquad (x \in \mathbb{R}^n)$

Beweis : Sei für $\lambda \in \mathbb{R}$ und $u \in \mathbb{R}^n \backslash \{0\}$ $Yu = \lambda u$. Mit (8) ist
$m\langle u, u\rangle \leq \lambda\langle u, u\rangle \leq M\langle u, u\rangle$ und damit gilt a).
Die rechte Ungleichung in b) folgt direkt aus a) und 5). Aus $Au = \lambda u$
folgt $\lambda Y^{-1}u = u$ und damit ist $\lambda > 0$ genau dann ein Eigenwert von
A, wenn $1/\lambda$ ein Eigenwert von Y^{-1} ist. Damit und mit a) folgt
$\|Y^{-1}\| = \max \{ 1/\lambda \mid \lambda$ Eigenwert von $Y \} \leq 1/m$. Die linken Ungleichungen in b) und c) ergeben sich jetzt mit
$1 = \|I\| = \|Y^{-1}Y\| \leq \|Y^{-1}\| \, \|Y\|$.
Die rechte Ungleichung in d) folgt unmittelbar aus c) und die linke
ergibt sich mit Satz 3, da $1/M$ der kleinste Eigenwert von Y^{-1} ist. ∎

Folgerung:

Sei $S \subset L(\mathbb{R}^n)$ derart, daß für ein m, $M > 0$ und alle $Y \in S$ 8) gilt.
Dann ist sowohl S, als auch $\{ Y^{-1} \mid Y \in S \}$ beschränkt.

Es sei noch vermerkt, daß man die positive Definitheit einer Matrix
nach dem folgenden Kriterium ablesen kann.

Kriterium von Hurwitz :

Eine symmetrische reelle Matrix $(a_{ij})_{i,j=1,\ldots,n}$ ist genau dann positiv
definit, wenn für alle $k \in \{1, \ldots, n\}$ gilt
$$\det\left((a_{ij})_{i,j=1,\ldots,k}\right) > 0.$$

0.7.2 SPUR EINER MATRIX

Definition:

Für eine beliebige Matrix $A := (a_{ij}) \in L(\mathbb{R}^n)$ wird die *Spur* (englisch
trace) tr A durch
$$\mathbf{tr}\,(\mathbf{A}) := \sum_{i=1}^{n} a_{ii}$$
definiert. Offenbar ist die Funktion $\text{tr} : L(\mathbb{R}^n) \to \mathbb{R}$ mit $A \mapsto \text{tr}\,(A)$ linear.

Satz:

Es gelten die folgenden Aussagen:
1) Für alle $A \in L(\mathbb{R}^m, \mathbb{R}^n)$, $B \in L(\mathbb{R}^n, \mathbb{R}^m)$ ist
$$\text{tr}\,(AB) = \text{tr}\,(BA)$$
2) Für alle $A, T \in L(\mathbb{R}^n)$ und T invertierbar ist
$$\text{tr}\,(T^{-1}AT) = \text{tr}\,(A)$$
3) Für jede symmetrische Matrix $A \in L(\mathbb{R}^n)$ ist
$$\text{tr}\,(A) = \sum_{i=1}^{n} \lambda_i,$$
wobei $\lambda_1, \ldots, \lambda_n$ die Eigenwerte von A sind. Für die Determinante

von A gilt:

$$\det A = \lambda_1 \cdot \ldots \cdot \lambda_n .$$

Beweis: Für $A = (a_{ij})_{m\times n}$ und $B = (b_{ij})_{m\times n}$ ist

$$\mathrm{tr}(AB) = \sum_{k=1}^{n} \sum_{l=1}^{m} a_{kl}b_{lk} = \sum_{l=1}^{m} \sum_{k=1}^{n} b_{lk}a_{kl} = \mathrm{tr}(BA)$$

2) Aus 1) folgt $\mathrm{tr}(A) = \mathrm{tr}(ATT^{-1}) = \mathrm{tr}(T^{-1}AT)$.

3) Nach 0.7.1 Satz 1 existiert eine orthogonale Matrix $U \in L(\mathbb{R}^n)$ mit

$A = U \, \mathrm{diag}(\lambda_1, \ldots, \lambda_n)U^{-1}$, damit und mit 2) folgt $\mathrm{tr}(A) = \sum_{i=1}^{n} \lambda_i$.

Aus $\det(A) = \det(U\Lambda U^T) = \det U \det(\mathrm{diag}(\lambda_1, \ldots, \lambda_n)) \det U^T$

und $\det U \cdot \det U^T = 1$ folgt der Rest von 3). $\blacksquare$

Bemerkung:

Für alle $u, v \in \mathbb{R}^n$ gilt

4) $\qquad \mathrm{tr}(uv^T) = v^T u = \langle v, u \rangle .$

Beweis : Sei $u = (u_1, \ldots, u_n)$, $v = (v_1 \ldots, v_n)$.

Die Behauptung folgt direkt aus $uv^T = (u_i v_j)_{n\times n}$. $\blacksquare$

0.7.3 FROBENIUS - NORM

Eine besonders einfache Art, eine weitere Norm in dem Raum der Matrizen $L(\mathbb{R}^n, \mathbb{R}^m)$ einzuführen, entsteht dadurch, daß man den $L(\mathbb{R}^n, \mathbb{R}^m)$ mit $\mathbb{R}^{n\times m}$ identifiziert und dann die Euklidische Norm in $\mathbb{R}^{n\times m}$ nimmt. Dies führt zu der *Frobenius - Norm*.

1) $\qquad A = (a_{ij})_{n\times m} \mapsto \qquad \|A\|_F := \left(\sum_{i=1}^{n} \sum_{j=1}^{m} |a_{ij}|^2 \right)^{\frac{1}{2}} = \mathrm{tr}(AA^T)^{\frac{1}{2}} = \mathrm{tr}(A^TA)^{\frac{1}{2}}$

Diese Norm ist eine Skalarproduktnorm (Prä-Hilbert-Raum - Norm). Denn man kann hier das folgende Skalarprodukt in $L(\mathbb{R}^n)$

2) $\quad A, B \in L(\mathbb{R}^n) \mapsto \langle A, B\rangle := \mathrm{tr}\left(\tfrac{1}{2}(AB^T + BA^T)\right)$

nehmen.

Durch die Multiplikation mit einer symmetrischen positiv definiten Matrix W kann man offenbar durch

3) $\qquad \|A\|_W := \|WAW\|_F$

weitere Skalarproduktnormen erzeugen.

Es gilt die

Bemerkung 1:

Für $A \in L(\mathbb{R}^n, \mathbb{R}^m)$ und $B \in L(\mathbb{R}^m, \mathbb{R}^k)$ ($n, m\ k \in \mathbb{N}$) ist

4) $\quad$ a) $\quad \|A\| \leq \|A\|_F \quad$ b) $\quad \|BA\|_F \leq \|B\| \, \|A\|_F \quad$ c) $\quad \|BA\|_F \leq \|B\|_F \|A\|_F$

Beweis: Mit der Cauchy - Schwarzschen Ungleichung ist für alle $x \in \mathbb{R}^n$

$$\|Ax\| = \|\sum_{j=1}^{n} x_j Ae_j\| \le \sum_{j=1}^{n} |x_j| \|Ae_j\| \le \left(\sum_{j=1}^{n} |x_j|^2\right)^{1/2} \left(\sum_{j=1}^{n} \|Ae_j\|^2\right)^{1/2} = \|x\| \cdot \|A\|_F$$

$$\|BA\|_F^2 = \sum_{j=1}^{n} \|BAe_j\|^2 \le \|B\|^2 \sum_{j=1}^{n} \|Ae_j\|^2 = \|B\|^2 \|A\|_F^2 \qquad \blacksquare$$

Damit ist die Frobenius - Norm mit der Euklidischen Norm im Sinne der folgenden Definition konsistent.

Definition:

Eine Norm $\|\cdot\|'$ auf $L(\mathbb{R}^n, \mathbb{R}^m)$ heißt **konsistent** (mit der Euklidischen Norm verträglich), falls für alle $A \in L(\mathbb{R}^n, \mathbb{R}^m)$ und alle $x \in \mathbb{R}^n$

5) $$\|Ax\| \le \|A\|' \|x\|$$

gilt.

0.7.4 NEUMANN-LEMMA

Sei $A \in L(\mathbb{R}^n)$ und es gelte $\|A\| \le r < 1$.
Dann ist $I - A$ invertierbar und es gilt

1) $$(I - A)^{-1} = \sum_{i=0}^{\infty} A^i$$

und

2) $$\|(I - A)^{-1}\| \le \frac{1}{1 - r}$$

Beweis: Sei $S_m := \sum_{i=1}^{m} A^i$. Dann ist S_m eine Cauchy - Folge, denn für $m, j \in \mathbb{N}$ gilt:

$$\|S_{m+j} - S_m\| \le \sum_{k=m+1}^{m+j} \|A\|^k \le \sum_{k=m+1}^{m+j} r^k \xrightarrow[m \to \infty]{} 0.$$

Damit besitzt $(S_m)_o$ in dem vollständigen Raum einen Grenzwert S.
Die Identität $(I - A)(I + \ldots + A^{k-1}) = I - A^k$ impliziert $(I - A)S = I$, d.h.
$(I - A)$ ist invertierbar und besitzt S als Inverse, d.h. 1) gilt.
Sei $m \in \mathbb{N}$ beliebig gewählt.
Die Abschätzung 2) folgt aus

$$\|S_m\| = \|\sum_{k=1}^{m} A^k\| \le \sum_{k=1}^{m} \|A^k\| \le \sum_{k=1}^{m} r^k = \frac{1 - r^{m+1}}{1 - r} \le \frac{1}{1 - r} \qquad \blacksquare$$

Als Folgerung erhalten wir das Störungslemma (Perturbations-Lemma) von Banach.

0.7.5 STÖRUNGSLEMMA

Lemma:
Es seien $A, B \in L(\mathbb{R}^n)$ und A sei regulär mit $\|A^{-1}\| \le \alpha$. Weiter gelte $\|A-B\| \le \beta$ und $\alpha\beta < 1$.

Dann ist B invertierbar und es gilt:

3) $\qquad \|B^{-1}\| \leq \alpha/(1 - \alpha\beta)$

sowie

4) $\qquad \|A^{-1} - B^{-1}\| \leq \dfrac{\alpha^2}{1 - \alpha\beta} \, \|A - B\| \leq \dfrac{\alpha^2\beta}{1 - \alpha\beta}$

Beweis: Für $C := I - A^{-1}B$ gilt:

$\qquad \|C\| = \|A^{-1}(A - B)\| \leq \|A^{-1}\| \, \|A - B\| \leq \alpha\beta < 1$

und

$\qquad A^{-1}B = I - (I - A^{-1}B) = I - C.$

Aus dem v. Neumann - Lemma folgt die Invertierbarkeit von $A^{-1}B$.

Damit ist auch $B = A(A^{-1}B)$ invertierbar und es gilt mit 2)

$\|B^{-1}\| = \|(I - C)^{-1} A^{-1}\| \leq \|(I - C)^{-1}\| \, \|A^{-1}\| \leq \dfrac{\alpha}{1 - \alpha\beta}$

Die Abschätzung 4) folgt aus 3) mit:

$\qquad A^{-1} - B^{-1} = - A^{-1} (A - B)B^{-1} .$ $\qquad\qquad\qquad$ ∎

0.7.6 LÖSUNG LINEARER GLEICHUNGEN - CHOLESKY-ZERLEGUNG

In den meisten Fällen werden die Verfahren zur Lösung nichtlinearer Aufgaben einen Zwischenschritt für das Lösen eines Systems von n linearen Gleichungen mit n Variablen besitzen. Sei also $A \in L(\mathbb{R}^n)$ und $b \in \mathbb{R}^n$. Gesucht wird ein $x \in \mathbb{R}^n$ mit

1) $\qquad Ax = b$

Es gibt viele exzellente Algorithmen zur Behandlung von 1), die man als Subroutine benutzen kann. Aber die Art der Verfahren für nichtlineare Aufgaben wird manchmal bestimmte Algorithmen für 1) als besonders zweckmäßig auszeichnen. In diesem Zusammenhang wollen wir jetzt kurz Faktorisierungstechniken für Matrizen behandeln (s. [D-S] S.47). Vorher noch eine Bemerkung zu einer Schreibweise für Iterationsfolgen.

Oft wird eine Folge iterativ durch

2) $\qquad x_{k+1} = x_k - A_k^{-1}F(x_k)$

mit einem $x_0 \in \mathbb{R}^n$, $F : \mathbb{R}^n \rightarrow \mathbb{R}^n$ und $A_k \in L(\mathbb{R}^n)$ erklärt.

Dies soll nicht bedeuten, daß man vorher die gesamte inverse Matrix A_k^{-1} von A_k bestimmt hat. Die Formel 2) ist nur eine ökonomische Schreibweise für "x_{k+1} ist eine Lösung der Gleichung $A_k(x_k - x) = F(x_k)$".

Die meisten Faktorisierungstechniken zerlegen die Matrix in

$\qquad A = A_1 \cdot A_2 \cdot \, ... \, \cdot A_m ,$

wobei für jedes $i \in \{1 , ... , n \}$ A_i so ist, daß die dazugehörige Gleichung 1) einfach zu lösen ist.

Die Aufgabe 1) kann dann durch die Hintereinanderreihung der Aufgaben

$A_1 b_1 = b, \quad A_2 b_2 = b_1, \quad . . . . , \quad A_m b_m = b_{m-1} \quad$ gelöst werden.

In diesem Text von besonderer Bedeutung wird die Cholesky-Zerlegung sein.

Sei A eine symmetrische Matrix. Gesucht wird eine Matrix L der Gestalt

$$L = \begin{pmatrix} l_{11} & & 0 \\ \vdots & \ddots & \\ l_{n1} & \cdots & l_{nn} \end{pmatrix}$$

so daß $A = L\,L^T$ gilt. Das führt auf die Gleichungen

3)
$$a_{11} = (l_{11})^2$$
$$a_{21} = (l_{11} l_{21})$$
$$\vdots$$
$$a_{n1} = (l_{11} l_{n1})$$
$$a_{22} = (l_{21})^2 + (l_{22})^2$$
$$\vdots$$

bzw. für $i = 1, \cdots, n$

$$l_{ii} := \left\{ a_{ii} - \sum_{m=1}^{i-1} l_{im}^2 \right\}^{\frac{1}{2}}$$

$$l_{ji} := \left\{ a_{ji} - \sum_{m=1}^{i-1} l_{jm} l_{im} \right\} \Big/ l_{ii}$$

für $j = i+1, \cdots, n$

Aus der linearen Algebra ist bekannt, daß die Gleichungen in 3) genau dann im Reellen mit $l_{ii} > 0$ ($i \in \{1, \cdots, n\}$) gelöst werden können, wenn A positiv definit ist.

Durch das Abspalten der Diagonalen kann man dann A in der Form
$A = L_1 D\, L_1^T$ schreiben, wobei D eine Diagonalmatrix ist, und L_1 eine untere Dreiecksmatrix, deren Diagonalelemente 1 sind.

Dies bedeutet, daß man 3) durch $D = \mathrm{diag}(d_1, \ldots, d_n)$
für $j = i+1, \cdots, n$ ersetzt, wobei

$$d_i := a_{ii} - \sum_{m=1}^{i-1} l_{im}^2 d_m \qquad \text{und} \qquad l_{ji} := \left\{ a_{ji} - \sum_{m=1}^{i-1} l_{jm} l_{im} d_m \right\} \Big/ d_i$$

ist.

Gilt für ein $m > 0$ und alle $z \in \mathbb{R}^n$

$$\langle Az, z \rangle \geq m \|z\|^2,$$

so folgt mit den Eigenwerten $\{\lambda_1, \cdots, \lambda_n\}$ von A die Abschätzung
$$m^n \leq \lambda_1 \cdots \lambda_n = \det A = \det L_1 \det D \det L_1 = \det D = d_1 \cdots d_n.$$

0.8 ELEMENTE DER OPTIMIERUNGSTHEORIE

Wir wollen die folgenden Bezeichnungen benutzen. Sei K eine Menge und
$f : K \to \mathbb{R}$. Mit $M(f, K) := \{x \in K \mid f(x) = \inf f(K)\}$ bezeichnen wir
die **Menge der Minimallösungen** von f auf K.
Die Zahl $\inf f(K) \in [-\infty, \infty)$ heißt **Minimalwert der Minimierungsaufgabe** (f, K). Für ein $r \in \mathbb{R}$ bezeichne
$$S_f(r) := \{x \in K \mid f(x) \leq r\}$$
die dazugehörige **Niveaumenge von** f. Für ein $x_0 \in K$ wollen wir folgende

Abkürzung benutzen :

$$S_f(x_0) := S_f(f(x_0))$$

Definition 1:

Sei A eine Teilmenge eines normierten Raumes $(X, \|\cdot\|)$ und $x \in X$.
Ein Element $a_0 \in A$ heißt eine *beste Approximation* von x bzgl. A,
wenn für alle $a \in A$

$$\|x - a_0\| \le \|x - a\|$$

gilt.

Definition 2:

Sei K eine Teilmenge eines normierten Raumes X und $f: K \to \mathbb{R}$.
Ein Punkt $x_0 \in K$ heißt *lokale Minimallösung* von f, wenn eine Umgebung von x_0 in X existiert, so daß x_0 eine Minimallösung von f auf $K \cap V$ ist.

0.8.1 EXISTENZ VON MINIMALLÖSUNGEN. DER SATZ VON WEIERSTRASS

Definition :

Eine Teilmenge K eines normierten Raumes X heißt *kompakt* (*folgenkompakt*), wenn jede Folge in K eine gegen ein Element aus K konvergente Teilfolge besitzt.

Es gilt der
Satz von Weierstraß :
Sei K eine kompakte Teilmenge eines normierten Raumes X und
$f : K \to \mathbb{R}$ stetig.
Dann besitzt f in K eine Minimallösung.

Beweis : Sei $(x_n)_1^\infty$ derart, daß

1) $$f(x_n) \xrightarrow[n \to \infty]{} \inf f(K)$$

Da K kompakt ist, besitzt $(x_n)_1^\infty$ eine gegen ein $\bar{x} \in K$ konvergente Teilfolge $(x_{n_i})_{i \in \mathbb{N}}$. Mit der Stetigkeit von f ist

2) $$f(x_{n_i}) \xrightarrow[i \to \infty]{} f(\bar{x})$$

Aus 1) und 2) folgt $f(\bar{x}) = \inf f(K)$, d.h. $\bar{x} \in M(f, K)$ ∎

0.8.2 EINDEUTIGE LÖSBARKEIT VON OPTIMIERUNGSAUFGABEN

Definition :

Sei K eine konvexe Teilmenge eines Vektorraumes, und sei
$f : K \to \mathbb{R}$ eine konvexe Funktion.

1) f heißt genau dann **strikt konvex**, wenn für alle $x_1, x_2 \in K$ mit $x_1 \neq x_2$ gilt :

$$f(\frac{x_1+x_2}{2}) < \frac{1}{2} f(x_1) + \frac{1}{2} f(x_2).$$

2) f heißt genau dann **wesentlich strikt konvex**, wenn für alle x_1, $x_2 \in K$ mit $x_1 \neq x_2$ aus $f(x_1) = f(x_2)$ folgt :

$$f(\frac{x_1+x_2}{2}) < \frac{1}{2} f(x_1) + \frac{1}{2} f(x_2) = f(x_1) = f(x_2).$$

<u>Satz</u> :

Sei K eine konvexe Teilmenge eines Vektorraumes.

Dann sind für eine konvexe Funktion $f : K \rightarrow \mathbb{R}$ folgende Aussagen äquivalent :

     1) f ist wesentlich strikt konvex.

     2) Auf jeder konvexen Teilmenge K' von K besitzt f höchstens eine Minimallösung.

     3) Auf jeder Strecke S besitzt f höchstens eine Minimallösung.

Beweis : 1) => 2) Es sei f wesentlich strikt konvex, und seien k_1, $k_2 \in K' \subseteq K$ mit $f(k_1) = f(k_2) = \inf f(K)$.

Dann folgt $k_1 = k_2$, da sonst $f(\frac{k_1+k_2}{2}) < f(k_1) = \inf f(K)$ wäre.

2) => 3) ist die Spezialisierung auf Strecken.

3) => 1) f sei nicht wesentlich strikt konvex.

Dann gibt es $x_1, x_2 \in K$ mit $x_1 \neq x_2$ und

$$r := f(x_1) = f(x_2) \text{ und } f(\frac{x_1+x_2}{2}) \geq r .$$

Dann gilt aufgrund der Konvexität von f für alle $x \in [x_1, x_2]$:

$$f(x) = r,$$

d.h. f hat auf der Strecke $[x_1, x_2]$ mehrere Minimallösungen. ∎

0.8.3   NOTWENDIGE OPTIMALITÄTSBEDINGUNGEN

Für das Vorliegen einer Minimallösung einer Gâteaux-differenzierbaren Funktion kann man eine notwendige Bedingung angeben, die zu der aus der reellen Analysis wohlbekannten notwendigen Bedingung völlig analog ist. Diese Sicht gehört zu den mathematischen Errungenschaften, die mit der Entwicklung der Variationstheorie verbunden ist (Variation entlang einer Strecke).

<u>Satz</u> :

Sei U eine Teilmenge eines Vektorraumes X und $f : U \rightarrow \mathbb{R}$ besitze in $x_0 \in U$ eine Minimallösung.

Ist für ein $z \in X$ und ein $\varepsilon > 0$ die Strecke $(x_0 - \varepsilon z \ , \ x_0 + \varepsilon z)$ in U enthalten und f in x_0 in Richtung z differenzierbar, so gilt :

$$f'(x_0, z) = 0$$

Beweis : Die Funktion $g : (-\varepsilon, \varepsilon) \rightarrow \mathbb{R}$ mit $t \mapsto g(t) := f(x_0 + tz)$ hat in 0 eine Minimallösung. Damit und mit 0.4 Definition 2 gilt :

$$0 = g'(0) = f'(x_0, z).$$

∎

Folgerung 1 :

Sei V ein Teilraum des Vektorraumes X, $x_0 \in X$ und $f : x_0 + V \rightarrow \mathbb{R}$ eine in x_0 in allen Richtungen $z \in V$ Gâteaux-differenzierbare Funktion.
Ist $x_0 \in M(f, x_0 + V)$, so ist für alle $z \in V$:

$$f'(x_0, z) = 0.$$

Ist speziell $V = X$ und $x_0 \in M(f, X)$, so ist für alle $z \in X$:

$$f'(x_0, z) = 0.$$

Folgerung 2 :

Sei $U \subset \mathbb{R}^n$ und x^* ein innerer Punkt von U.
Ist x^* eine Minimallösung von f in U und f in x^* partiell differenzierbar, dann gilt :

$$\frac{\partial f}{\partial x_i}(x^*) := f'(x^*, e_i) = 0.$$

Bemerkung : Notwendige Optimalitätsbedingungen zweiter Ordnung
Sei X ein normierter Raum, $U \subset X$ offen und $f \in C^2(U)$.
Ist x^* eine Minimallösung von f bzgl. einer Teilmenge K von U und für ein $z \in X : [x^* - z, x^* + z] \subset K$, so ist 0 eine Minimallösung der Funktion $g : [-1 \ , \ 1] \rightarrow \mathbb{R}$ mit $t \mapsto g(t) := f(x^* + tz)$.
Damit und mit der Kettenregel bekommen wir die folgende notwendige Optimalitätsbedingung :

$$0 \leq g''(0) = \left((f''(x^*)z)z \right)$$

0.8.4 HINREICHENDE OPTIMALITÄTSBEDINGUNGEN CHARAKTERISIERUNGSSATZ DER KONVEXEN OPTIMIERUNG

Die Idee der Variationen entlang einer Strecke, die L. Euler erlaubte "Kurven zu finden, denen eine Eigenschaft im höchsten oder geringsten Grade zukommt "(s. [Eu]) führte in 0.8.3 zu einer abstrakten notwendigen Bedingung für Minimallösungen einer Funktion, die auf einem Vektorraum definiert ist. Der erst am Anfang des 20.-Jahrhunderts gefundene Begriff einer konvexen Funktion sorgt zusammen mit der Idee der Variationen für einen einfachen und eleganten Zugang in die Optimierungstheorie.

MONOTONIE DES DIFFERENZENQUOTIENTEN KONVEXER FUNKTIONEN

Satz 1 :

Sei K eine konvexe Teilmenge des Vektorraumes X und $f : K \to \mathbb{R}$ konvex. Seien $x, y \in K$ und $z := y-x$.

Dann ist die folgende Funktion $q : (0,1] \to \mathbb{R}$ mit

1) $$t \longmapsto q(t) := \frac{f(x+tz) - f(x)}{t}$$

monoton nichtfallend.

Beweis : Sei $h : [0,1] \to \mathbb{R}$ durch $h(t) := f(x+tz) - f(x)$ erklärt. Als eine Komposition einer affinen und einer konvexen Funktion ist h konvex und es gilt : $h(0) = 0$. Für $0 < s \leq t \leq 1$ gilt:

$$h(s) = h\left(\frac{s}{t} t + \frac{t-s}{t} 0\right) \leq \frac{s}{t} h(t) + \frac{t-s}{t} h(0) = \frac{s}{t} \cdot h(t) \quad \text{d.h.}$$

2) $$q(s) = \frac{h(s)}{s} \leq \frac{h(t)}{t} = q(t)$$

Folgerung 1 :

Sei K, f, x, y, z wie oben .

Dann existiert in $[-\infty, \infty)$ der folgenden Grenzwert

3) $$f'_+(x,z) = \lim_{t \downarrow 0} \frac{f(x+tz) - f(x)}{t},$$

der *die rechtsseitige Richtungsableitung von f in x in Richtung z* genannt wird. Außerdem gilt die *Subgradientenungleichung*

4) $$f'_+(x,y-x) \leq f(y) - f(x)$$

Beweis : Mit 2) ist

$$f'_+(x,y-x) = \lim_{t \downarrow 0} q(t) \leq q(1) = f(y) - f(x) \qquad \blacksquare$$

Damit erhalten wir den

Charakterisierungssatz der konvexen Optimierung :

Sei K eine konvexe Teilmenge des Vektorraums X und $f : K \to \mathbb{R}$ eine konvexe Funktion.

Ein $x_0 \in K$ ist genau dann eine Minimallösung von f auf K, wenn für alle $x \in K$ gilt:

5) $$f'_+(x_0, x-x_0) \geq 0$$

Beweis: Sei x_0 eine Minimallösung von f auf K. Für $x \in K$ und $t \in (0,1]$ ist $x_0 + t(x-x_0) = tx + (1-t)x_0 \in K$ und damit

$$\frac{f\left(x_0 + t(x-x_0)\right) - f(x_0)}{t} \geq 0$$

Der Grenzübergang mit t gegen 0 liefert 5). Andererseits folgt aus 5) mit 4) für alle $x \in K$

$$f(x) - f(x_0) \geq f'_+(x_0, x-x_0) \geq 0, \text{ d.h. } x_0 \in M(f, K). \qquad \blacksquare$$

Mit 0.8.3 Satz und dem Charakterisierungssatz erhalten wir den

Satz 2 :

Sei V ein Teilraum des Vektorraumes X und $f : V \to \mathbb{R}$ eine Gâteaux-differenzierbare konvexe Funktion.
Genau dann ist ein $x_0 \in M(f, V)$, wenn für alle $v \in V$

$$f'(x_0, v) = 0$$

gilt.

Dieser Satz ist auch für die numerischen Verfahren für differenzierbare Optimierungsaufgaben von fundamentaler Bedeutung. Denn die Bestimmung einer Minimallösung wird hier meistens durch das Auffinden eines stationären Punktes ersetzt, d.h. einer Lösung der Gleichung $f'_+(x_0, v) = 0$.

Mit Satz 2 gilt die

Folgerung 2 :

Für eine differenzierbare konvexe Funktion ist jeder stationäre Punkt eine Minimallösung von f.

0.8.5 APPROXIMATION IN PRÄ-HILBERT-RÄUMEN

Bedeutsam für die Approximation in Prä-Hilbert-Räumen ist die Tatsache, daß das Quadrat der Norm differenzierbar ist.

Es gilt der

Satz 1 :

Sei $\left(X, \langle \cdot, \cdot \rangle\right)$ ein Prä-Hibert-Raum und $x_0 \in X$.
Dann ist die Funktion $f : X \to \mathbb{R}$ mit $x \mapsto f(x) = \|x-x_0\|^2$ strikt konvex und Gâteaux-differenzierbar in jedem $x \in X$.
Für die Richtungsableitung in x in Richtung h gilt

$$f'(x, h) = 2\langle x-x_0, h \rangle.$$

Beweis : Da $\|\cdot\|$ konvex ist, ist f ebenfalls konvex. Die strikte Konvexität folgt direkt aus der Parallelogrammgleichung. Seien $x, h \in X$.
Dann gilt für alle $\alpha \in \mathbb{R} \backslash \{0\}$:

$$\frac{f(x+\alpha h) - f(x)}{\alpha} = \frac{\langle x+\alpha h-x_0, x+\alpha h-x_0 \rangle - \langle x-x_0, x-x_0 \rangle}{\alpha}$$

$$= \frac{2\langle x-x_0, \alpha h \rangle + \langle \alpha h, \alpha h \rangle}{\alpha}$$

$$= 2\langle x-x_0, h \rangle + \alpha \langle h, h \rangle.$$

Damit gilt für die Richtungsableitung von f in x in Richtung h :
$$f'(x,h) = 2\langle x-x_0, h\rangle.$$

$\blacksquare$

Bemerkung :

Da $2\langle x-x_0, \cdot\rangle$ eine stetige, lineare Abbildung von X nach $\mathbb{R}$ ist, zeigt sich, daß f in x sogar differenzierbar mit dieser Abbildung als Ableitung ist.

Aus dem Charakterisierungssatz 0.8.4 ergibt sich sofort durch Anwendung auf die Funktion f eine Charakterisierung bester Approximationen in Prä-Hilbert-Räumen. Die Eindeutigkeit einer besten Approximation ist dabei nach 0.8.2 durch die strikte Konvexität dieser Funktion gewährleistet.

Approximationssatz :

Sei K eine konvexe Teilmenge eines Prä-Hilbert-Raumes $\left(X,\langle\cdot,\cdot\rangle\right)$ und $x \in X$. Ein Element $k_0 \in K$ ist genau dann die beste Approximation von x bzgl. K, wenn für alle $k \in K$ gilt:
$$\langle k_0-x, k-k_0\rangle \geq 0.$$

Für die beste Approximation bzgl. eines Teilraumes eines Prä-Hilbert-Raumes gilt der

Projektionssatz :

Sei K ein Teilraum des Prä-Hilbert-Raumes $\left(X,\langle\cdot,\cdot\rangle\right)$ und $x \in X$.
Ein Element $k_0 \in K$ ist genau dann die beste Approximation von x bzgl. K, wenn für alle $k \in K$ gilt:
$$\langle k_0 - x, k\rangle = 0$$
Gilt in einem Prä-Hilbert-Raum $\left(X,\langle\cdot,\cdot\rangle\right)$ für zwei Vektoren x, $y \in X$
$$\langle x,y\rangle = 0$$
so heißen x,y *orthogonal zueinander*. Man schreibt $x \perp y$.

Mit diesem Begriff gewinnt die Aussage des Projektionssatzes folgende einfache geometrische Bedeutung :
k_0 ist genau dann die beste Approximation von x bzgl. K, falls der Differenzvektor k_0-x zu allen Vektoren des Teilraumes K orthogonal ist, d.h. k_0 ist Projektion von x auf K.

Nach der Definition eines Skalarproduktes gilt dann für alle $k \in K$:
$$\|x-k\|^2 = \|x-k_0\|^2 + \|k-k_0\|^2 \quad \text{(Satz von Pythagoras)}$$

0.8.6   UNIFORM KONVEXE FUNKTIONEN. STARKE LÖSBARKEIT.

In 0.8.4 haben wir bereits gesehen, daß jeder stationäre Punkt einer konvexen Funktion bereits eine Minimallösung dieser Funktion ist. Die numeri-

schen Verfahren zur Bestimmung einer Minimallösung sind meistens
Abstiegsverfahren. Man bestimmt hier iterativ eine Folge von Vektoren,
für die die Werte der vorliegenden Funktion (Zielfunktion) eine absteigende
Folge bilden. Durch geeignete Vorsichtsmaßnahmen bzgl. der Wertabnahme
gelingt es oft, die Konvergenz der Folge der Werte gegen den Minimalwert
zu erreichen. Dann entsteht aber die Frage: Ist die Iterationsfolge der
Vektoren (Lösungen) gegen eine Minimallösung von f konvergent?
Um diese Frage zu behandeln brauchen wir die folgende

Definition 1 :
Sei M eine beliebige Menge und $f : M \to \mathbb{R}$ eine Funktion.
Eine Folge $(x_i)_0^\infty$ in M heißt eine *minimierende Folge* (bzgl. f), wenn
die Folge der Werte $\left(f(x_i)\right)_0^\infty$ gegen den Minimalwert von f konvergiert.

Um positive Antworten auf die oben gestellte Frage zu haben, soll jetzt
eine Klasse von Funktionen mit der folgenden Eigenschaft angegeben
werden: Jede minimierende Folge konvergiert bereits gegen eine Minimallösung dieser Funktion . Dies führt zu dem Begriff einer 1-uniform konvexen
Funktion, die sich im endlichdimensionalen Fall als eine strikt konvexe
Funktion mit beschränkten Niveaumengen erweist.

Für Optimierungsaufgaben brauchen wir jetzt die
Definition 2 :
Sei S eine Teilmenge eines normierten Raumes X und $f : S \to \mathbb{R}$ eine
Funktion.
Die Minimierungsaufgabe (f,S) $\left(\text{minimiere } f \text{ auf } S \right)$ heißt *stark
lösbar*, wenn jede minimierende Folge (bzgl. f) in S gegen eine Minimal-
lösung von f bzgl. S konvergiert.

Bemerkung 1 :
Eine stark lösbare Optimierungsaufgabe (f, S) besitzt eine eindeutige
Lösung (d.h. $|M(f,S)| = 1$).

Beweis : Nach der Definition des Infimums existiert stets eine mini-
mierende Folge und damit auch eine Lösung. Seien nun $x,y \in M(f,S)$.
Sei für $k \in \mathbb{N}$ $u_{2k} := x$ und $u_{2k+1} := y$. Damit ist $(u_k)_0^\infty$ eine minimierende
Folge. Aus der Konvergenz dieser Folge folgt dann $x=y$. ∎

UNIFORM UND L-UNIFORM KONVEXE FUNKTION

Definition 3 :

a) Eine Funktion $\tau : \mathbb{R}_+ \to \mathbb{R}_+$ heißt **Modulfunktion**, falls sie nicht-fallend, $\tau(0) = 0$ und $\tau(s) > 0$ für $s \neq 0$ gilt.

b) Sei K eine konvexe Teilmenge eines normierten Raumes. Eine stetige konvexe Funktion $f : K \to \mathbb{R}$ heißt **uniform konvex** (auf K), wenn eine Modulfunktion τ existiert, so daß für alle x, y $\in$ K

*) $$f(\tfrac{x+y}{2}) \leq \tfrac{1}{2} f(x) + \tfrac{1}{2} f(y) - \tau(\|x-y\|)$$

gilt (s. [L-P]).

Existiert sogar ein c>0, so daß $\tau(s) = cs^2$ für $s \in \mathbb{R}_+$ ist, so heißt f **stark konvex.**

Bei Abstiegsverfahren wird die Eigenschaft *) nur für die Niveaumenge (engl. level set) $S_f(x_0)$ des Startpunktes x_0 benötigt. Die folgende Modifikation erlaubt eine wesentliche Erweiterung der Klasse uniform konvexer Funktionen.

Definition 4 :

Sei K eine konvexe Teilmenge eines normierten Raumes.
Eine stetige konvexe Funktion $f : K \to \mathbb{R}$ heißt **l-uniform konvex,** falls für alle r $\in \mathbb{R}$ eine Modulfunktion τ_r existiert, so daß für alle $x, y \in S_f(r) = \{\, x \in K \mid f(x) \leq r\}$

1) $$f\left(\tfrac{x+y}{2}\right) \leq \tfrac{1}{2} f(x) + \tfrac{1}{2} f(y) - \tau_r(\|x-y\|)$$

gilt.

Bemerkung 1 :

Eine l-uniform konvexe Funktion besitzt stets beschränkte Niveaumengen. Denn es gilt der (s. [Polj2], [K2])

Satz 1 :
Sei $f : K \to \mathbb{R}$ l-uniform konvex.
Dann gilt

 a) Für jedes r $\in \mathbb{R}$ ist die Niveaumenge $S_f(r)$ beschränkt.
 b) f ist nach unten beschränkt.

Für den Beweis benötigen wir das folgende
Lemma 1 :
Sei K eine konvexe Teilmenge eines normierten Raumes X und $f : K \to \mathbb{R}$ eine stetige konvexe Funktion. Dann ist f auf jeder beschränkten Teilmenge B von K nach unten beschränkt.

Beweis : Sei a > 0 und $x_0 \in$ K. Da f stetig ist, gibt es eine Kugel
$K(x_0,r)$ mit dem Radius r $\in(0,1)$ so, daß für alle x $\in K(x_0,r) \cap$ K

2) $\qquad f(x) > f(x_0) - a$ gilt

Sei M > 1 derart, daß $K(x_0,M) \supset$ B.

Sei y $\in$ B beliebig gewählt und $z = \left(1 - \frac{r}{M}\right)x_0 + \frac{r}{M} y$

Dann folgt

3) $\qquad \|z-x_0\| = \frac{r}{M} \|y-x_0\| < r$

d.h. z $\in K(x_0,r)$. Da f konvex ist, gilt

4) $\qquad f(z) \leq \left(1 - \frac{r}{M}\right) f(x_0) + \frac{r}{M} f(y)$

Damit und 2), 3) ist

$$f(y) \geq - \frac{M}{r} (1 - \frac{r}{M})f(x_0) + \frac{M}{r} f(z)$$
$$\geq (1 - \frac{M}{r})f(x_0) + \frac{M}{r}\left(f(x_0) - a\right) =: c \qquad \blacksquare$$

Beweis des Satzes 1 : a) o.B.d.A. sei 0 $\in$ K (sonst betrachte für ein
$x_0 \in$ K die l-uniform konvexe Funktion f : $K - x_0 \to \mathbb{R}$ mit
$f(x) := f(x - x_0)$). Bezeichne $\overline{K}(0,1)$ die abgeschlossene Einheitskugel in X,
so ist nach Lemma 1 f auf $\overline{K}(0,1) \cap$ K durch eine Konstante β nach
unten beschränkt.

Angenommen für ein s > $f(0)$ ist $S_f(s)$ unbeschränkt. Dann existiert
eine Folge $(x_n)_0^\infty$ mit $x_n \in$ K, $\|x_n\| = 1$ und $nx_n \in S_f(s)$. Für alle x $\in$ K
und alle n $\in \mathbb{N}$ gilt

$$f\left((n-1)x\right) \leq \tfrac{1}{2}f\left(nx\right) + \tfrac{1}{2}f\left((n-2)x\right) - \tau_s(2)$$
$$f\left(nx\right) \geq 2f\left((n-1)x\right) - f\left((n-2)x\right) + \alpha$$

wobei $\alpha := 2\tau_s(2) > 0$.

Durch Rekursion gilt für $2 \leq k \leq n$
$$f\left(nx\right) \geq kf\left((n-k+1)x\right) - (k-1) f\left((n-k)x\right) + \frac{k(k-1)}{2} \alpha$$
Für k = n und $x = x_n$ folgt der Widerspruch

$$r_0 \geq f\left(nx_n\right) \geq nf(x_n) - (n-1)f(0) + \frac{n(n-1)}{2} \alpha \geq$$
$$\geq n[\beta - f(0) + \frac{(n-1)}{2} \alpha] + f(0) \xrightarrow[n \to \infty]{} \infty$$

b) Folgt aus a) und Lemma 1). $\qquad \blacksquare$

Weiter gilt der

Satz 2 :

Sei K eine abgeschlossene und konvexe Teilmenge eines Banachraumes
X und f : K $\to \mathbb{R}$ l-uniform konvex.

Dann besitzt f in K eine eindeutige Minimallösung.

Die Optimierungsaufgabe (f,K) ist sogar stark lösbar.

Beweis : Wir zeigen, daß eine minimierende Folge von f eine Cauchy-Folge sein muß, deren Grenzwert die gesuchte Minimallösung ist.

Nach Satz 1 ist inf $f(K) =: \alpha > -\infty$. Sei $\varepsilon \in (0,1)$ und $(x_n)_0^\infty$ eine minimierende Folge, d.h. $f(x_n) \xrightarrow[n \to \infty]{} \alpha$.

Für ein $n_0 \in \mathbb{N}$ und alle $n,m < n_0$ ist dann $\max\{f(x_n), f(x_m)\} < \alpha + \varepsilon < \alpha + 1$ und damit

$$\tau_{\alpha+1}(\|x_n - x_m\|) \leq \tfrac{1}{2}f(x_n) + \tfrac{1}{2}f(x_m) - f\left(\tfrac{x_n + x_m}{2}\right) <$$
$$< \frac{\alpha + \varepsilon}{2} + \frac{\alpha + \varepsilon}{2} - \alpha = \varepsilon$$

Da $\tau_{\alpha+1}$ eine Modulfunktion ist (s.Def. 3) folgt daraus

$$\|x_n - x_m\| \xrightarrow[n,m \to \infty]{} 0,$$

d.h. $(x_n)_0^\infty$ ist eine Cauchy-Folge. Da X vollständig ist, existiert also ein $x \in K$ mit $x = \lim_{n \to \infty}(x_n)_0^\infty$.

Aus der Stetigkeit von f folgt $f(x) = \lim_{n \to \infty} f(x_n) = \alpha$

Damit ist $M(f,K) \neq \emptyset$ und die Minimierungsaufgabe ist stark lösbar. $\blacksquare$

Ist K eine abgeschlossene konvexe Teilmenge im $\mathbb{R}^n$, so besitzen die l-uniform konvexen Funktionen eine einfache Beschreibung.

Es gilt der

Satz 3 :

Sei K eine abgeschlossene und konvexe Teilmenge im $\mathbb{R}^n$.

Eine Funktion $f : K \to \mathbb{R}$ ist genau dann l-uniform konvex, wenn f eine stetige strikt konvexe Funktion mit beschränkten Niveaumengen ist.

Beweis : Sei f eine stetige strikt konvexe Funktion auf K mit beschränkten Niveaumengen. Für ein $\alpha \in \mathbb{R}$ sei $g_\alpha : \mathbb{R}_+ \to \mathbb{R}_+ \cup \{\infty\}$ durch

$$s \mapsto g_\alpha(s) := \inf \{\tfrac{1}{2}f(x) + \tfrac{1}{2}f(y) - f(\tfrac{x+y}{2}) \mid x,y \in S_f(\alpha), \|x-y\| \geq s\}$$
$$(\inf \emptyset = \infty)$$

erklärt und $\tau_\alpha(s) := \min \{s, g_\alpha(s)\}$. Da $S_f(\alpha) \times S_f(\alpha)$ kompakt (abgeschlossen und beschränkt) und f stetig ist, folgt $\tau_\alpha(s) > 0$ für $s > 0$. Offenbar ist $\tau_\alpha(0) = 0$ und mit $s_1 \geq s_2$ ist
$\{(x,y) \mid \|x-y\| \geq s_1\} \subset \{(x-y) \mid \|x-y\| \geq s_2\}$, womit τ_α nichtfallend ist, d.h. τ_α ist eine Modulfunktion. Andererseits ist eine l-uniform konvexe Funktion offensichtlich strikt konvex und mit Satz 1 folgt dann die Umkehrung. $\blacksquare$

Nun soll jetzt noch eine Charakterisierung von differenzierbaren l-uniform konvexen Funktionen erfolgen.

Satz 4 :

Sei X ein normierter Raum, $U \subset X$ offen, $f : U \longrightarrow \mathbb{R}$ differenzierbar und K eine konvexe Teilmenge von U.

Dann sind folgende Aussagen äquivalent.

a) $f : K \longrightarrow \mathbb{R}$ ist uniform konvex, d.h. f ist konvex und für eine Modulfunktion τ und alle $x,y \in K$ gilt:

$$f(\tfrac{x+y}{2}) \leq \tfrac{1}{2} f(x) + \tfrac{1}{2} f(y) - \tau\big(\|x-y\|\big)$$

b) Es existiert eine Modulfunktion τ_1, so daß für alle $x,y \in K$ gilt:

$$f(y) - f(x) \geq f'(x)\,(y-x) + \tau_1\big(\|x-y\|\big)$$

c) Es existiert eine Modulfunktion τ_2 , so daß für alle $x,y \in K$ gilt:

$$\big(f'(x) - f'(y)\big)\,(x-y) \geq \tau_2\big(\|x-y\|\big)$$

Beweis : a)=> b) Mit a) und der Subgradientenungleichung 0.8.4.4) folgt für eine Modulfunktion τ und alle $x,y \in K$:

$$\tfrac{1}{2}\big(f(x) + f(y)\big) \geq f\big(\tfrac{x+y}{2}\big) + \tau(\|x-y\|) - f(x) + f(x) \geq$$

$$\geq f'(x)\,\big(\tfrac{x+y}{2} - x\big) + f(x) + \tau(\|x-y\|)$$

Die Multiplikation beider Seiten mit 2 liefert

$$f(y) - f(x) \geq f'(x)\,(y-x) + 2\tau(\|x-y\|)$$

und mit $\tau_1 = 2\tau$ die Behauptung.

b)=> a) Sei $x,y \in K$ und $\alpha \in [0,1]$. Dann gilt für

$$z = \alpha x + (1 - \alpha)y$$

1) $\qquad f'(z)\,(x-z) \leq f(x) - f(z) - \tau_1\,(\|z-x\|)$

2) $\qquad f'(z)\,(y-z) \leq f(y) - f(z) - \tau_1\,(\|z-y\|)$

Multiplikation von 1) mit α bzw. 2) mit $(1-\alpha)$ und Addition von 1) **und** 2) ergibt

$$0 = f'(z)(0) = f'(z)\big(\alpha x + (1-\alpha)y - z\big) \leq$$
$$\alpha f(x) + (1-\alpha)f(y) - f(z) - \alpha\tau_1(\|z-x\|) - (1-\alpha)\tau_1(\|z-y\|),$$

d.h. f ist konvex und für $\alpha = \tfrac{1}{2}$ gilt

$$f\big(\tfrac{x+y}{2}\big) \leq \tfrac{1}{2} f(x) + \tfrac{1}{2} f(y) - \tau_1\,(\tfrac{1}{2}\,\|x-y\|),$$

womit a) mit der Modulfunktion $\tau(s) := \tau_1(\tfrac{s}{2})$ gilt.

b)=> c) Es gilt

3) $\qquad f(y) - f(x) \geq f'(x)(y-x) + \tau_1(\|x-y\|)$ und

4) $\qquad f(x) - f(y) \geq f'(y)(x-y) + \tau_1(\|x-y\|)$.

Die Addition von 3) und 4) ergibt

$$\big(f'(x) - f'(y)\big)\,(x-y) \geq 2\tau_1\,(\|x-y\|),$$

d.h. mit $\tau_2 = 2\tau_1$ folgt c).

c)=> b) Sei x,y $\in$ K. Wir zeigen zunächst, daß f konvex ist.

Mit h := y - x und Mittelwertsatz folgt für ein $\alpha \in (0,1)$

$$f(y) - f(x) = f'(x + \alpha h)h$$

Mit c) ist

$$\left(f'(x + \alpha h) - f'(x)\right)(\alpha h) \geq 0$$

Damit folgt

$$f'(x)h \leq f'(x + \alpha h) = f(y) - f(x)$$

Nach 0.8.4.4) ist f konvex.

Sei G= $f'\left(\frac{x+y}{2}\right)$ und $\tau_1(s) := \tau_2(\frac{s}{2})$. Mit c) gilt:

$$\left(G - f'(x)\right)\left(\frac{x+y}{2} - x\right) \geq \tau_2\left(\frac{\|x-y\|}{2}\right) = \tau_1(\|x-y\|), \text{ d.h.}$$

$$\frac{1}{2} G(y-x) \geq \frac{1}{2} f'(x)(y-x) + \tau_1\left(\|x-y\|\right)$$

Daraus und mit 0.8.4.4) folgt:

$$f(y) - f(x) = f(y) - f\left(\frac{x+y}{2}\right) + f\left(\frac{x+y}{2}\right) - f(x) \geq$$
$$\geq G\left(y - \frac{x+y}{2}\right) + f'(x)\left(\frac{x+y}{2} - x\right) \geq$$
$$\geq \frac{1}{2} f'(x)(y-x) + \tau_1(\|x-y\|) + \frac{1}{2} f'(x)(y-x) =$$
$$= f'(x)(y-x) + \tau_1(\|x-y\|)$$

$\blacksquare$

Außer der Behauptung wurde noch bewiesen

Zusatz :

1) Gilt a) mit τ , so gilt b) mit $\tau_1 = 2\tau$ und c) mit 4τ.

2) Gilt c) mit τ_2, so gilt b) mit $\tau_1(s) := \tau_2(\frac{s}{2})$ und a) mit $\tau(s) = \tau_2(\frac{s}{4})$.

Bemerkung 2 :

Ist insbesondere $f : K \rightarrow \mathbb{R}$ stark konvex, d.h. für ein m > 0 gilt a)
(Satz 4) für $\tau(s) = ms^2$, so gilt b) für $\tau_1(s) = 2ms^2$ und c) mit
$\tau_2(s) = 4ms^2$.

Für zweimal differenzierbare Funktionen gilt auch die folgende Charakterisierung stark konvexer Funktionen

Satz 5 :

Sei U eine offene Teilmenge eines normierten Raumes X und
$f : U \rightarrow \mathbb{R}$ zweimal differenzierbar.

Für jede konvexe Teilmenge K von U gilt die folgende Aussage:
Genügt für ein m>0 die Funktion $f : K \rightarrow \mathbb{R}$ der folgenden Bedingung:

5) $\qquad \left(f''(x)u\right)u \geq m\|u\|^2$ für alle $x \in K$ und alle $u \in X$,

so ist f stark konvex.

Wenn die Menge K offen ist, gilt auch die Umkehrung.

Beweis : Es gelte 5) und seien $x, y \in K$. Mit dem Mittelwertsatz 0.6.5)
ist dann für ein $\alpha \in (0,1)$

$$f(y) - f(x) - f'(x)(y-x) = \tfrac{1}{2}\Big(f''\big(x+\alpha(y-x)\big)(y-x)\Big)(y-x) \geq m\|y-x\|^2$$

und damit b) in Satz 4 mit $\tau_1(s) = ms^2$.

Aus Satz 4 und Bemerkung folgt die starke Konvexität von f.

Sei nun K offen und $f : K \to \mathbb{R}$ stark konvex. Dann existiert ein
$m>0$ derart, daß c) in Satz 4 mit $\tau_1(s) = ms^2$ gilt.

Sei $x \in K$ und $u \in X$. Da K offen ist, gibt es ein $r>0$ mit $[x,x+ru] \subset K$.
Nun folgt mit Satz 4 c)

$$\Big(f''(x)u\Big)u = \lim_{t \downarrow 0} \frac{\Big(f'(x+tu)-f'(x)\Big)u}{t} \quad \frac{t}{t} \geq \lim_{t \downarrow 0} \frac{m\|tu\|^2}{t^2} = m\|u\|^2$$

und damit 5). ∎

Setzt man in den Beweisen von Satz 4 bzw. Satz 5 τ , τ_1 , τ_2 identisch
Null bzw. $m = 0$, so bekommt man die folgende Charakterisierung differenzierbarer konvexer Funktionen.

Satz 6 :

Sei U eine offene Teilmenge eines normierten Raumes X,
$f : U \to \mathbb{R}$ differenzierbar und K eine konvexe Teilmenge von U.
Dann sind äquivalent:

        a.) f ist auf K konvex.

        b.)   Für alle $x,y \in K$ gilt: $f(y) - f(x) \geq f'(x)(y-x)$
              $\Big(\text{Subgradientenungleichung}\Big)$

        c.)   Für alle $x,y \in K$ gilt: $\Big(f'(x) - f'(y)\Big)(x-y) \geq 0$
              (d.h. $f' : K \to X^*$ ist monoton)

Ist K offen und f zweimal differenzierbar, so ist noch zu a), b) und
c) die folgende Bedingung $\Big(\text{positive Semidefinitheit von } f''\Big)$ äquivalent.

        d.)   Für alle $x \in K$ und alle $u \in X$ gilt :
              $\Big(f''(x)u\Big)u \geq 0$

Als eine Folgerung aus den Sätzen 2 und 4 bekommen wir die folgende
Existenz- und Eindeutigkeitsaussage :

Satz 7 :

Sei X ein Banachraum und $f : X \to \mathbb{R}$ differenzierbar. Für ein $x_0 \in X$
sei die Niveaumenge $S = S_f(x_0)$ konvex und f auf S uniform konvex.
Dann ist S beschränkt und die Aufgabe (f, S) ist stark lösbar. Für
die eindeutige Minimallösung x^* von f auf S und alle $x \in S$ gelten die
beiden Abschätzungen

6) $f(x) - f(x^*) \geq 2\tau(\|x-x^*\|)$

und

7) $\qquad \|f'(x)\| \; \|x-x^*\| \geq f'(x)(x-x^*) \geq 2\tau(\|x-x^*\|),$

wobei τ die nach Definition 3 zu f gehörende Modulfunktion ist.

Ist zusätzlich f stark konvex, d.h. für ein $c>0$ $\tau(s)=cs^2$, so gelten

8) $\qquad \|x-x^*\| \leq \sqrt{\left(\frac{1}{2c} \; (f(x) - f(x^*))\right)}$

und

9) $\qquad \|x-x^*\| \leq \frac{1}{2c}\|f'(x)\|$

Beweis : Als differenzierbare Funktion ist f stetig und damit ist S abgeschlossen. Nach Satz 2) ist (f, S) stark lösbar. Da x^* auch eine Minimallösung von f auf ganz X ist, folgt $f'(x^*) = 0$. Mit Satz 4 ist
$$f(x) - f(x^*) \geq f'(x) \, (x-x) + 2\tau(\|x-x^*\|) = 2\tau(\|x-x^*\|) \text{ und}$$
$$0 \geq f(x^*) - f(x) \geq f'(x) \, (x^*-x) + 2\tau(\|x-x^*\|) \text{ , woraus 7) folgt:}$$
Für $\tau(s) := cs^2$ folgt 8) und 9) unmittelbar aus 6) und 7). $\qquad$ ∎

Satz 8 :

Sei U eine offene und konvexe Teilmenge eines normierten Raumes X, $f: U \to \mathbb{R}$ eine stark (bzw. uniform) konvexe differenzierbare Funktion und sei $x^* \in U$ mit $f'(x^*) = 0$.
Dann gelten für alle $x \in U$ die Abschätzungen 8) und 9) (bzw. 6) und 7).

Zum Schluß noch die

Bemerkung 3 :

Die 1-uniform konvexen Funktionen stellen eine natürliche Verallgemeinerung der aus der Funktionalanalysis bekannten uniform konvexen Normen dar.
Man kann zeigen (s. [K2], [D]):
"Eine Norm ist genau dann uniform konvex, wenn $\|\cdot\|^2$ (bzw. $\|\cdot\|^p$ mit $p > 1$) eine 1-uniform konvexe Funktion ist."
Aber die Frage nach denjenigen konvexen Funktionen, die bzgl. aller konvexen abgeschlossenen Teilmengen eines Banachraumes stark lösbar sind, führt zu den sogenannten lokal uniform konvexen Funktionen (s. [K-W]).

0.9 RESTRINGIERTE OPTIMIERUNGSAUFGABEN. LAGRANGE- UND PENALTY-METHODE.

In diesem Text werden die numerischen Verfahren meist für nichtrestringierte Optimierungsaufgaben behandelt. Die folgenden Methoden erlauben die Zurückführung von restringierten Aufgaben auf nichtrestringierte.

0.9.1 LAGRANGE-METHODE

Die folgende Idee von Lagrange hat eine fundamentale Bedeutung in der Optimierungstheorie gewonnen.

Sei M eine beliebige Menge und f, $g : M \to \mathbb{R}$ beliebige Funktionen. Die Suche nach einer Minimallösung von f auf M auf der Restriktionsmenge $S = \{ x \in M \mid g(x) = 0 \}$ kann man durch folgenden Vorgang ersetzen:

Man finde ein $\lambda \in \mathbb{R}$ derart, daß ein Element $x_0 \in M$ die Funktion $f + \lambda g$ auf M (nicht restringiert) minimiert und die Lösung der Gleichung $g(x) = 0$ ist. Offenbar gilt dann für alle $x \in S$ die Ungleichung

$$f(x_0) = f(x_0) + \lambda g(x_0) \le f(x) + \lambda g(x) = f(x).$$

Dieser Ansatz läßt sich unmittelbar auf mehrere Nebenbedingungen übertragen und führt zu der folgenden hinreichenden Bedingung für Lösungen restringierter Optimierungsaufgaben.

Lagrange-Lemma (Für Gleichungen) :

Seien für $i \in \{1, \ldots, m\}$ $g_i : M \to \mathbb{R}$, $g = (g_1, \ldots, g_m) : M \to \mathbb{R}^m$ und $S = \{ x \in M \mid g(x) = 0 \in \mathbb{R}^m \}$

Sei $\lambda \in \mathbb{R}^m$ derart, daß ein $x_0 \in S$ eine Minimallösung der Funktion

$$f + \sum_{i=1}^{m} \lambda_i g_i$$

auf M ist.

Dann ist x_0 eine Minimallösung von f auf S.

Beweis : Für $x \in S$ gilt:
$$f(x_0) = f(x_0) + \langle \lambda, g(x_0) \rangle \le f(x) + \langle \lambda, g(x) \rangle = f(x) \qquad \blacksquare$$

Das Lagrange-Lemma liefert eine allgemeine hinreichende Bedingung für Minimallösungen restringierter Aufgaben, die auch in Funktionenräumen verwendbar ist. Joseph Louis Lagrange (1736-1813) hat seine Methode bereits bei Variationsaufgaben benutzt. Bei der Verwendung des Lagrange-Lemmas in $\mathbb{R}^m$ beachte die folgende (s. auch 10.4)

Bemerkung 1 :

Sei $U \subset \mathbb{R}^n$ und $f : \mathbb{R}^n \to \mathbb{R}$, $g = (g_1, \ldots, g_m) : \mathbb{R}^n \to \mathbb{R}^m$ in Int U differenzierbar. Nach dem Lagrange-Lemma gilt es ein $\lambda = (\lambda_1, \ldots, \lambda_m)$ so zu finden, daß für einen Punkt $x = (x_1, \ldots, x_n) \in \mathbb{R}^n$ gilt:

i)   x erfüllt die geforderten Nebenbedingungen, d.h.

1) $g_i(x) = 0$ für $i \in \{1, \ldots, m\}$

und

ii)   x ist eine globale Minimallösung der Funktion $f_\lambda := f + \sum_{j=1}^{m} \lambda_j g_j$

Für $x \in$ Int U liefert ii), mit 0.8.3 Satz, die notwendige Bedingung

$\nabla f(x) = 0$. Das führt zu den zusätzlichen n Gleichungen

2) $\qquad \dfrac{\partial f}{\partial x_i}(x) + \sum_{j=1}^{m} \lambda_j \dfrac{\partial g_j}{\partial x_i}(x) = 0 \qquad$ für $i \in \{1, \ldots, n\}$.

Mit 1) und 2) bekommen wir ein System von (n+m) Gleichungen für die (n+m) Unbekannten $(x_1, \ldots, x_n, \lambda_1, \ldots, \lambda_m)$.

Die numerische Behandlung von derartigen Systemen von Gleichungen ist der zentrale Gegenstand dieser Abhandlung. Aber durch das Auffinden einer Lösung $(x_1^*, \ldots, x_n^*, \lambda_1^*, \ldots, \lambda_m^*)$ von 1) und 2) bekommen wir im Falle $x^* \in$ Int U nur einen Kanditaten für eine Minimallösung von f auf $S := \{x \in U \mid g(x) = 0\}$. Denn es gilt noch zu prüfen, ob $(x_1^*, \ldots, x_n^*)$ eine Minimallösung der Funktion $\quad f_{\lambda^*} := f + \sum_{j=1}^{m} \lambda_j^* g_j \quad$ auf $\mathbb{R}^m$ ist.

Ist die zu dem berechneten λ^* gehörige Funktion f_{λ^*} konvex, dann ist (s. 0.8.4) x^* eine Minimallösung von f_{λ^*} und mit dem Lagrange-Lemma auch eine Minimallösung von f auf S. Bei zweimal stetig differenzierbaren Funktionen garantiert die positive Definitheit von $f_{\lambda^*}''(x^*)$, daß x^* eine lokale Minimallösung von f auf S ist. Denn die Determinante ist eine stetige Abbildung von $L(\mathbb{R}^n)$ in $\mathbb{R}$. Mit dem Hurwitz-Kriterium (s. 0.7.1) ist dann f_{λ}'' positiv definit in einer Umgebung $V \subset U$ von x^* und (mit 0.8.6 Satz 6) in V konvex. Das Lagrange-Lemma liefert mit $M = V$ die Behauptung.

BEISPIELE

Aufgabe 1: Die Entropie-Funktion (Information) $f : \mathbb{R}_+^n \to \mathbb{R}_+$

$$x = (x_1, \ldots, x_n) \mapsto f(x) := - \sum_{i=1}^{n} x_i \ln x_i$$

(mit der stetigen Ergänzung $0\ln(0) := 0$) soll auf der Menge $\{ x \in \mathbb{R}_+^n \mid \sum_{i=1}^{n} x_i = 1 \}$ maximiert werden.

Lösung: Die Funktion $-f$ ist konvex. Dies folgt aus der Monotonie der Ableitung von $s \mapsto s\ln(s)$ in $(0,\infty)$.

Damit ist für jedes $\lambda \in \mathbb{R}$ die Funktion

$$f_\lambda(x) := -f(x) + \lambda \left(\sum_{i=1}^{n} x_i - 1 \right)$$

konvex und auf Int $\mathbb{R}_+^n$ stetig differenzierbar.

Ein $\bar{x} \in$ Int $\mathbb{R}_+^n$ ist genau dann eine Minimallösung von f_λ auf $\mathbb{R}$, wenn die partiellen Ableitungen in $\bar{x}$ verschwinden, d.h.

$(*) \qquad \ln(x_i) + 1 + \lambda = 0$ für alle $i = 1, \ldots, n$.

Setzt man $x_i = \dfrac{1}{n}$, $i = 1, \ldots, n$ und $\lambda = \ln(n) - 1$, so ist $(*)$ erfüllt. Nach dem Lagrange-Lemma ist die Gleichverteilung $(\frac{1}{n}, \ldots, \frac{1}{n})$ eine Lösung der Aufgabe.

Aufgabe 2: Minimiere $f : \mathbb{R}^3 \to \mathbb{R}$

$$(x,y,z) \mapsto x^2 + y + z$$

unter den Nebenbedingungen

$$x^2 + y^2 + z^2 = 1$$
$$x + y + z = 1$$

Lösung: Nach dem Lagrange-Lemma suchen wir $\lambda_1, \lambda_2 \in \mathbb{R}$, so daß für eine Minimallösung (x^*, y^*, z^*) von f auf s gilt:

1) $\quad 2x^* + \lambda_1 2x^* + \lambda_2 = 0$

2) $\quad 1 + \lambda_1 2y^* + \lambda_2 = 0$

3) $\quad 1 + \lambda_1 2z^* + \lambda_2 = 0$

und

4) $\quad x^{*2} + y^{*2} + z^{*2} = 1$

5) $\quad x^* + y^* + z^* = 1$

2) - 3) $\quad 2\lambda_1(y^* - z^*) = 0$

1. Fall: $\lambda_1 \neq 0$: Dann ist $y^* = z^*$ und aus 4),5) ergeben sich 2 Lösungen:

$$(x_1^*, y_1^*, z_1^*) = (1,0,0) \qquad \text{mit } f(x_1^*, y_1^*, z_1^*) = 1$$
$$(x_2^*, y_2^*, z_2^*) = (-\tfrac{1}{3}, \tfrac{2}{3}, \tfrac{2}{3}) \qquad \text{mit } f(x_2^*, y_2^*, z_2^*) = \tfrac{13}{9}$$

2. Fall: $\lambda_1 = 0$: Dann ist $\lambda_2 = -1$ und $x^* = \tfrac{1}{2}$ und aus 4), 5) ergeben sich 2 weitere Lösungen:

$$(x_3^*, y_3^*, z_3^*) = \left(\tfrac{1}{2}, \tfrac{1}{4}(1 + \sqrt{5}), \tfrac{1}{4}(1 - \sqrt{5})\right) \text{ mit } f(x_3^*, y_3^*, z_3^*) = \tfrac{3}{4}$$

$$(x_4^*, y_4^*, z_4^*) = \left(\tfrac{1}{2}, \tfrac{1}{4}(1 - \sqrt{5}), \tfrac{1}{4}(1 + \sqrt{5})\right) \text{ mit } f(x_4^*, y_4^*, z_4^*) = \tfrac{3}{4}$$

Die zu den Lagrange-Multiplikatoren $\lambda_1 = 0$, $\lambda_2 = -1$ aus Fall 2 gehörige Lagrange-Funktion ist konvex, also sind nach dem Lagrange-Lemma (x_3^*, y_3^*, z_3^*) und (x_4^*, y_4^*, z_4^*) Minimallösungen von f auf S.

Aufgabe 3 : Maximiere die Entropie $\quad E(x) := \int\limits_{-1}^{1} x(t) \ln x(t)\, dt$

unter allen $x \in S := \{ y \in C[-1, 1] \mid y(t) \geq 0 \text{ für alle } t \in [-1, 1] \}$ mit dem vorgegebenen ersten und zweiten Moment

1) $\qquad \int\limits_{-1}^{1} x(t)\, dt \qquad = 1$

und

2) $\qquad \int\limits_{-1}^{1} t\, x(t)\, dt = \gamma \in (-1, 1)$

Lösungsansatz:

Seien $f, g_1, g_2 : S \to \mathbb{R}$ durch $f := -E$, $\quad g_1(x) := \int\limits_{-1}^{1} (x(t) - \tfrac{1}{2})\, dt$,

$g_2(x) := \int\limits_{-1}^{1} (t\, x(t) - \tfrac{1}{2})\, dt$ erklärt.

Nach dem Lagrange-Lemma genügt es einen Vektor $\lambda = (\lambda_1, \lambda_2) \in \mathbb{R}^2$

und ein $x \in S$ zu finden, so daß x eine Minimallösung der Funktion
$$f_\lambda = f + \lambda_1 g_1 + \lambda_2 g_2$$
auf S ist.

Offenbar ist S eine konvexe Teilmenge von $C[-1, 1]$ und für jedes $\lambda \in \mathbb{R}^2$ ist f_λ eine konvexe Funktion. Denn die Funktionen g_1, g_2 sind affin. Nach dem Charakterisierungssatz 3.2 ist ein $x_\lambda \in S$ genau dann Minimallösung von f_λ (λ fest), wenn für alle $y \in S$ gilt:

3) $\qquad (f_\lambda)'_+ (x_\lambda, y - x_\lambda) \geq 0.$

Sei $\Phi(x(t)) := x(t) \ln x(t) + \lambda_1 x(t) + \lambda_2 t\, x(t) - \frac{1}{2}(\lambda_1 + \lambda_2)$
Dann gilt mit 1.6 und 2.5
$$(f_\lambda)'_+ (x, h) = \lim_{\alpha \to 0} \int_{-1}^{1} \left(\frac{\Phi(x(t) + \alpha h(t)) - \Phi(x(t))}{\alpha} \right) dt =$$
$$= \int_{-1}^{1} \left(1 + \ln x(t) + \lambda_1 + \lambda_2 t \right) h(t)\, dt,$$

wobei $\ln 0 := -\infty$ und das Integral als Lebesgue- Integral zu verstehen ist. Dann ist 3) auf jeden Fall erfüllt, wenn für alle $t \in [-1, 1]$

4) $\qquad 1 + \ln x_\lambda(t) + \lambda_1 + \lambda_2 t = 0$
d. h.

5) $\qquad x_\lambda(t) = e^{-1 - \lambda_1 - \lambda_2 t}$.

Gelingt es jetzt den Vektor $\lambda \in \mathbb{R}^2$ so zu bestimmen, daß

6) $\qquad g_1(x_\lambda) = g_2(x_\lambda) = 0$

gilt, dann haben wir eine Lösung der gestellten Aufgabe gefunden. Mit dem Ansatz $x(t) = e^{\alpha + \beta t}$ führt 1) und 2) für $\gamma = 0$ zu $\alpha^* = -\ln 2$ und $\beta^* = 0$. Für $\beta \neq 0$ folgt

7) $\qquad 1 = \int_{-1}^{1} x(t)\, dt = e^\alpha \beta^{-1}(e^\beta - e^{-\beta})$

und

8) $\qquad \gamma = \int_{-1}^{1} t\, x(t)\, dt = e^\alpha \beta^{-1}(e^\beta + e^{-\beta} - \beta^{-1}(e^\beta - e^{-\beta})).$

Division von 8) durch 7) liefert die Gleichung

9) $\qquad \gamma = [-\beta^{-1} + (1 + e^{-2\beta})/(1 - e^{-2\beta})].$

Da die rechte Seite von 9) mit $\beta \to \infty$ (bzw. $-\infty$) gegen 1) (bzw. -1) und bei $\beta \to 0$ gegen 0 strebt, besitzt die Gleichung 9) für jedes $\gamma \in (-1, 1) \setminus \{0\}$ eine Lösung $\beta^* \in \mathbb{R}$. Eingesetzt in 7) führt dieses β^* zu einem α^*. Mit $\lambda = (-1, -\alpha^*, -\beta^*)$ liefert 5) die gesuchte Lösung (und zwar eindeutig, da $s \mapsto s \ln s$ auf $\mathbb{R}_{\geq 0}$ strikt konvex ist). $\qquad \blacksquare$

Aufgabe 4: Bestimmen Sie den Radius und die Höhe einer 1 Liter Blechdose in Zylinderform, so daß am wenigsten Blech verbraucht wird.

Lösung: minimiere $f(r,h) := 2\pi r^2 + 2\pi rh$

    unter der Nebenbedingung

$$g(r,h) := \pi r^2 h - 1 = 0 \qquad \text{mit } (r,h) \in U := \mathbb{R}_+^2$$

Die Gleichungen 1) und 2) aus Bemerkung 1 ergeben

$$4\pi r + 2\pi h + \lambda 2\pi rh = 0$$
$$2\pi r + \lambda \pi r^2 = 0$$
$$\pi r^2 h - 1 = 0$$

Dies führt zu der Lösung $r^* = (2\pi)^{-\frac{1}{3}}$, $h^* = 2(2\pi)^{-\frac{1}{3}}$, $\lambda^* = -\frac{2}{r}$

Die Funktion $f_{\lambda^*} = f + \lambda^* g$ ist aber nicht konvex und das Lagrange-Lemma liefert noch nicht den vollständigen Nachweis der Minimalität von (r^*, h^*).

Wir geben jetzt eine Erweiterung der Lagrange-Methode an, die eine einfache Lösung der obigen Aufgabe erlaubt und viele neue Ansätze zur Behandlung restringierter Optimierungsaufgaben möglich macht. Bei der Lagrange-Methode ist die Zurückführung einer restringierten auf eine nichtrestringierte Optimierungsaufgabe mit der Erhöhung der Anzahl der Variablen verbunden. Die jetzt folgende Erweiterung kann zu einer nicht-restringierten Optimierungsaufgabe mit einer reduzierten Anzahl der Variablen führen.

Ergänzungsmethode :

Sei M eine beliebige Menge, $f: M \to \mathbb{R}$ und S eine beliebige Teilmenge von M. Sei $\Lambda : M \to \mathbb{R}$ eine Funktion, die auf S konstant ist.

Dann gilt:

Ist ein $x_0 \in S$ eine Minimallösung der Funktion

$$f + \Lambda$$

auf ganz M, so ist x_0 eine Minimallösung von f auf S.

Beweis : Für $x \in S$ gilt

$$f(x_0) + \Lambda(x_0) \leq f(x) + \Lambda(x) = f(x) + \Lambda(x_0) \qquad\qquad \blacksquare$$

Als Spezialfall erhalten wir

I) Die Lagrange-Methode

Für $m \in \mathbb{N}$ sei $g = (g_1, \ldots, g_m) : M \to \mathbb{R}^m$ und $S = \{ x \in M \mid g(x) = 0\}$.
Dann wird für ein $\lambda = (\lambda_1, \ldots, \lambda_m) \in \mathbb{R}^m$

$$\Lambda(x) := \sum_{i=1}^{m} \lambda_i g_i(x)$$

gesetzt.

II) Variable Lagrange-Multiplikatoren

Seien g, S wie in I). Für eine Funktion $\lambda : M \to \mathbb{R}^m$ mit
$$x \mapsto \lambda(x) = (\lambda_1(x), \ldots, \lambda_m(x))$$
wird
$$\Lambda(x) := \sum_{i=1}^{m} \lambda_i(x)\, g_i(x)$$
gesetzt.

In der Aufgabe 4) können wir z.B. für $M := \mathbb{R}_+^2$ den folgenden variablen Lagrange-Multiplikator $\lambda : M \to \mathbb{R}$ mit
$$(r,h) \mapsto \lambda(r,h) := -\frac{2}{r}$$
benutzen. Das führt zu
$$\Lambda(r,h) = -\frac{2}{r}(\pi\, r^2 h - 1) \text{ bzw.}$$
$$f(r,h) + \Lambda(r,h) = 2\pi\, r^2 + 2\pi\, rh - 2\pi rh + \frac{2}{r} = 2\pi\, r^2 + \frac{2}{r}$$
Die Funktion $f + \Lambda : \mathbb{R}_+^2 \to \mathbb{R}$ ist konvex.
Die Differentiation führt zu der Gleichung
$$4\pi\, r - \frac{2}{r^2} = 0$$
Damit ist für jedes $h \in \mathbb{R}_+$ das Paar $\left((2\pi)^{-\frac{1}{3}}, h \right)$ eine Minimallösung von $f + \Lambda$ auf M.

Der Punkt $(r,h) : \left((2\pi)^{-\frac{1}{3}}, 2(2\pi)^{-\frac{1}{3}} \right)$ erfüllt auch die geforderte Nebenbedingung und ist nach der Ergänzungsmethode eine Lösung der gestellten Aufgabe.

Zur weiteren Illustration soll noch eine besonders einfache Aufgabe betrachtet werden.

Aufgabe 5 :
Maximiere die Fläche eines Rechtecks bei vorgegebenem Umfang 1.
Dies führt zu
$$\text{minimiere } f(x_1,x_2) := -x_1\, x_2$$
unter den Nebenbedingungen
$$g(x_1,x_2) = 2x_1 + 2x_2 - 1 = 0, \quad x_1, x_2 > 0.$$

Lösung: Mit $M := \mathbb{R}$ und $\Lambda(x) := \frac{1}{2} x_1 (2x_1 + 2x_2 - 1)$ ist
$f(x) + \Lambda(x) = x_1^2 - \frac{1}{2} x_1$ eine konvexe Funktion, die für jedes $x_2 \in \mathbb{R}$ in $(\frac{1}{4}, x_2)$ eine Minimallösung besitzt. Da $(x_1,x_2) := \left(\frac{1}{4}, \frac{1}{4} \right)$ auch die Nebenbedingung erfüllt, ist $\left(\frac{1}{4}, \frac{1}{4} \right)$ eine gesuchte Lösung.

0.9.2 LAGRANGE-LEMMA BEI GLEICHUNGEN UND UNGLEICHUNGEN

Es wird die folgende Aufgabe betrachtet: Sei M eine beliebige Menge und seien $f : M \to \mathbb{R}$, $g : M \to \mathbb{R}^m$, $h : M \to \mathbb{R}^p$ Abbildungen.

Die Funktion f sei auf der Restriktionsmenge
$$S := \{\, x \in M \mid g(x) = 0 \text{ und } h(x) \leq 0\}$$
zu minimieren.

Es gilt das

Lagrange-Lemma :
Seien $\lambda \in \mathbb{R}^m$ und $\alpha \in \mathbb{R}_+^p$ derart, daß ein $x_0 \in \overline{S} := \{x \in S \mid \langle \alpha, h(x)\rangle = 0\}$
eine Minimallösung der Funktion
$$f + \sum_{i=1}^{m} \lambda_i g_i + \sum_{j=1}^{p} \alpha_j h_j$$
auf M ist.
Dann ist x_0 eine Minimallösung von f auf S.

Beweis : Für $x \in S$ gilt dann
$$f(x_0) = f(x_0) + \langle \lambda, g(x_0)\rangle + \langle \alpha, h(x_0)\rangle \leq f(x) + \langle \lambda, g(x)\rangle + \langle \alpha, h(x)\rangle$$
$$\leq f(x) \qquad\qquad \blacksquare$$

Bemerkung 2 :
Das Lemma von Lagrange läßt sich mit analoger Argumentation auf
Aufgaben mit unendlich vielen Restriktionen übertragen (s. [K4]).

Definition :
Die Zahlen $\lambda_1, \ldots, \lambda_m \in \mathbb{R}$ und $\alpha_1, \ldots, \alpha_p \in \mathbb{R}_+$ heißen *Lagrange-Multiplikatoren*.
Die Funktion $L : M \times \mathbb{R}^m \times \mathbb{R}_+^p \longrightarrow \mathbb{R}$
$$(x,\lambda,\alpha) \longmapsto L(x,\lambda,\alpha) := f(x) + \sum_{i=1}^{m} \lambda_i\, g_i(x) + \sum_{j=1}^{p} \alpha_j\, h_j(x)$$
heißt *Lagrange-Funktion*.
Ist im Lagrange-Lemma die Lagrange-Funktion auf einer offenen
Menge $M \subset \mathbb{R}^n$ differenzierbar, so erhält man die folgende notwendige
Bedingung für eine Minimallösung x^* der Lagrange-Funktion auf S:
$$g_j(x^*) = 0 \;,\; j \in \{\,1, \ldots, m\} \;;\; \alpha_i\, h_i(x^*) = 0 \;,\; i \in \{1, \ldots, p\}$$
$$f'(x^*) + \langle \lambda, g'(x^*)\rangle + \langle \alpha, h'(x^*)\rangle = 0.$$

Diese Gleichungen werden *Kuhn-Tucker Gleichungen* genannt.

Bemerkung 2 :
Mit dem Lagrange-Lemma haben wir eine hinreichende und oft leicht
zu handhabende Bedingung für die Minimallösungen der restringierten Aufgabe "Minimiere f auf S" kennengelernt. Aber man geht hier
von der Existenz der dazugehörigen Lagrange-Multiplikatoren aus.
Mit Hilfe des Satzes über implizite Funktionen oder der Penalty-Methode (s. [K4]) läßt sich der folgende Satz beweisen.

Satz über die Lagrange-Multiplikatoren :

Seien $f : \mathbb{R}^n \to \mathbb{R}$, $g = (g_1, \ldots, g_m) : \mathbb{R}^n \to \mathbb{R}^m$ stetig differenzierbare Abbildungen und sei U eine offene Teilmenge des $\mathbb{R}^n$.

Ist x_0 eine Minimallösung von f auf $S := \{ x \in U \mid g(x) = 0 \}$ und ist Rang $g'(x_0) = m$, so existiert ein Vektor $(\lambda_1, \ldots, \lambda_m) \in \mathbb{R}^m$ mit

$$f'(x_0) + \sum_{i=1}^m \lambda_i g_i'(x_0) = 0$$

Aber auch dann, wenn die Aufgabe "minimiere f auf S" eine Minimallösung besitzt, braucht diese Lösung der Regularitätsbedingung nicht zu genügen. Um die wichtige Frage zu beantworten, "ist unter den Lösungen des Gleichungssystems 1) und 2) in Bemerkung 1 auch eine Lösung der gestellten Aufgabe (f,S)", muß man die Existenz einer regulären Minimallösung x_0 von (f,S) $\big($d.h. Rang $g'(x_0) = m\big)$ nachweisen. Aber dies erweist sich oft als sehr kompliziert.

0.9.3 ZURÜCKFÜHRUNG VON UNGLEICHUNGSRESTRIKTIONEN AUF GLEICHUNGSRESTRIKTIONEN

Eine weitere Möglichkeit zur Behandlung von Ungleichungsrestriktionen ist die Zurückführung auf Gleichungsrestriktionen durch Einfügen neuer Variablen in der folgenden Form (Bezeichnungen wie in 0.9.2):

Minimiere $f(x)$ unter den Restriktionen

$$g(x) = 0$$
$$h_1(x) + z_1^2 = 0$$
$$\vdots$$
$$h_p(x) + z_p^2 = 0$$
$$x \in M, \; z^\top = (z_1, \ldots, z_p)^\top \in \mathbb{R}^p$$

0.9.4 PENALTY-METHODE

Sei X ein normierter Raum und $f : X \to \mathbb{R}$ unterhalbstetig. f soll auf einer Teilmenge S von X minimiert werden. Hierbei wird von einer **restringierten Optimierungsaufgabe** gesprochen.

Die Menge S heißt **Restriktionsmenge.**

Die Idee der Penalty-Methode besteht darin, die restringierte Aufgabe durch eine Folge nichtrestringierter Aufgaben zu ersetzen. Zu diesem Zweck wählt man eine Funktion (Penalty-Funktion)

$$g : X \to \mathbb{R}_+$$

mit $g(x) = 0$ für $x \in S$ und $g(x) > 0$ für $x \in X \backslash S$. Man macht nun den folgenden Ansatz :

Sei $(\lambda_n)_0^\infty$ eine Folge positiver Zahlen mit $\lambda_n \xrightarrow{n} \infty$. Für $n \in \mathbb{N}$ sei

$$f_n := f + \lambda_n \, g \, .$$

Es gilt der (s. z.B. [Lu2], [K4])

Satz :

Seien $g : X \to \mathbb{R}_+$, $f : X \to \mathbb{R}$ stetige (bzw. unterhalbstetige Funktionen). Sei $S = \{\, x \in X \mid g(x) = 0 \,\}$ und sei für jedes $n \in \mathbb{N}$ das Element $x_n \in X$ eine Minimallösung von $f + \lambda_n\, g$ auf ganz X.

Dann ist jeder Häufungspunkt von $(x_n)_0^\infty$ eine Minimallösung von f auf der Restriktionsmenge S.

0.9.5 NUMERISCHE BEHANDLUNG RESTRINGIERTER OPTIMIERUNGSAUFGABEN

Wir wollen jetzt auf die numerische Behandlung von restringierten Optimierungsaufgaben eingehen, bei denen die Restriktionsmenge (wie in 0.9.2) durch eine endliche Anzahl von Gleichungen und Ungleichungen beschrieben ist. Man kann diese Aufgabe auf das Lösen eines nichtlinearen Gleichungssystems zurückführen und anschließend die in den Kapiteln 9 und 10 beschriebenen Verfahren benutzen. Mit den Bezeichnungen aus 0.9.2 gilt es einen geeigneten Vektor (x, λ, α) zu bestimmen. Nach Mangasarian ([Man]) sind die Kuhn-Tucker-Bedingungen (s. 0.9.2 Bemerkung 2) für jedes $i \in \{1, ..., p\}$

1) $\qquad \alpha_i \geq 0, \ h_i(x^*) \leq 0, \ \alpha_i\, h_i(x^*) = 0$

genau dann erfüllt, wenn die folgende Gleichung

2) $\qquad (h_i(x^*) + \alpha_i)^2 + h_i(x^*) \lvert h_i(x^*) \rvert - \alpha_i \lvert \alpha_i \rvert = 0$

gilt (dies prüft man direkt nach).

Mit den p Gleichungen aus 2) und den m+n Gleichungen

3) $\qquad g_j(x^*) = 0 \ , \ j \in \{\, 1, \ldots, m \}$,

4) $\qquad \dfrac{\partial f}{\partial x_i}(x) + \sum_{j=1}^{m} \lambda_j \dfrac{\partial g_j}{\partial x_i}(x) + \sum_j \alpha_j \dfrac{\partial h_j}{\partial x_i}(x) \qquad$ für $i \in \{1, \ldots, n\}$

erhalten wir ein Gleichungssystem zur Berechnung der Unbekannten $(x_1, ..., x_n, \lambda_1, ..., \lambda_m, \alpha_1, ..., \alpha_p)$. Zur Bestimmung eines geeigneten Startpunktes (x, λ, α) kann man die Penalty-Methode benutzen. Man wählt dazu einen Penalty-Parameter $\gamma > 0$ und löst die nichtrestringierte Optimierungsaufgabe (s. Kapitel 9-11)

5) $\qquad$ Minimiere $f(x) + \gamma \left(\sum_{j=1}^{m} g_j(x)^2 + \sum_{j=1}^{p} (h_j(x)_+)^2 \right) \quad$ auf $\mathbb{R}^n$.

Sei x^* eine Lösung von 5). Nach dem Beweis von 3.6 Lemma in [K4] kann man bei der Wahl eines Startpunktes folgendermaßen vorgehen: Man setzt

6) $\qquad \lambda_j^* := 2\gamma g_j(x^*)$ für $j \in \{1, ..., m\}$ und $\alpha_l^* := 2\gamma h_l(x^*)_+$ für $l \in \{1, ..., p\}$,

und nimmt $(x^*, \lambda^*, \alpha^*)$ als Startpunkt. Für numerische Erfahrungen mit dieser Vorgehensweise siehe [Th].

1   EINDIMENSIONALE BESTIMMUNG VON NULLSTELLEN

Da die im weiteren Text behandelten Verfahren die Lösung eindimensionaler Minimierungsaufgaben erfordern, werden im folgenden einige Beispiele eindimensionaler Verfahren angegeben. Für eine weitere Diskussion sei z.B. auf [B-O],[Ho], [Hi], [Lu2], [O-R] verwiesen.

Wie in 0.8.3 beschrieben, kann die Minimallösung einer differenzierbaren Funktion $f : \mathbb{R} \to \mathbb{R}$ oft auch als Nullstelle der ersten Ableitung bestimmt werden.

1.1   BISEKTIONSVERFAHREN

Sei $f : \mathbb{R} \to \mathbb{R}$ eine stetige Funktion, und seien a, b $\in \mathbb{R}$ mit $f(a){<}0$, $f(b){>}0$.

Algorithmus :

1° :   Setze $a_1 := a$; $b_1 := b$; $x_0 := a$ und $k := 1$.

2° :   Setze $x_k := \dfrac{a_k + b_k}{2}$

3° :   Falls $f(x_k) < 0$ ist, dann setze $a_{k+1} := x_k$ und $b_{k+1} := b_k$.

Falls $f(x_k) > 0$ ist, dann setze $a_{k+1} := a_k$ und $b_{k+1} := x_k$.

4° :   Falls das Abbruchkriterium nicht erfüllt ist, setze $k := k+1$ und fahre bei 2° fort.

5^0 x_k ist Lösung des Verfahrens

Bemerkung :

Das Bisektionsverfahren ist ein einfaches und robustes Verfahren, welches nur die Funktionswerte benutzt und nach dem Zwischenwertsatz konvergiert. Als Abbruchkriterium kann z.B. $|f(x_k)| < \varepsilon$ angewandt werden, wobei $\varepsilon{>}0$ eine vorgegebene Genauigkeit beschreibt.

1.2   NEWTON–VERFAHREN

Sei $y \in \mathbb{R}$ eine Nullstelle einer Funktion $f : \mathbb{R} \to \mathbb{R}$ und U eine Umgebung von y, so daß f in U stetig differenzierbar ist und für alle $x \in U$ $f'(x) \neq 0$ gilt.

Algorithmus :

1° :   Wähle einen Startpunkt $x_0 \in U$ und setze $k := 0$.

2° :   Setze $x_{k+1} := x_k - \dfrac{f(x_k)}{f'(x_k)}$

3° :   Falls das Abbruchkriterium nicht erfüllt ist, setze $k := k+1$ und fahre bei 2° fort.

4° : x_{k+1} ist Lösung des Verfahrens.

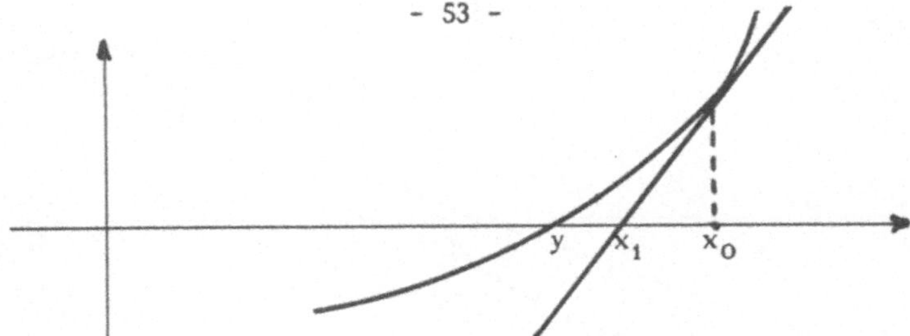

Bemerkung : Beim Newtonverfahren approximiert man in den iterierten Punkten x_k die Funktion durch die Tangente und berechnet die nächste Iterierte x_{k+1} als Nullstelle der Tangente. Das Newtonverfahren ist ein schnelles Verfahren, das aber nur für geeignete Startwerte konvergiert. Außerdem benötigt es die erste Ableitung und stellt mehr Voraussetzungen als andere Verfahren an die Funktion, damit die Konvergenz gesichert ist. Als Abbruchkriterium bietet sich hier für vorgegebenes $\varepsilon>0$ die Bedingung $|f(x_k)| < \varepsilon$ an.

Das Prinzip des Newtonverfahrens, in jedem Schritt die Nullstelle einer linearen Approximation der Funktion zu bestimmen, läßt sich unmittelbar auf Funktionen zwischen normierten Räumen übertragen. Der Konvergenzbeweis des Newtonverfahrens wird im dritten Kapitel für Funktionen zwischen normierten Räumen geführt.

1.3   REGULA-FALSI

Das folgende Verfahren zur Bestimmung einer Nullstelle benutzt keine Ableitung und kommt mit einer Funktionsauswertung pro Schritt aus. Es ist aber schneller als das Bisektionsverfahren.

Sei $f : \mathbb{R} \to \mathbb{R}$ eine stetige Funktion.

Algorithmus :

1^0 Wähle $x_0, x_1 \in \mathbb{R}$ mit $f(x_0)f(x_1) < 0$ und setze $f_0 := f(x_0)$, $f_1 := f(x_1)$, $k := 1$.

2^0 Setze $x_{k+1} := x_k - \dfrac{f_k}{f[x_k,x_{k-1}]}$, mit $f[x_k,x_{k-1}] := \dfrac{f_k - f_{k-1}}{x_k - x_{k-1}}$.

3^0 Berechne $f_{k+1} := f(x_{k+1})$.
Falls das Abbruchkriterium erfüllt ist, dann stoppe.

4^0 Falls $f_k f_{k+1} > 0$, setze $f_k := f_{k-1}$ und $x_k := x_{k-1}$.

5^0 Setze $k := k+1$ und fahre bei 2^0 fort.

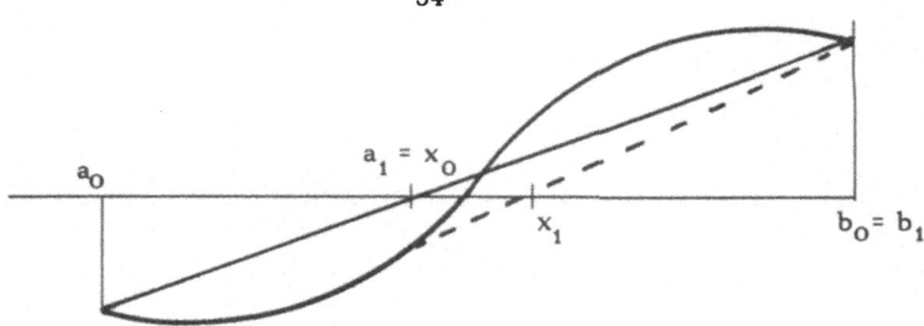

Bemerkung :

Das Regula-Falsi-Verfahren approximiert die Funktion in einem Intervall $[a_k, b_k]$ durch die Sekante. Deren Nullstelle ist ein neuer Endpunkt des nächsten iterierten Intervalls.

Als Abbruchkriterium kann für eine vorgegebene Genauigkeit $\varepsilon > 0$ die Bedingung $|f(x_{k+1})| < \varepsilon$ gewählt werden.

Der nächste Satz zeigt die globale Konvergenz dieses Verfahrens.

Denn mit der Bezeichnung $[a_k, b_k]$ für das dazugehörige Intervall nach dem $(k-1)$-ten Schritt, $(k \geq 1)$ d.h. (vor 4^0) $a_k := \min\{x_{k-1}, x_k\}$ und $b_k := \max\{x_{k-1}, x_k\}$, gilt der

Satz : Sei $x_0, x_1 \in \mathbb{R}$ mit $f(x_0)f(x_1) < 0$ und f auf $[x_0, x_1]$ stetig. Dann konvergiert mindestens eine der Folgen $(a_k)_{k \in \mathbb{N}}$, $(b_k)_{k \in \mathbb{N}}$ der Intervallgrenzen gegen eine Nullstelle von f.

Beweis: O.B.d.A sei $x_0 < x_1$ und $f(x_0) < 0$. Da $(a_k)_{k \in \mathbb{N}}$ monoton nichtfallend und $(b_k)_{k \in \mathbb{N}}$ monoton nichtwachsend ist, sind beide Folgen konvergent. Seien a und b die dazugehörigen Grenzwerte. Mit der Stetigkeit von f folgt $\lim_{k \to \infty} f(a_k) = f(a) \leq 0$ und $\lim_{k \to \infty} f(b_k) = f(b) \geq 0$. Ist $a = b$, so ist offenbar $f(a) = f(b) = 0$.

Angenommen $b > a$ und $f(a) < 0 < f(b)$. Für den im k-ten Schritt mit 2^0 erzeugten Wert x_{k+1} gilt stets

$$1) \qquad x_{k+1} = a_k - \frac{(b_k - a_k)f(a_k)}{f(b_k) - f(a_k)} .$$

Da für alle $k \in \mathbb{N}_0$ $x_{k+1} = a_{k+1}$ oder $x_{k+1} = b_{k+1}$ gilt, besitzt $(x_{k+1})_{k \in \mathbb{N}}$ eine gegen a bzw. b konvergente Teilfolge, für die nach Grenzübergang in 1) der Widerspruch $a = a - (b-a)f(a)/(f(b)-f(a))$ bzw. $b = a - (b-a)f(a)/(f(b)-f(a))$ folgt. ∎

In 2.5 werden wir einige Beschleunigungen dieses Verfahrens angeben. Dafür brauchen wir die Begriffe des nächsten Abschnittes.

2 KONVERGENZORDNUNG. EINDIMENSIONALE MINIMIERUNG.

2.1 Q-KONVERGENZ FÜR FOLGEN (Quotientenkriterium)

Sei $\left(X, \|\cdot\|\right)$ ein normierter Raum.

Definition 1 : Eine Folge $(x_i)_1^\infty$ in X heißt **konvergent** von (mindestens) p-ter Ordnung (bzw. Q-p.-ter Ordnung) falls gilt

    a) $(x_i)_1^\infty$ konvergiert gegen ein $x^* \in X$.

    b) es gibt ein $C \geq 0$, $p>1$ und ein $i_0 \in \mathbb{N}$, so daß für alle $i \geq i_0$ gilt:

$$\|x_{i+1} - x^*\| \leq C \| x_i - x^*\|^p$$

Definition 2 : Eine gegen ein x^* konvergente Folge in X heißt:

    a) **(mindestens) Q-linear konvergent**, falls gilt:

    es gibt ein $C \in [0,1)$ und ein $i_0 \in \mathbb{N}$, so daß für alle $i \in \mathbb{N}$ mit $i \geq i_0$

1) $\|x_{i+1} - x^*\| \leq C \|x_i - x^*\|$ gilt.

Der Faktor C in 1) heißt **Konvergenzrate**. Existiert ein $\bar{C} \in (0,1)$ mit

$$\overline{\lim_{i \in \mathbb{N}}} \left\{ \frac{\|x_{i+i} - x\|}{\|x - x^*\|} \,\middle|\, i \in \mathbb{N} \text{ mit } \|x_i - x^*\| \neq 0 \right\} \leq \bar{C}$$

dann sagen wir, $(x_i)_1^\infty$ konvergiert Q-linear mit der **asymptotischen Konvergenzrate** $\bar{C}$ (bzw. von mindestens $\bar{C}$).

    b) (mindestens) **Q-superlinear konvergent**, falls gilt:

    es existiert eine Nullfolge (C_i) nichtnegativer Zahlen in $\mathbb{R}$, so daß für alle $i \in \mathbb{N}$ gilt:

$$\|x_{i+1} - x^*\| \leq C_i \|x_i - x^*\|.$$

Beispiel: Die geometrische Folge $(q^k)_1^\infty$ konvergiert für $|q| <1$ Q-linear mit der Konvergenzrate $|q|$, aber nicht Q-superlinear gegen 0. Denn es gilt $|q|^{k+1} = |q| \, |q|^k$.

2.2 R-KONVERGENZORDNUNG (Wurzelkriterium)

Definition : Eine Nullfolge $(a_k)_1^\infty$ nichtnegativer Zahlen heißt **konvergent von der genauen** R-Ordnung $p \geq 1$, wenn ein $j \in \mathbb{N}$ und Konstanten $0 < \underline{R} \leq \bar{R} < 1$, $c >0$, $C >0$ existieren, so daß für alle $k \geq j$

$$c\underline{R}^k \leq a_k \leq C \bar{R}^k \qquad \text{im Fall } p=1$$

bzw. $c (\underline{R})^{p^k}) \leq a_k \leq C (\bar{R})^{p^k}$ im Fall $p>1$ gilt.

Falls nur die Abschätzungen nach oben bzw. nach unten gelten, bezeichnet man die Konvergenz als mindestens bzw. höchstens von der R-Ordnung.

Die Bezeichnung "konvergent von der R (bzw. Q)-Ordnung p" wird im Sinne "konvergent mindestens von der R (bzw. Q)-Ordnung p" benutzt. Im Fall $p = 1$ sprechen wir von der R-linearen Konvergenz.

Eine konvergente Folge $(x_k)_1^\infty$ in einem normierten Raum X konvergiert gegen x^* von der genauen (bzw. mindestens, höchstens) R-Ordnung p, falls das für die Zahlenfolge $(\|x_k - x^*\|)_{k \in \mathbb{N}}$ zutrifft.

Zur Berechnung der Konvergenzordnung ist der folgende Satz hilfreich (s. [Schw] 4.22 S.84).

Satz : Sei $(x_k)_0^\infty$ eine in einem normierten Raum X gegen $x^* \in X$ konvergente Folge. Sei $m \in \mathbb{N}$,C, p_0 , p_1 , ...,$p_{m-1} \in \mathbb{R}_{\geq 0}$ mit $p_{m-1} > 0$ und $\sum_{j=0}^{m-1} p_j > 1$. Für alle $k \geq m$ gelte die Abschätzung :

1) $$\|x_{k+1} - x^*\| \leq C \|x_k - x^*\|^{P_0} \|x_{k-1} - x^*\|^{P_1} \cdots \|x_{k-m} - x^*\|^{P_m}.$$

Dann konvergiert $(x_k)_0^\infty$ mindestens von der R-Ordnung $\tau > 1$, wobei τ die positive Nullstelle des Polynoms $t \mapsto p_0 t^m - p_1 t^{m-1} \ldots - p_{m-1}$ ist.

Beweis : Bezeichne $\alpha := \sum_{j=0}^{m-1} p_j$, $D := C^{1/(\alpha-1)}$ und für $k \in \mathbb{N}_0$

2) $$u_k := D \|x_k - x^*\|.$$

Die Ungleichung 1) entspricht jetzt

3) $$u_{k+1} \leq u_k^{P_0} \cdots u_{k-m+1}^{P_{m-1}}$$

Das Polynom $t \mapsto P(t) := t^m - p_0 t^{m-1} - \ldots - p_{m-1} = t^m (1 - \frac{p_0}{t} - \ldots - \frac{p_{m-1}}{t^m})$ besitzt nur eine positive Nullstelle τ, da der Ausdruck in der Klammer eine streng monoton fallende Funktion auf $(0, \infty)$ darstellt. Da $P(0) = -p_{m-1}$ und $p(1) = 1 - \alpha$ negativ sind, ist $\tau > 1$. Sei nun ein $R \in (0, \infty)$ so gewählt, daß

4) $$R^{\tau^k} \geq u_k \quad \text{für alle } k \in \{0, \ldots, m\}$$

gilt. Sei für $k \in \mathbb{N}_0$ $w_k := R^{\tau^k}$. Mit der vollständigen Induktion zeigen wir

5) $$w_k \geq u_k \quad \text{für alle } k \in \mathbb{N}_0$$

Durch 4) ist der Induktionsanfang gegeben . Sei $k \geq m$ und 5) gelte für alle $j \leq k$. Dann folgt mit 3) der Induktionsschluß

$$w_{k+1} = R^{\tau^{k+1}} = R^{\tau^{k+1-m}\tau^m} = R^{\tau^{k+1-m}(p_0 \tau^{m-1} + \ldots + p_{m-1})} =$$

$$w_k^{P_0} \cdots w_{k-m+1}^{P_{m-1}} \geq u_k^{P_0} \cdots u_{k-m+1}^{P_{m-1}} \geq u_{k+1}.$$

Damit und 2) folgt $\|x_k - x^*\| = \frac{1}{D} u_k \leq \frac{1}{D} w_k = \frac{1}{D} R^{\tau^k}$. $\qquad\blacksquare$

2.3 ALGORITHMEN

Im allgemeinen werden Berechnungsverfahren mittels eines Algorithmus beschrieben, das heißt, es wird eine Reihenfolge mehrmals zu wiederholender Rechenschritte bestimmt. Die hier benutzte Definition eines Algorithmus als mengenwertige Abbildung erlaubt es, die Konvergenz einer ganzen Familie ähnlicher Verfahren in einem Schritt zu beweisen.

Definition : Sei X eine Menge und $\mathfrak{P}(X)$ die Potenzmenge von X.

1. Eine Abbildung $A : X \to \mathfrak{P}(X)$ heiße **Algorithmus,** und eine Folge $(x_k)_0^\infty \subset X$ mit $x_{i+1} \in A(x_i)$ für alle $i \in \mathbb{N}$ heiße eine zu A gehörige **Iterationsfolge.**

2. Unter einem **Iterationsverfahren** wird ein Algorithmus $\Phi : X \to \mathfrak{P}(X)$ mit $|\Phi(x)| = 1$ verstanden. Die durch einen Startpunkt $x_0 \in X$ mit $x_{i+1} := \Phi(x_i)$ definierte Folge heiße die zu Φ *und* x_0 *gehörige Iterationsfolge.*

2.4   KONVERGENZORDNUNG FÜR ALGORITHMEN

Definition : Sei $\left(X, \|\cdot\|\right)$ ein normierter Raum, K eine Teilmenge von X und $\Phi : K \to K$ ein Iterationsverfahren.

Gibt es ein $x^* \in K$ und eine Umgebung $U(x^*)$ von x^*, so daß die zu einem beliebigen Startpunkt $x_0 \in U(x^*) \cap K$ gehörige Iterationsfolge von mindestens p-ter (Q-oder R-) Ordnung bzw. linear oder Q-superlinear gegen x^* konvergiert, so heißt das durch Φ erzeugte Iterationsverfahren bzgl x^* *lokal von mindestens p-ter (Q-oder R-) Ordnung* bzw. *linear* oder *Q-superlinear konvergent.*

Ist die Iterationsfolge für jeden Startvektor $x_0 \in K$ von mindestens p-ter Ordnung bzw. linear oder Q-superlinear konvergent, so heißt das durch Φ erzeugte Iterationsverfahren *global von mindestens p-ter Ordnung* bzw. *linear* oder *Q-superlinear konvergent.*

2.5   SCHNELL UND GLOBAL KONVERGENTE VERFAHREN

In den letzten dreißig Jahren sind viele neue global konvergente und ableitungsfreie Verfahren zur eindimensionalen Nullstellenbestimmung entwickelt worden (s. [A-P],[A-B], [Br], [Bu-D], [D], [D-J1], [D-J2], [Go], [K7], [Kri], [K-T], [Le1], [Le2], [Mu], [N-H], [Os], [Tr]) .

Die global konvergente Regula-Falsi-Methode ist bei strikt konvexen und monotonen Funktionen nur linear konvergent. Wird in dem Regula–Falsi Algorithmus (s. 1.3) der Punkt 4^0 weggelassen, so entsteht das sogenannte **Sekantenverfahren.** Das Sekantenverfahren ist nur lokal konvergent, garantiert aber eine viel bessere Konvergenzordnung. Für stetig differenzierbare Funktionen derart, daß die Ableitung in der zu berechnenden Nullstelle nichtverschwindet und Lipschitz-stetig ist, kann man die Konvergenz von der R-Ordnung $(1+\sqrt{5})/2 \approx 1.618$ beweisen (s. 3.3 Satz 2 und 3.5 Satz oder [O-R] S. 361). In [D-J1] haben Dowell und Jarrat eine einfache Modifikation der Regula-Falsi (Illinois–Methode) angegeben, die global konvergiert und eine R-Konvergenzordnung von $3^{1/3} \approx$

1.442 garantiert. Diese Konvergenzordnung konnte von ihnen mit der Pegasus-Methode (s. [D-J2]]) auf $7.275^{1/4} \approx 1.642$ und von Anderson-Björck auf $8^{1/4} \approx 1.682$ (s. Algorithmus A in [A-B]) verbessert werden. Die Hauptidee besteht darin, die Regula-Falsi zu unterbrechen, wenn der aktuelle Schritt kein reiner Sekantenschritt (2^0 in 1.3) ist, d.h. wenn

1) $$f(x_k)f(x_{k-1}) > 0$$

zutrifft. Der Punkt 4^0 aus 1.3 wird jetzt ersetzt durch:

$4'$ Falls $f(x_k)f(x_{k-1}) > 0$, setze $f_k := \tilde{f}_{k-1}$ und $x_k := x_{k-1}$,

wobei $\tilde{f}_{k-1}$ geeignet zu wählen ist. Bei der **Illinois—Methode** wird

$$\tilde{f}_{k-1} := \frac{1}{2} f(x_{k-1})$$ und bei der **Pegasus-Methode**

$$\tilde{f}_{k-1} := f(x_k)f(x_{k-1}) / (f(x_k) + f(x_{k-1}))$$

gesetzt. Bei der Benutzung von drei Punkten wird für dreimal stetig differenzierbare Funktionen von D. Le in [Le1], für sein Verfahren LZ3, die R-Konvergenzordnung von der Größe der reellen Nullstelle des Polynoms $t \mapsto t^3 - t^2 - t - 1$ (≈ 1.8393) gezeigt. Dies entspricht der Konvergenzordnung des Verfahrens von Muller (s. [Mu], [St3] S.234), das aus dem Sekantenverfahren resultiert, wenn man die Sekante durch die Interpolationsparabel der letzten drei Punkte ersetzt. Man kann hier natürlich auch mehrere Punkte und die dazugehörigen Nullstellen der Interpolationspolynome benutzen, was zu höheren Konvergenzordnungen bei genügend glatten Funktionen führt. Aber es entstehen hier die folgenden Schwierigkeiten: die Interpolationspolynome können mehrere oder keine reelle Nullstellen besitzen, die außerdem für höhere Ordnungen nicht per Formel berechnet werden können. Die Verfahren, die im nächsten Abschnitt entwickelt werden, lassen sich wie folgt beschreiben. Wir berechnen nicht die Nullstellen der erwähnten Interpolationspolynome, sondern deren Ableitung an dem letzten Iterationspunkt. Anschließend wird die Nullstelle der dazugehörigen linearen Funktion als aktuelle Näherung bestimmt. Damit entfallen die Schwierigkeiten der Nullstellenbestimmung für die Interpolationspolynome, aber die Konvergenzordnung bleibt erhalten (ähnlich wie bei der Interpolation der inversen Funktion, s. [Os], [Tr]). Dies führt zu einer Klasse von Verfahren, die für genügend glatte Funktionen eine R—Konvergenzordnung beliebig nahe bei 2 erlauben und nur lineare Interpolation benutzen. Die Konvergenzordnung wächst mit der Anzahl der benutzten Punkte, deren Werte im Laufe des Verfahrens berechnet werden. Werden m Punkte benutzt, so führt das für $C^{(m)}$ Funktionen zu einer R-Konvergenzordnung von der Größe der positiven reellen Nullstelle des Polynoms $t \mapsto t^m - t^{m-1} - t^{m-2} - \ldots - t - 1$. Auch die m-Punkt-Interpolation der inversen

Funktion (s. [Os] S. 94), führt zu dieser Konvergenzordnung. Die Berechnung der Ableitung der Interpolationspolynome kann, wie bei dem Neville-Algorithmus (s. [St3]), mit Hilfe von wiederholten Differenzenquotienten erfolgen. Das m-Punkt Verfahren ist für Polynome vom Grad $\leq$ m mit dem Newton-Verfahren identisch. Die jetzt folgenden Verfahren sind sehr leicht zu implementieren. Im Vergleich zu den anderen bekannten Verfahren hat die global konvergente 3-Punkt Variante (3-PG) die besten Resultate geliefert.

Beschreibung der Algorithmen

Bei dem Newton —Verfahren (s. 1.2) wird ein Startpunkt x_0 gewählt und mit Hilfe der Iterationsvorschrift

$$x_{k+1} := x_k - f(x_k)/f'(x_k)$$

die dazugehörige Iterationsfolge gebildet. Das Sekantenverfahren resultiert aus dem Newton-Verfahren, wenn man $f'(x_k)$ durch den Differenzenquotienten

$$f[x_k, x_{k-1}] := (f(x_k) - f(x_{k-1}))/(x_k - x_{k-1})$$

ersetzt. Bei den folgenden Verfahren nimmt man für die Annäherung der Ableitung an der Stelle x_k eine geeignete affine Kombination der Differenzenquotienten $f[x_k, x_{k-1}]$ und $f[x_k, x_{k-2}]$. Die Hauptidee ist bereits bei der folgenden einfachen Variante erkennbar.

Zur Bestimmung einer Nullstelle der Funktion $f: \mathbb{R} \to \mathbb{R}$ bekommen wir den

Algorithmus 3-P :

$0°$ Wähle ein Abbruchkriterium und drei verschiedene Punkte a, b, c $\in \mathbb{R}$.
     Berechne $fa := f(a)$, $fb := f(b)$, $fc := f(c)$.

$1°$ Setze $Q(a,b,c) := \dfrac{(c-a)f[c,b] + (b-c)f[c,a]}{b-a}$

     und $y := c - f(c)/Q(a,b,c)$.

$2°$ Berechne $f(y)$ und prüfe das Abbruchkriterium bzgl. $\{y, f(y)\}$.

$3°$ Setze $a := b$, $fa := fb$, $b := c$, $fb := fc$, $c := y$, $fc := f(y)$ und gehe zu $1°$.

Bemerkung 1 :

Sind zwei Punkte a, b mit $f(a) f(b)) < 0$ gegeben, so ist $c := b - f(b)/f[a,b]$ oder $c := (a+b)/2$ eine zweckmäßige Wahl von c.

Eine global konvergente Variante

Sind zwei Punkte a, b mit $f(a) f(b)) < 0$ gegeben, so kann man c nach Bemerkung 1 berechnen und die globale Konvergenz mit der folgenden einfachen Strategie erreichen. Man merkt sich einen Punkt R mit $f(R) f(c) \leq 0$. Führt die Berechnung von y nach (3-P) - $1°$ zu einem Punkt der nicht in (c, R) liegt, so wird stattdessen ein Bisektionsschritt gemacht. Man kann hier zeigen, daß der Bisektionsschritt nur endlich oft gebraucht wird (s. Satz 2).

Algorithmus 3-PG :

$0°$ Wähle ein Abbruchkriterium und Konstanten $C, D \in (\frac{1}{2}, 1)$, $a, b \in \mathbb{R}$ mit $f(a) f(b) < 0$. Setze $R := a$, $k := 0$, $fa := f(a)$, $fb := f(b)$, $fc := f(c)$, $f[b,a] := (fb-fa)/[b-a]$.

$1°$ Berechne $c := b - fb/f[b,a]$.

$2°$ Setze $k := k+1$. Berechne $fc := f(c)$. Prüfe das Abbruchkriterium.

$3°$ Falls $fc \cdot fb < 0$, dann $R := b$.

$4°$ Setze $$Q(a,b,c) := \frac{(c-a)f[c,b] + (b-c)f[c,a]}{b-a}$$

Falls $Q(a,b,c) \neq 0$, setze $y := c - fc/Q(a,b,c)$, sonst gehe zu $6°$.

$5°$ Falls $(y-c)(y-R) < 0$ und $(|y-R| < C|c - R|$ oder $|f(c)| < D|f(b)|)$, dann gehe zu $7°$.

$6°$ Setze $$y := \frac{R+c}{2}$$

$7°$ Setze $a := b$, $fa := fb$, $b := c$, $fb := fc$, $c := y$, $fc := f(y)$ und gehe zu $2°$

Für die Konvergenzbeweise wählen wir die folgenden Bezeichnungen. Für den Index k in $2°$ und die dazugehörigen a, b, c, y, R sei

$*)$ $\qquad x_{k-1} := a$, $x_k := b$, $x_{k+1} := c$, $R_k := R$, $y_k := y$

Bricht der Algorithmus (3-PG) nicht nach endlich vielen Schritten mit der Lösung ab, so gelten mit den obigen Bezeichnungen die folgenden Sätze.

Satz 1 : Seien $a, b \in \mathbb{R}$, $f : [a, b] \to \mathbb{R}$ stetig, $f(a)f(b) < 0$ und a, b als Startwerte in (3-PG) gewählt. Dann konvergiert die von (3-PG) erzeugte Folge $(f(x_k))_{k \in \mathbb{N}}$ gegen Null .

Beweis : Sei $(x_k)_0^\infty$, $(R_k)_0^\infty$, $(y_k)_1^\infty$ durch $*)$ erklärt und für $k \in \mathbb{N}$ $\alpha_k := |x_{k+1} - R_k|$. Mit $5°$ ist für unendlich viele $k \in \mathbb{N}$: $\alpha_{k+1} \leq |x_{k+2} - R_k|$ $\leq C\alpha_k$ oder für ein $k_0 \in \mathbb{N}$ und alle $k \geq k_0$ gilt:
$$|f(x_{k+1})| \leq D \, |f(x_k)|$$
Damit ist die monoton fallende Folge $(\alpha_k)_{k \in \mathbb{N}}$ oder $(f(x_k))_{k \in \mathbb{N}}$ eine Nullfolge. Mit der Stetigkeit von f folgt die Behauptung. ∎

Ist f aus $C^{(2)}$, f'' lokal Lipschitz-stetig und die Nullstelle x^* regulär (d.h. $f'(x^*) \neq 0$), so kann man hier eine hohe Konvergenzordnung beweisen.

Satz 2 : Seien a, b, f wie im Satz 1 und zusätzlich gelte: $f \in C^{(2)}[a, b]$, f besitzt in $[a, b]$ eine eindeutige Nullstelle x^*, $f'(x^*) \neq 0$ und f'' in einer Umgebung von x^* lokal Lipschitz-stetig. Dann konvergiert die von 3-PG erzeugte Folge mindestens von der R-Ordnung, die der Größe der reellen Nullstelle des Polynoms $t \mapsto t^3 - t^2 - t - 1$ (≈ 1.8393) entspricht.

Für den Beweis des Satzes 2 ist folgendes Lemma von zentraler Bedeutung.

Lemma 1 : Sei I ein Intervall in $\mathbb{R}$, a, b, c drei verschiedene Punkte in I, f zweimal differenzierbar und die zweite Ableitung mit der Konstante L Lipschitz-stetig.

Dann gilt für $\quad Q(a,b,c) := \dfrac{(c-a)f[c,b] + (b-c)f[c,a]}{b-a}$

die Abschätzung $\quad |Q(a,b,c) - f'(c)| \leq \dfrac{L}{6}|c-b||c-a|$.

Für Polynome vom Grad ≤ 2 gilt sogar $Q(a,b,c) = f'(c)$.

Beweis : Mit dem Mittelwertsatz in der Integralform gilt:

$$\frac{f(b)-f(c)}{b-c} = \int_0^1 f'(c + t(b-c))\,dt \quad \text{und} \quad \frac{f(a)-f(c)}{a-c} = \int_0^1 f'(c + t(a-c))\,dt.$$

Damit ist

$$Q(a,b,c) - f'(c) = \frac{c-a}{b-a}\left[\frac{f(b)-f(c)}{b-c} - f'(c)\right] + \frac{b-c}{b-a}\left[\frac{f(a)-f(c)}{a-c} - f'(c)\right] =$$

$$\frac{1}{b-a}\int_0^1 (c-a)[f'(c+t(b-c)) - f'(c)] + (b-c)[f'(c+t(a-c)) - f'(c)]\,dt =$$

$$\frac{1}{b-a}\int_0^1\left\{(c-a)(c-b)\,t\int_0^1 [f''(c+t\tau(a-c)) - f''(c+t\tau(b-c))]\,d\tau\right\}dt,$$

wobei zuletzt der Mittelwertsatz bzgl. f' angewandt wurde. Da f" Lipschitz-stetig ist, gilt:

$$|Q(a,b,c) - f'(c)| \leq L|c-a||b-c|\int_0^1\int_0^1 t\tau\,d\tau dt = \frac{L}{6}|c-a||b-c| \quad \blacksquare$$

Folgerung 1 : Sei P das quadratische Interpolationspolynom mit den Knoten a, b, c und den Werten f(a), f(b), f(c). Dann gilt $P'(c) = Q(a,b,c)$.

Beweis : Man wendet den zweiten Teil der Behauptung von Lemma 1 bzgl. P an. $\quad\blacksquare$

Der folgende Beweis erfordert einige allgemeine Sätze aus Kapitel 3.

Beweis des Satzes 2 : Nach Satz 1 ist $(x_k)_{k\in\mathbb{N}}$ konvergent gegen die Nullstelle x^*. Nach Voraussetzung existiert ein $u \in \mathbb{R}_{>0}$, so daß $(x^*-u, x^*+u) \subset I$ und f" in (x^*-u, x^*+u) Lipschitz-stetig ist. Sei $Q_{k+1} := Q(x_{k-1}, x_k, x_{k+1})$. Nach Lemma existiert ein $k_0 \in \mathbb{N}$, so daß für ein $L > 0$ und alle $k \geq k_0$ gilt:

$$1) \qquad |Q_{k+1} - f'(x_{k+1})| \leq \frac{L}{6}|x_{k+1}-x_{k-1}||x_{k+1}-x_k|,$$

wobei im Lemma 1 $a := x_{k-1}$, $b := x_k$ und $c := x_{k+1}$ gesetzt wurde.

Wir wollen jetzt zeigen, daß ab einem $k_2 \in \mathbb{N}$ kein Bisektionsschritt mehr gemacht wird. Nach Voraussetzung ist $f'(x^*) \neq 0$. Sei $\varepsilon > 0$. Mit

3.5 Satz gibt es ein $0 < v < u$ und ein $k_0 \in \mathbb{N}$ derart, daß für alle $k \geq k_0$ die folgenden Bedingungen gelten:

a) x^* ist die einzige Nullstelle von f in (x^*-v, x^*+v).

b) $x_{k-1}, x_k, x_{k+1} \in (x^*-v, x^*+v)$ und $Q_{k+1} \neq 0$.

c) $y_k = x_{k+1} - f(x_{k+1})/Q_{k+1} \in (x^*-v, x^*+v)$ und mit 3) in 3.5

2) $$|y_k - x^*| \leq \varepsilon |x_{k+1} - x^*|$$

Mit c) und dem Mittelwertsatz gilt

$$f(y_k) = f(x_{k+1})(1 - f'(z_k)/Q_{k+1}),$$

wobei $z_k \in (x_{k+1}, y_k)$.

Aus $f'(x^*) \neq 0$ und $\lim_{k \to \infty} f'(z_k)/Q_{k+1} = 1$ folgt: $\exists k_2 \geq k_1 \; \forall k \geq k_2$:

3) $$|f(y_k)| \leq D \, |f(x_{k+1})|,$$

wobei D die in 0°-(3-PG) gewählte Konstante ist.

Zu einem Bisektionsschritt kann es damit für $k \geq k_2$ nur dann kommen, wenn y_k nicht in (x_{k+1}, R_k) liegt (d.h. $(y_k - x_{k+1})(y_k - R_k) \geq 0$). Dies und 2) impliziert $R_k \in (x^*, y_k)$. Damit ist

4) $$|R_k - x^*| < \varepsilon |x_{k+1} - x^*|.$$

Angenommen für alle $k \geq k_2$ ist $f(x_{k+1})\, f(x_{k+2}) > 0$ und damit $R_k = R_{k_2}$. Dann kann 4) offensichtlich nur für endlich viele Indizes gelten. Es sei j der kleinste Index mit $j \geq k_2$ und $f(x_{j+1})\, f(x_{j+2}) < 0$ (Vorzeichenwechsel). Dann läßt sich

5) $$|x_{j+2} - x^*| < |x_{j+1} - x^*|$$

zeigen. Denn ist x_{j+2} mit einem Bisektionsschritt bestimmt worden, so gilt $x_{j+2} = (x_{j+1} + R_j)/2$ und 5) folgt aus 4). Sonst folgt 5) aus 2) ($x_{j+2} = y_j$). Da jetzt $R_{j+1} = x_{j+1}$ ist, kann wegen 5) für $k = j+1$ die Bedingung 4) nicht gelten und damit kann hier kein Bisektionsschritt erfolgen (d.h. es ist $x_{j+3} = y_j$). Angenommen der nächste Punkt, der mit einem Bisektionsschritt berechnet wird, ist x_{j+2+m} mit einem $m > 1$. Dies führt zu einem Widerspruch. Denn für ein $1 \leq p \leq m$ ist $R_{j+m} = x_{j+p}$ ($j+p$ ist der letzte Index mit Vorzeichenwechsel), und wegen 2) gilt:

6) $$|x_{j+m+1} - x^*| \leq \varepsilon^{m-p+1}|x_{j+p} - x^*| = \varepsilon^{m-p+1}|R_{j+m} - x^*|$$

was 4) für $k = j+m$ ausschließt. Damit wird ab einem $k_2 \in \mathbb{N}$ kein Bisektionsschritt mehr gemacht. Mit 1) und $f(x_k) = -(x_{k+1} - x_k)Q_k$ folgt aus Satz 2 in 3.3 die Behauptung. ∎

Die folgende Änderung des (3-PG) Algorithmus führte bei den gerechneten Beispielen zu einer Reduzierung der Anzahl der Funktionsauswertungen. Geht der berechnete Punkt y_k über R_k hinaus, so werden die Punkte R_k und x_{k+1} umgetauscht. Dies führt zu dem

Algorithmus 3-PK :

$0°$ bis $5°$ wie in (3-PG) mit der folgenden Fortsetzung:

$6°$ Falls $(R - c)(R - y) < 0$ und $(N < 2$ und $R \neq b)$ dann setze $N := N + 1$,

   $a := b$, $fa := fb$, $b := c$, $fb := fc$, $c := R$, $fc := f(R)$ und gehe zu $4°$,

   sonst setze $y := (R + c)/2$

$7°$ Setze $N := 0$, $a := b$, $f(a) := f(b)$, $b := c$, $fb := fc$, $c := y$ und gehe zu $2°$.

Bemerkung 2 : Die obigen Sätze und die dazugehörigen Beweise über den Algorithmus (3-PG) lassen sich auf den Algorithmus (3-PK) übertragen. Die Voraussetzung "f hat eine eindeutige Nullstelle in $[a,b]$" kann man durch "die Folge $(x_k)_{k \in \mathbb{N}}$ besitzt einen regulären Häufungspunkt" ersetzen. Wird in $4°$ von (3-PG) der Quotient $Q(a,b, c)$ durch die Ableitung $f'(c)$ ersetzt, so entsteht eine global konvergente Variante des Newton-Verfahrens.

m - Punkte Verfahren (m - P)

Sind im Laufe des Verfahrens mehrere Punkte und die dazugehörigen Werte bekannt, so kann man höhere Differenzen für eine möglichst gute Approximation der ersten Ableitung benutzen (Berechnung wie bei dem Neville-Schema).

Definition : Sei I ein Intervall in $\mathbb{R}$ und $f: I \to \mathbb{R}$. Für zwei verschiedene Punkte aus I setzen wir $(x_0, x_1) \mapsto Q(x_0, x_1) := f[x_0, x_1]$ und für $(m+1)$ verschiedene Punkte aus I wird Q rekursiv durch

$$Q(x_0, x_1, ..., x_m) := \frac{(x_m - x_0)Q(x_1, x_2, ..., x_m) - (x_m - x_1)Q(x_0, x_2, ..., x_m)}{x_1 - x_0}$$

erklärt.

Es gilt dann (s. [K7])

Lemma 2: Sei I ein Intervall in $\mathbb{R}$, $x_0, x_1, ..., x_m$ $(m+1)$ verschiedene Punkte in I, $f \in C^{(m)}(I)$ und die m-te Ableitung mit der Konstante L Lipschitz-stetig. Dann gilt die Abschätzung

$$| Q(x_0, x_1, ..., x_m) - f'(x_m)| \leq \frac{L}{m!} | x_m - x_{m-1}| \cdots | x_m - x_0|$$

Ist f ein Polynom vom Grad $\leq m$, dann gilt $Q(x_0, x_1, ..., x_m) = f'(x_m)$.

Folgerung 2 : Sei P das Interpolationspolynom mit den Knoten $x_0, x_1, ..., x_m$ und den Werten $f(x_0)$, $f(x_1)$, ..., $f(x_m)$. Dann gilt $P'(x_m) = Q(x_0, x_1, ..., x_m)$. Ersetzt man in (3-PG) (bzw. in (3-P)) den Quotienten $Q(x_{k-2}, x_{k-1}, x_k)$ durch $Q(x_{k-m+1}, ..., x_{k-1}, x_k)$, so bekommen wir Verfahren, die eine Konvergenzordnung τ besitzen, wobei τ die positive Nullstelle des Polynoms $t \mapsto t^m - t^{m-1} \cdots - t - 1$ ist.

2.6   LEMMA VON DENNIS - MORÉ

Das folgende Lemma erlaubt, bei superlinearer Konvergenz den unbekannten Abstand des aktuell berechneten Punktes zur der Lösung mit Hilfe des Abstandes von zwei bekannten Punkten abzuschätzen.

Lemma (Dennis-Moré) : Für eine Q-superlinear gegen ein $x^* \in X$ konvergente Folge $(x_i)_1^\infty \subset X$ gilt $\lim_{i \to \infty} \|x_{i+1} - x_i\| / \|x_i - x^*\| = 1$.

Beweis : Für alle $a, b \in \mathbb{R}$ gilt $\big|\, \|a\| - \|b\| \,\big| \leq \|a-b\|$.

Da $(x_i)_1^\infty$ Q-superlinear konvergiert, gilt :

$$\left| \frac{\|x_{i+1} - x_i\|}{\|x_i - x^*\|} - \frac{\|x_i - x^*\|}{\|x_i - x^*\|} \right| \leq \frac{\|x_{i+1} - x^*\|}{\|x_i - x^*\|} \xrightarrow[i \to \infty]{} 0$$

und somit $\|x_{i+1} - x_i\| / \|x_i - x^*\| \xrightarrow[i \to \infty]{} 1$ ∎

2.7   EINDIMENSIONALE MINIMIERUNG

Die Bestimmung einer Minimallösung einer stetig differenzierbaren Funktion mit Hilfe eines auf die erste Ableitung angewandten Nullstellenverfahrens löst die Aufgabe, wenn jede Nullstelle der ersten Ableitung zugleich eine Minimallösung der Funktion ist. Dies ist bei konvexen Funktionen stets der Fall (s. 0.8.4 Folgerung).

Statt Konvexität kann aber auch gefordert werden, daß die Funktion stetig und **unimodal** auf dem zu betrachtenden Intervall $[a,b]$ ist, das heißt jede lokale Minimallösung von f ist eine globale Minimallösung.

Die folgenden Minimierungsverfahren sind im Gegensatz zu den vorherigen keine Nullstellenverfahren für die erste Ableitung, sondern bestimmen die Minimallösung (auf dem Startintervall $[a_0, b_0]$) direkt.

2.8   VERFAHREN DES GOLDENEN SCHNITTS

Sei $f : [a_0, b_0] \to \mathbb{R}$ eine stetige Funktion.

Allgemeiner Algorithmus :

1° :   Wähle im Intervall $[a_k, b_k]$ zwei sich überschneidene Intervalle $[a_k, w_k]$ und $[v_k, b_k]$.

2° :   Vergleiche die Werte $f(v_k)$ und $f(w_k)$ der Intervallendpunkte.

3° :   Von den beiden Punkten $\{v_k, w_k\}$ nimmt man den mit größerem Wert (bzw. $\geq$) als einen der neuen Endpunkte und den zweiten Endpunkt wählt man aus $\{a_k, b_k\}$ so aus, daß der von $\{v_k, w_k\}$ übriggebliebene Punkt dazwischen liegt.

4° :   Falls $|b_{k+1} - a_{k+1}| > \varepsilon$, beginne wieder bei 1° (s. Bild).

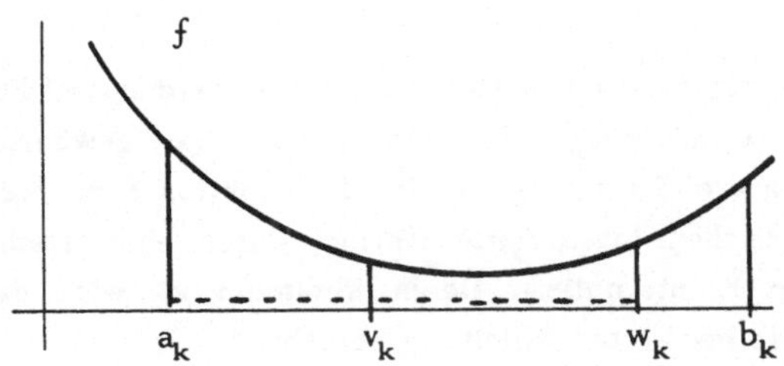

Beim Verfahren des goldenen Schnitts werden die Punkte v_k, w_k nach den Regeln des goldenen Schnitts, das heißt $v_k = a_k + 0,5 (3-\sqrt{5})(b_k-a_k)$ und $w_k = a_k + 0,5(\sqrt{5}-1)(b_k-a_k)$ gewählt.
Damit wird bei jedem Schritt nur einer der neuen Endpunkte berechnet und die Intervallänge nimmt konstant ab.

Sei $f : [a_o, b_o] \to \mathbb{R}$ eine stetige Funktion und $\varepsilon > 0$ die Abbruchgenauigkeit.

Algorithmus des Verfahrens des goldenen Schnitts :

1° : Setze $v_o := a_o + 0,5 (3 - \sqrt{5})(b_o-a_o)$;

$\qquad w_o := a_o + 0,5(\sqrt{5} - 1)(b_o-a_o)$ und $k := 0$

2° : Ist $\quad f(v_k) < f(w_k)$, dann setze $a_{k+1} := a_k$; $b_{k+1} := w_k$

$\qquad w_{k+1} := v_k$; $\quad v_{k+1} := a_{k+1} + 0,5(3 - \sqrt{5}) (b_{k+1} - a_{k+1})$

$\qquad$ Ist $f(v_k) \geq f(w_k)$, dann setze $a_{k+1} := v_k$; $b_{k+1} := b_k$

$\qquad v_{k+1} := w_k$; $\quad v_{k+1} := a_{k+1} + 0,5(\sqrt{5} - 1)(b_{k+1} - a_{k+1})$.

3° : Falls $|b_{k+1} - a_{k+1}| > \varepsilon$ ist, dann setze $k := k+1$ und fahre bei 2° fort.

4° : Eine ε-Lösung des Verfahrens ist $0,5(a_{k+1} + b_{k+1})$

Bemerkung : Die Intervallängen sind linear gegen Null konvergent mit der Rate $\beta = (\sqrt{5} - 1)/2$.

Beweis : Für alle $i \in \mathbb{N}$ gilt:

$$b_{i+1} - a_{i+1} = \begin{cases} b_i - v_i = b_i - a_i - 0,5(3 - \sqrt{5})(b_i - a_i) \\ w_i - a_i = a_i + 0,5(\sqrt{5} - 1)(b_i - a_i) - a_i \end{cases} = 0,5(\sqrt{5} - 1)(b_i - a_i) \quad \blacksquare$$

2.9 DSCP-VERFAHREN

Die Buchstaben DSCP sind eine Abkürzung für Davies-Swann-Campey-Powell. Dieses Verfahren bestimmt das Minimum einer strikt konvexen stetig differenzierbaren Funktion $f : \mathbb{R} \to \mathbb{R}$.

- 66 -

Algorithmus :

1° :   Zu einer gegebenen Funktion $f : \mathbb{R} \rightarrow \mathbb{R}$ werden drei Punkte $x_0 > x_1 > x_2$ mit $f(x_0) > f(x_1)$ und $f(x_2) > f(x_1)$ gewählt.

2° :   In diesen drei Stützpunkten wird die Funktion f mit der Lagrange'schen Interpolationsformel durch eine quadratische Funktion P interpoliert. Deren Minimum x^* wird dann als Nullstelle der ersten Ableitung berechnet.

3° :   Als neue Stützstellen werden die Punkte x^*, x_1 und der dritte Stützpunkt, das heißt x_2 oder x_0 so gewählt, daß die unter 1° beschriebene Situation entsteht.

4° :   Falls das Abbruchkriterium nicht erfüllt ist, gehe wieder zu 2°.

Das Berechnen der Nullstelle x^* der ersten Ableitung des Interpolations-polynoms

$$P(x) = \sum_{i=0}^{2} f(x_i) \prod_{\substack{k \neq i \\ k=0}}^{2} \frac{(x - x_k)}{(x_i - x_k)} \quad \text{ergibt :}$$

$$(*) \qquad x^* = \frac{f(x_0)(x_1^2 - x_2^2) + f(x_1)(x_2^2 - x_0^2) + f(x_2)(x_0^2 - x_1^2)}{2(f(x_0)(x_1 - x_2) + f(x_1)(x_2 - x_0) + f(x_2)(x_0 - x_1))}$$

Da f strikt konvex sein soll, liegt x^* in $[x_0, x_2]$.

Übungsaufgaben:

2.1   Bestimmen Sie die globale Minimallösung von $f(x) := \dfrac{x}{2} + e^{-x}$ über $\mathbb{R}$ mit der Genauigkeit von 10^{-4} durch das Verfahren

    a)   der Teilung nach dem Goldenen Schnitt

    b)   Bisektionsmethode

    c)   Regula Falsi

2.2   Bestimmen Sie die Q-Konvergenzordnung der Folgen:

    a) $q\beta^k$; $q(\beta + \frac{1}{k})^k$; $q(\beta - \frac{1}{k})^k$; $q\beta^{k+(1/k)}$
         für ein $q > 0$ und ein $\beta \in (0,1)$

    b)   Sei $0 < b_1 < b_2 < 1$ und $(x_k)_1^{\infty}$ durch
         $x_{2k} = b_1^k b_2^k$ $x_{2k+1} = b_1^{k+1} b_2^k$

2.3   Sei $a > 0$. Betrachten Sie die Iterationsfolge in $\mathbb{R}$

    $x_{k+1} := \dfrac{1}{2}(x_k + \dfrac{a}{x_k})$

Unter der Annahme der Konvergenz soll der Grenzwert und die Konvergenzgeschwindigkeit bestimmt werden.

3 NEWTON-VERFAHREN UND NEWTON-ÄHNLICHE VERFAHREN

3.1 NEWTON-VERFAHREN

Das Newton-Verfahren ist ein Verfahren zur Bestimmung einer Nullstelle einer differenzierbaren Abbildung. Bei Optimierungsaufgaben wird das Newton-Verfahren zur Bestimmung einer Nullstelle der ersten Ableitung der Funktion eingesetzt.

Das Newton-Verfahren aus 1.2 zur Bestimmung einer Nullstelle für Funktionen von $\mathbb{R}$ in $\mathbb{R}$ läßt sich mit der Idee der Linearisierung direkt auf Abbildungen von $\mathbb{R}^n$ in $\mathbb{R}^n$ übertragen. Die schnelle Konvergenz bleibt aber auch für Abbildungen von $\mathbb{R}^n$ in $\mathbb{R}^m$ mit $m \geq n$ (überbestimmte Gleichungen), die eine Nullstelle besitzen, erhalten.

Dieses gilt sogar für differenzierbare Abbildungen $F : X \to Y$ zwischen den normierten Räumen X, Y.

Nach der Wahl eines Startpunktes $x_0 \in X$ wird für $k \in \mathbb{N}$ der Nachfolger x_{k+1} von x_k als eine Nullstelle der Linearisierung

1) $\qquad F_k(x) := F(x_k) + F'(x_k)(x - x_k)$

von F an der Stelle x_k gesucht.

Existiert die Inverse $F'(x_k)^{-1}$ von $F'(x_k)$, so gilt für die neue Iterierte

2) $\qquad x_{k+1} = x_k - F'(x_k)^{-1} F(x_k)$

Der Algorithmus des Newtonverfahrens

Seien X, Y normierte Räume, U eine offene Teilmenge von X, $F : U \to Y$ eine Fréchet-differenzierbare Funktion und $\varepsilon > 0$ eine vorgegebene Abbruchgenauigkeit.

1^0 : Wähle einen Startvektor x_0 "nahe" bei einer vermuteten Nullstelle. Setze $k := 0$.

2^0 : Berechne x_{k+1} als eine Nullstelle der Funktion $F_k : U \to Y$ mit
$\qquad F_k(x) := F(x_k) + F'(x_k)(x - x_k)$

3^0 : Ist $x_{k+1} \notin U$, dann stoppe. Das Verfahren ist mit dem Startpunkt x_0 nicht realisierbar.

4^0 : Ist $\|F(x_{k+1})\| > \varepsilon$, fahre bei 2^0 fort.
Andernfalls stoppe mit der Lösung x_{k+1}.

Die schnelle Konvergenz ist mit einer Regularitätsbedingung verknüpft. Für Funktionen von $\mathbb{R}$ in $\mathbb{R}$ soll die Steigung der Tangente an der Nullstelle verschieden von Null sein (s. Beispiel). Für mehrdimensionale Abbildungen wird man dann fordern, daß die Steigung in jeder Richtung (von der Nullstelle ausgehend) gleichmäßig von Null entfernt ist.
Dafür benutzen wir den folgenden Begriff.

Definition 1 :

Seien X,Y normierte Räume. Dann heißt $A \in L(X,Y)$ *regulär*, wenn ein $m>0$ existiert, so daß für alle $x \in X$ gilt :

3) $\qquad \|Ax\| \geq m\|x\|$

Bemerkung 1 :

Besitzt A eine stetige Inverse A^{-1}, so kann $\|A^{-1}\|^{-1}$ für m genommen werden. Das sieht man mit $\|x\| = \|A^{-1}Ax\| \leq \|A^{-1}\| \, \|Ax\|$.

Für $A \in L(\mathbb{R}^n, \mathbb{R}^m)$ $(m \geq n)$ entspricht 3) der Forderung des vollen Ranges n. Denn aus der Kompaktheit der Einheitssphäre und der Stetigkeit konvexer Funktionen in $\mathbb{R}^n$ (s. 0.3.2 Satz) folgt :

$$m := \inf \{ \|Ax\| \mid \|x\|=1 \} > 0$$

Andererseits ist mit 3) offenbar Kern $A := \{ x \in \mathbb{R}^n \mid Ax=0 \} = \{0\}$, d.h. A ist injektiv.

Es gilt der

Satz 1 : (Konvergenz des Newtonverfahrens)

Sei X ein normierter Raum, Y ein Banachraum, U eine offene Teilmenge von X und $F \in C^1(U,Y)$, so daß für alle $\bar{x} \in U$ die Gleichung

$$F(\bar{x}) + F'(\bar{x})(x - \bar{x}) = 0$$

eine Lösung besitzt.

Ist für ein $x^* \in U$ $F(x^*) = 0$ und $F'(x^*)$ regulär, so existiert in U eine Umgebung K von x^*, so daß das Newtonverfahren für jeden Startpunkt aus K durchführbar ist, die gesamte Iterationsfolge bleibt in K und konvergiert mindestens Q-superlinear gegen x^*.

Beweis : Sei $a : U \to Y$ derart, daß für $x \in U$ $a(x)$ ein Newton-Nachfolger von x ist, d.h.

4) $\qquad F(x) + F'(x)\big(a(x) - x\big) = 0$

gilt. Da $F'(x^*)$ regulär ist, gibt es ein $m>0$, so daß für alle $x \in U$

5) $\qquad m\|a(x) - x^*\| \leq \|F'(x^*)\big(a(x) - x^*\big)\| \leq$
$\qquad \leq \|F'(x^*)-F'(x)\| \, \|a(x) - x^*\| + \|F'(x)\big(a(x) - x^*\big)\|$

gilt. Sei $0 < \varepsilon < \dfrac{m}{2}$. Da F' stetig in x^* ist, gibt es ein $r > 0$, so daß $K(x^*,r) \subset U$ und für alle $x \in K(x^*,r)$ gilt

6) $\qquad \|F'(x) - F'(x^*)\| < \varepsilon.$

Aus $\varepsilon < \dfrac{m}{2}$, $F(x^*) = 0$, 4), 5), 6) und dem Mittelwertsatz (s. 0.6) folgt

7) $\qquad \dfrac{m}{2} \|a(x) - x^*\| \leq (m - \varepsilon)\|a(x) - x^*\| \leq \|F'(x)\big(a(x) - x^*\big)\| =$
$\qquad = \|F'(x)\big(a(x) - x^*\big) - F'(x)\big(a(x) - x\big) - F(x) + F(x^*)\| =$
$\qquad = \|F(x^*) - F(x) - F'(x)(x^* - x)\| = \|\int_0^1 [F'(x + t(x^*-x)) - F'(x)](x^*-x)dt\|$
$\qquad \leq \big(\int_0^1 \|F'(x+t(x^*-x)) - F'(x)\| dt\big)\|x^* - x\|.$

Mit der Stetigkeit von F' in x^* kann man jetzt durch die Wahl einer

Umgebung das Integral beliebig klein machen. Sei d<r, so daß für alle $x \in K:=K(x^*,d) \cap U$ gilt:

8) $$\|F'(x +t(x^*-x)) - F'(x)\| \le$$
$$\|F'(x +t(x^*-x)) - F'(x^*)\| + \|F'(x^*) - F'(x)\| < \varepsilon.$$

Damit und 7) folgt für alle $x \in K$

9) $$\|a(x) - x^*\| \le \frac{2\varepsilon}{m} \|x - x^*\|.$$

Wird also der Startpunkt x_0 aus K gewählt, so bleibt wegen $\frac{2\varepsilon}{m} < 1$ die gesamte Newton-Folge $(x_k)_0^\infty$ in K und konvergiert mindestens Q-linear gegen x^* mit der Konvergenzrate $\frac{2\varepsilon}{m}$ (s. 2.1). Da aber zu jedem $0 < \varepsilon < \frac{m}{2}$ eine Kugel mit obigen Eigenschaften existiert, folgt $\lim\limits_{x \to x^*} \|a(x) - x^*\| / \|x-x^*\| = 0$ und damit ist die Konvergenz mindestens Q-superlinear. ∎

Ohne zusätzliche Voraussetzungen kann eine schnellere Konvergenzgeschwindigkeit nicht bewiesen werden (s. Beispiel).
Aber bereits die Lipschitz-Stetigkeit von F' in x^* garantiert die Q-quadratische Konvergenz.

Satz 2 : (Quadratische Konvergenz des Newton-Verfahrens)

Mit den Voraussetzungen aus Satz 1 sei zusätzlich F' in x^* Lipschitzstetig.
Dann ist das Newton-Verfahren bzgl. x^* lokal konvergent und die Konvergenz ist mindestens Q-quadratisch.

Beweis : Die Ungleichung 8) kann jetzt für x aus einer Kugel um x^* und ein L > 0 durch

10) $$\|F'(x + t(x^*- x)) - F'(x)\| \le 2L\|x - x^*\|$$

ersetzt werden.
Damit erhalten wir statt 9)

11) $$\|a(x) - x^*\| \le \frac{4L}{m} \|x - x^*\|^2$$

was die Q-quadratische Konvergenz impliziert. ∎

Bemerkung 2 :

Bei der Minimierung einer differenzierbaren Funktion $f: X \to \mathbb{R}$ auf einem normierten Raum X ist f' eine Abbildung von X in den Dualraum X^*.
Hier ist also $Y = X^*$ stets ein Banachraum (s. 0.1 Satz 1).

Beispiel : Die Funktion $F : \mathbb{R} \to \mathbb{R}$, $x \mapsto F(x) := x\sqrt{|x|}$ besitzt in 0 die einzige Nullstelle. Mit $F'(x) := \frac{3}{2}\sqrt{|x|}$ ist $F'(0) = 0$ nicht regulär.

Der Newton-Nachfolger eines $x \in \mathbb{R}$ ist durch
$$a(x) = x - F(x)/F'(x) = x - \frac{2}{3}x = \frac{1}{3}x$$
gegeben. Damit ist das Newton-Verfahren bei jedem Startpunkt $x_0 \in \mathbb{R}$ konvergent. Die Konvergenz ist Q-linear, aber nicht Q-superlinear.

Für jedes $\varepsilon > 0$ ist 0 weiterhin die einzige Nullstelle der Funktion
$$G(x) := F(x) + \varepsilon x = (\sqrt{|x|} + \varepsilon)x,$$
aber mit $G'(x) = \frac{3}{2}\sqrt{|x|} + \varepsilon$ ist $G'(0)$ regulär.

Das Newton-Verfahren ist bei jedem Startpunkt (global) konvergent und wegen $|a(x)|/|x| \xrightarrow{x \to 0} 0$ ist die Konvergenz Q-superlinear (s. auch Satz 1). Aber die Konvergenz ist nicht Q-quadratisch, da $|a(x)|/x^2 \xrightarrow{x \to 0} \infty$ (bzw. $|x_{k+1}|/x_k^2 \xrightarrow{k \to \infty} \infty$). Die Ableitung G' ist hier nicht Lipschitz-stetig in 0.

Mit $|a(x)|/|x|^{\frac{3}{2}} \longrightarrow \frac{1}{2\varepsilon}$ folgt, daß die Konvergenz genau von der Q-Ordnung $\frac{3}{2}$ ist.

Bemerkung 3 :

Ist für $\overline{x}$ aus einer Umgebung von x^* $F'(\overline{x})$ invertierbar, so besitzt die Newton-Gleichung
$$13) \qquad F(\overline{x}) + F'(\overline{x})(x-\overline{x}) = 0$$
eine eindeutige Lösung $x = \overline{x} - F'(\overline{x})^{-1}F(\overline{x})$.

Ist $F \in C^1(\mathbb{R}^n, \mathbb{R}^n)$ und $F'(x^*)$ invertierbar, so existiert nach dem Störungslemma 0.7.5 eine Umgebung U' von x^*, so daß für alle $\overline{x} \in U'$ $F'(\overline{x})$ invertierbar ist.

Für überbestimmte Gleichungen $F(x) = 0$ mit einem $F : \mathbb{R}^n \to \mathbb{R}^m$ ($m \geq n$), für die $F'(x^*)$ regulär ist (d.h. Rang $F'(x^*) = n$), kann man folgendermaßen vorgehen.

Man multipliziert die Newton-Gleichung 13) mit $F'(\overline{x})^T$ und erhält
$$14) \qquad F'(\overline{x})^T F(\overline{x}) + F'(\overline{x})^T F'(\overline{x})(x - \overline{x}) = 0$$
Aus der Regularität von $F'(x^*)$ folgt die Invertierbarkeit von $F'(x^*)^T F'(x^*)$ (s. Bemerkung 1). Also ist 14) nach dem Störungslemma in einer Umgebung eindeutig lösbar mit der Lösung:
$$15) \qquad x = \overline{x} - \left(F'(\overline{x})^T F'(\overline{x})\right)^{-1} F'(\overline{x})^T F(\overline{x}).$$
Zu diesem Ansatz kommt man auch mit dem sogenannten Gauß-Newton-Prinzip, das in 3.7 behandelt wird.

3.2 CHARAKTERISIERUNG DER Q-SUPERLINEAREN KONVERGENZ. NEWTON-ÄHNLICHE VERFAHREN.

Das Newtonverfahren hat sich als ein lokal Q-superlinear (bzw. Q-quadratisch) konvergentes Verfahren erwiesen.

Man kann es sogar als einen Prototyp schnell konvergenter Verfahren ansehen. Denn die folgenden Sätze besagen, daß eine gegen ein x^* konvergente Folge $(x_k)_1^\infty$ genau dann (mindestens) Q-superlinear (bzw. Q-quadratisch) konvergiert, wenn x_{k+1} ($k\in\mathbb{N}$) die Newton-Gleichung

$$F(x_k) + F'(x_k)(x-x_k) = 0$$

bis auf $o\left(\|x_{k+1}-x_k\|\right)$ (bzw. $O\left(\|x_{k+1}-x_k\|^2\right)$) erfüllt (s. [D-M1] und [Schw] S.107).

Dabei heißt eine Folge $(u_k)_1^\infty$ in einem normierten Raum X bzgl. einer Nullfolge (α_k) positiver reeller Zahlen $o(\alpha_k)$ $\left(\text{bzw.} O(\alpha_k)\right)$,

wenn $\left(\frac{\|u_k\|}{\alpha_k}\right)_{k\in\mathbb{N}}$ eine Nullfolge (bzw. eine beschränkte Folge) ist.

<u>Satz</u> : (Charakterisierung der superlinearen Konvergenz)

Sei X ein normierter Raum, Y ein Banachraum, U eine offene Teilmenge von X und $(x_k)_0^\infty$ eine Folge in U, die gegen ein $x^*\in U$ konvergiert. Ferner sei $F : U \longrightarrow Y$ differenzierbar, F' in x^* stetig, $F'(x^*)$ regulär und für alle $k\in\mathbb{N}_0$ $x_k \neq x_{k+1}$.

Dann sind die folgenden Aussagen äquivalent :

    a) Die Folge $(x_k)_0^\infty$ konvergiert Q-superlinear und es gilt $F(x^*) = 0$.

$$\text{b)} \qquad \eta'_k := \frac{\|F(x_k) + F'(x^*)(x_{k+1}-x_k)\|}{\|x_{k+1} - x_k\|} \quad \xrightarrow[k\longrightarrow\infty]{} 0$$

$$\text{c)} \qquad \eta_k := \frac{\|F(x_k) + F'(x_k)(x_{k+1}-x_k)\|}{\|x_{k+1} - x_k\|} \quad \xrightarrow[k\longrightarrow\infty]{} 0$$

<u>*Beweis*</u> : b) => a) Sei $s_k := (x_{k+1}-x_k)$. Da $\lim_k x_k = x^*$ ist, gibt es eine Kugel K in U und ein $k_0 \in \mathbb{N}$, so daß für alle $k\geq k_0$: $x_k \in K$ gilt.

Sei $Y_k := \int_0^1 F'(x_k+ts_k)\, dt$

Mit dem Mittelwertsatz 0.6.4) ist

1) $\|F(x_{k+1})\| \leq \|F(x_{k+1}) - F(x_k) - F'(x^*)s_k\| + \|F(x_k)+F'(x^*)s_k\|$

        $= \|(Y_k-F'(x^*))s_k\| + \|F(x_k)+F'(x^*)s_k\|$

Mit b) und 0.6.9) folgt

2) $\|F(x_{k+1})\|\, \|s_k\|^{-1} \leq \|Y_k-F'(x^*)\| + \eta'_k \xrightarrow[k\to\infty]{} 0$

Insbesondere folgt $F(x^*)=\lim_k F(x_k) = 0$. Bezeichne für $k\in\mathbb{N}$ $e_k := x_k-x^*$.

Da $F'(x^*)$ regulär ist, gilt für ein $m>0$ und alle $k\in\mathbb{N}$

3) $\|F'(x^*)e_k\| \geq m\|e_k\|$.

Mit $F(x^*) = 0$ und 0.1.2) ist

$$\|F(x_{k+1})\|=\|F(x_{k+1})-F(x^*)\|\geq\|F'(x^*)e_{k+1}\|-\|F(x_{k+1})-F(x^*)-F'(x^*)e_{k+1}\|$$

Daraus und 3) folgt für $\delta_k := \|F(x_{k+1})-F(x^*)-F'(x^*)e_{k+1}\| / \|e_{k+1}\|$

4) $\|F(x_{k+1})\| / \|e_{k+1}\| \geq m-\delta_k,$

wobei δ_k nach Definition von $F'(x^*)$ eine Nullfolge ist.

Für $\gamma_k := m - \delta_k$ erhalten wir mit 4)

$$\frac{\|F(x_{k+1})\|}{\|x_{k+1}-x_k\|} = \frac{\|F(x_{k+1})\|}{\|x_{k+1}-x^*+x^*-x_k\|} \geq \frac{\|F(x_{k+1})\|}{\|e_{k+1}\|+\|e_k\|} \frac{\|e_{k+1}\|}{\|e_{k+1}\|} \geq \frac{\gamma_k\|e_{k+1}\|}{\|e_{k+1}\|+\|e_k\|}$$

Wegen $\lim_k \gamma_k = m$ und 2) ist also für $r_k := \|e_{k+1}\| \|e_k\|^{-1}$ $\lim_k \frac{r_k}{1+r_k} = 0$
und damit auch $\lim_k r_k = 0$.

Dies bedeutet die Q-superlineare Konvergenz von $(x_k)_0^\infty$.

a) $\Rightarrow$ c) Mit $s_k := x_{k+1} - x_k$ und $F(x^*) = 0$ gilt:

$$\eta_k = \frac{\|F(x_k)+F'(x_k)s_k\|}{\|s_k\|} =$$

$$= \frac{\|e_k\|}{\|s_k\|} \left[\frac{\|F(x_k)-F(x^*)-F'(x^*)e_k+F'(x^*)e_k-F'(x_k)e_k+F'(x_k)(x_{k+1}-x^*)\|}{\|e_k\|} \right]$$

$$\leq \frac{\|e_k\|}{\|s_k\|} \left[\frac{\|F(x_k)-F(x^*)-F'(x^*)e_k\|}{\|e_k\|} + \|F'(x^*)-F'(x_k)\| + \|F'(x_k)\| \frac{\|e_{k+1}\|}{\|e_k\|} \right]$$

Nach 2.6 Lemma gilt $\frac{\|e_k\|}{\|s_k\|} \xrightarrow{k\to\infty} 1$ und die Q-superlineare Konvergenz
bedeutet $\frac{\|e_{k+1}\|}{\|e_k\|} \xrightarrow{k\to\infty} 0$.

Aus der Definition des Fréchet-Differentials und der Stetigkeit von F'
in x^* folgt also $\eta_k \xrightarrow{k\to\infty} 0$.

c) $\Rightarrow$ b) Dies folgt aus

$$\|(F'(x_k) - F'(x^*))s_k\| \|s_k\|^{-1} \leq \|F'(x_k) - F'(x^*)\| \xrightarrow{k\to\infty} 0. \qquad \blacksquare$$

Der eben bewiesene Satz rechtfertigt die folgende

Definition :

Eine Folge $(x_k)_0^\infty$ in U heißt **Newton-ähnlich** bzgl. $F \in C^1(U,Y)$, wenn

5) $$\eta_k := \frac{\|F(x_k)+F'(x_k)(x_{k+1}-x_k)\|}{\|x_{k+1}-x_k\|} \xrightarrow{k\to\infty} 0,$$

wobei $\eta_k := 0$ falls $x_{k+1} = x_k$ und $F(x_k) = 0$ ist.

Eine Iterationsfolge $(x_k)_0^\infty$ in U der Gestalt $(x_{k+1}=x_k - d_k)_0^\infty$ $(d_k \in X)$
ist also **Newton-ähnlich**, wenn gilt:

6) $$\frac{\|F(x_k)-F'(x_k)d_k\|}{\|d_k\|} \xrightarrow{k\to\infty} 0.$$

Eine Iterationsverfahren $\Phi : U \to U$ heißt **Newton-ähnlich**, wenn die
zu einem beliebigen Startpunkt $x_0 \in U$ gehörige Iterationsfolge Newton-ähnlich ist.

Damit läßt sich die Behauptung des eben bewiesenen Satzes folgendermaßen aussprechen:

**"Die gegen x^* konvergente Folge $(x_k)_0^\infty$ ist genau dann Q-superlinear
konvergent und es gilt $F(x^*)=0$, wenn $(x_k)_0^\infty$ Newton-ähnlich ist."**

Das Newton-Verfahren ist offensichtlich Newton-ähnlich, da hier für alle
$k\epsilon\mathbb{N}$ $\eta_k=0$ gilt.

Man kann auch den obigen Satz zur Charakterisierung der Q-superlinearen Konvergenz von beliebigen konvergenten Folgen in einem Banachraum
benutzen, indem man die folgende Formulierung wählt.

Folgerung :

Sei U eine offene Teilmenge eines Banachraumes und $(x_k)_0^\infty$ eine Folge in U , die gegen ein $x^*\epsilon U$ konvergiert.
Dann sind äquivalent :

    i) Die Folge $(x_k)_0^\infty$ konvergiert Q-superlinear.

    ii) Es existiert eine stetig differenzierbare Abbildung F von U
    in einen Banachraum Y, so daß $F'(x^*)$ regulär ist und $(x_k)_0^\infty$
    erfüllt c) $\bigl($bzw. b)$\bigr)$. (d.h. die Newton-Gleichung 3.1.1) bis auf
    $o(\|x_{k+1}-x_k\|)$)

    iii) Für jede stetig differenzierbare Abbildung F von U in einen
    Banachraum Y, für die x^* eine Nullstelle und $F'(x^*)$ regulär
    ist, erfüllt $(x_k)_0^\infty$ die Aussage c) $\bigl($bzw. b)$\bigr)$.

Beweis : i)=>ii) Sei $F : U \to X$ durch $x \mapsto F(x):= x-x^*$ erklärt. Dann ist
$F'(x)=$ Id für alle $x\epsilon U$. Insbesondere ist $F'(x^*)$ regulär. Mit $F(x^*)=0$
folgt ii) aus a)=>c) im Satz. Der Teil c)=>a) des Satzes liefert ii)=>i).
iii)=>i) ergibt sich für $F(x):= x-x^*$ mit c)=>a) und i)=>iii) mit a)=>c).   ■

3.3   CHARAKTERISIERUNG DER QUADRATISCHEN KONVERGENZ

Für Abbildungen mit Lipschitz-stetigen Ableitungen kann man auch eine
notwendige und hinreichende Bedingung für Q-quadratische Konvergenz
angeben. Es gilt der

Satz : Sei X ein normierter Raum, Y ein Banachraum, $U\subset X$ offen und
$(x_k)_0^\infty$ eine Folge in U, die gegen ein $x^*\epsilon U$ konvergiert. Ferner sei $F : U \to Y$
eine stetig differenzierbare Abbildung, $F'(x^*)$ regulär, F' in x^*
Lipschitz-stetig und für alle $k\epsilon\mathbb{N}$ $x_k\neq x_{k+1}$.
Dann sind folgende Aussagen äquivalent :

a) $(x_k)_0^\infty$ konvergiert Q-quadratisch gegen x^* und es ist $F(x^*)=0$.

b) Die Folge $(\mu_k)_0^\infty$ mit

$$\mu_k := \|F(x_k)+F'(x^*)(x_{k+1}-x_k)\| \big/ \|x_{k+1}-x_k\|^2 \qquad \text{für } k\in\mathbb{N}_0$$

ist beschränkt.

c) Die Folge $(\mu'_k)_0^\infty$ mit

$$\mu'_k := \|F(x_k)+F'(x_k)(x_{k+1}-x_k)\| \big/ \|x_{k+1}-x_k\|^2 \qquad \text{für } k\in\mathbb{N}_0$$

ist beschränkt.

Beweis : b)=>a) Sei $(\mu_k)_0^\infty$ beschränkt. Dann gilt $\eta_k := \mu_k\|x_{k+1}-x_k\| \xrightarrow{k\to\infty} 0$
Nach Satz 3.2 ist $F(x^*)=0$ und $(x_k)_0^\infty$ konvergiert mindestens Q-superlinear, d.h.

1) $$\|x_{k+1}-x^*\| / \|x_k-x^*\| \longrightarrow 0.$$

Da $F'(x^*)$ regulär ist, gibt es ein $m>0$ derart, daß für alle $k\in\mathbb{N}$ gilt:

2) $$m\|x_{k+1}-x^*\| \le \|F'(x^*)(x_{k+1}-x^*)\| \le$$
$$\le \|F'(x^*)(x_{k+1}-x^*)-F(x_{k+1})+F(x^*)\|+\|F(x_{k+1})\|$$

Da F' in x^* Lipschitz-stetig ist, gilt nach 0.6. Bemerkung 1 ab einem
Index k_0 für ein $L>0$ und $s_k := x_{k+1}-x_k$.

3) $$\|F(x_{k+1})\| \le \|F(x_{k+1})-F(x_k)-F'(x^*)s_k\|+\|F(x_k)+F'(x^*)s_k\| \le$$
$$\le L\big(\|x_{k+1}- x^*\|+\|x_k-x^*\|\big)\|s_k\|+\mu_k\|s_k\|^2$$

Aus 2) und 3) folgt jetzt mit 0.6. Lemma

4) $$m\|x_{k+1}-x^*\| \le L\|x_{k+1}-x^*\|^2+L\big(\|x_{k+1}-x^*\|+\|x_k-x^*\|\big)\|s_k\|+\mu_k\|s_k\|^2$$

Nach 0.2.6 Lemma folgt

5) $$\|x_k -x^*\| / \|s_k\| \longrightarrow 1.$$

Mit 4), 1) und 5) ist

$$\varlimsup_k \|x_{k+1}-x^*\| \big/ \|x_k-x^*\|^2 \le \frac{1}{m}\left(L+\varlimsup_k \mu_k\right) < \infty \quad \text{d.h.}$$

$(x_k)_0^\infty$ ist Q-quadratisch konvergent.

a)=>b) Wie bei 3) folgt mit der Lipschitz-Stetigkeit in x^* für ein $L>0$
und große k

6) $$\|s_k\|^2\mu_k = \|F(x_k)+F'(x^*)s_k\| \le \|-F(x_{k+1})+F(x_k)+F'(x^*)s_k\|+$$
$$+ \|F(x_{k+1})-F(x^*)\| \le L\big(\|x_{k+1}-x^*\|+\|x_k-x^*\|\big)\|s_k\|+L\|x_{k+1}-x^*\|$$

Division beider Seiten durch $\|s_k\|^2$ ergibt mit 5) und der Definition
der Q-quadratischen Konvergenz die Beschränktheit von $(\mu_k)_0^\infty$.
Denn mit 2.6 und $r_k := \|x_k- x^*\|$ gilt: $r_k / \|s_k\| \xrightarrow{k\to\infty} 1.$

$$r_{k+1}\big/\|s_k\| = \big(r_{k+1}\big/r_k\big)\big(r_k\big/\|s_k\|\big) \quad \text{und}$$
$$r_{k+1}\big/\|s_k\|^2 = \big(r_{k+1}\big/r_k^2\big)\big(r_k\big/\|s_k\|\big)^2.$$

b)<=>c) Die Folge $(\mu_k)_0^\infty$ ist genau dann beschränkt, wenn
$(\mu'_k)_0^\infty$ beschränkt ist, denn für große k ist

7) $$\|(F'(x_k)-F'(x^*))s_k\|\,\|s_k\|^{-2} \le L\|x_k-x^*\|\,\|s_k\|^{-1},$$

und die rechte Seite in 7) nach 5) konvergiert nach 2.6 gegen L, da
sowohl b) als auch c) nach 3.2 Satz die Q-superlineare Konvergenz
impliziert. $\blacksquare$

Es gilt auch der folgende

Satz 2 : Seien X, U, Y und F wie im Satz 1 und $(x_k)_0^\infty$ gegen x^* konvergent. Sei $n \in \mathbb{N}$ und für $k \in \mathbb{N}$ mit $k \geq n$

$$\gamma_k := \|F(x_k)+F'(x_{k+1}-x_k)\| / \|x_{k+1}-x_k\| \|x_{k+1}-x_{k-1}\| \cdots \|x_{k+1}-x_{k-n}\|.$$

Ist die Folge $(\gamma_k)_n$ beschränkt, so konvergiert $(x_k)_0^\infty$ mindestens von der R-Ordnung τ, wobei τ die positive Nullstelle des Polynoms $t \mapsto P(t) := t^n - t^{n-1} - \ldots - t - 1$ ist.

Beweis : Für $0 \leq j \leq n$ bezeichne $r_{k-j} := \|x_{k+1}-x_{k-j}\|$. Wie im ersten Teil des Beweises von Satz 1 (bis 4)) folgt

8) $\quad m\|x_{k+1}-x^*\| \leq L\|x_{k+1}-x^*\|^2 + L\left(\|x_{k+1}-x^*\|+\|x_k-x^*\|\right) r_k + \mu_k r_k r_{k-1} \cdots r_{k-n}$

Für $k \in \mathbb{N}_0$ bezeichne $e_k := \|x_k-x^*\|$. Wir zeigen

9) $\qquad \overline{\lim_k} \; e_{k+1} / e_k e_{k-1} \cdots e_{k-n} \leq \frac{1}{m} \overline{\lim_k} \gamma_k < \infty \;,$

woraus die Behauptung mit Hilfe von 2.2 Satz folgt.

Ist $n=1$, so folgt 9) mit 2.6 Lemma , wenn man beide Seiten von 8) durch $e_k e_{k-1}$ dividiert. Ist $n>1$ so folgt mit der obigen Division zunächst $\lim_k e_{k+1} / e_k e_{k-1} = 0$. Mit der sukzessiven Division von 8) durch $e_k e_{k-1} e_{k-2}$, ..., $e_k e_{k-1} \cdots e_{k-n}$ folgt 9). $\qquad$ ∎

3.4 Q-SUPERLINEARE KONVERGENZ BEI MATRIX-RICHTUNGEN

Da nach den Sätzen in 3.2 und 3.3 bei schnell konvergenten Verfahren für die Differenz $(x_{k+1}-x_k)$ approximativ

$$F'(x_k)(x_{k+1}-x_k) = -F(x_k)$$

gelten soll, liegt es nahe eine Approximation $A_k \in L(X,Y)$ für $F'(x_k)$ zu bestimmen und dann den Nachfolger x_{k+1} von x_k als eine Lösung von

1) $\qquad A_k(x-x_k) = -F(x_k)$

zu wählen. Ist $X=Y=\mathbb{R}^n$, so wird also A_k als eine (reguläre) $n \times n$-Matrix gewählt.

Direktes Einsetzen in 3.2 Satz liefert die folgende Charakterisierung der Q-superlinearen Konvergenz, die auf Dennis/Moré [D-M1] zurückgeht. Als eine hinreichende Bedingung wurde sie bereits von McCormick/Ritter [McC-R] und Ritter [R2] gezeigt.

Satz : Mit den Voraussetzungen von 3.2 Satz sei für $k \in \mathbb{N}_0$ x_{k+1} eine Lösung von 1), wobei $(A_k)_0^\infty$ eine Folge von Abbildungen in $L(X,Y)$ bezeichnet.

Genau dann konvergiert die Folge $(x_k)_0^\infty$ Q-superlinear und es ist $F(x^*)=0$, wenn für $r_k := (x_{k+1}-x_k)/\|x_{k+1}-x_k\|$

$$\left\|\left(A_k - F'(x^*)\right)r_k\right\| \xrightarrow{k\to\infty} 0 \quad \left(\text{bzw. } \left\|\left(A_k - F'(x_k)\right)r_k\right\| \xrightarrow{k\to\infty} 0\right)$$

gilt.

Beweis : Aus $F(x_k) = -A_k(x_{k+1} - x_k)$ folgt mit 3.2.Satz b) $\left(\text{bzw. c)}\right)$ die Behauptung. ∎

Bemerkung 1 :

Seien die Voraussetzungen von 3.3 erfüllt.

Die Folge $(x_k)_0^\infty$ mit 1) ist genau dann Q-quadratisch konvergent, wenn die Folge $(\mu_k)_0^\infty$ mit

$$\mu_k := \frac{\left\|\left(A_k - F'(x_k)\right)(x_{k+1} - x_k)\right\|}{\|x_{k+1} - x_k\|^2}$$

beschränkt ist.

Bemerkung 2 :

Sei F wie in 3.2 und $(x_k)_0^\infty$ von der Gestalt $(x_{k+1} = x_k - \alpha_k d_k)$.

Die Folge $(x_k)_0^\infty$ ist Newton-ähnlich (d.h. die Bedingung c) in 3.2 ist erfüllt), wenn sie den zwei folgenden Forderungen genügt:

a)
$$\frac{\|F(x_k) - F'(x_k)d_k\|}{\|d_k\|} \xrightarrow{k\to\infty} 0$$
und

b)
$$\alpha_k \longrightarrow 1$$

Beweis : Sei $s_k := x_{k+1} - x_k$.

Es gilt

$$\frac{\|F(x_k) + F'(x_k)s_k\|}{\|s_k\|} = \frac{\|F(x_k) - F'(x_k)(d_k + (\alpha_k - 1)d_k)\|}{\alpha_k \|d_k\|}$$

$$\leq \left[\frac{1}{\alpha_k}\left(\frac{\|F(x_k) - F'(x_k)d_k\|}{\|d_k\|} + |\alpha_k - 1| \|F'(x_k)\|\right)\right] \xrightarrow{k\to\infty} 0 \quad ∎$$

3.5 EINFLUSS DER STÖRUNGEN BEIM NEWTON-VERFAHREN

Ein Nachteil des Newton-Verfahrens liegt in der Tatsache, daß hier die analytische Form der Jacobi-Matrix $F'(x_k)$ zur Verfügung stehen soll.

Dies kann aus vielen Gründen nicht realisierbar sein. Bei vielen bekannten Modifikationen des Newton-Verfahrens versucht man die Benutzung der analytischen Form der Jacobi-Matrix zu umgehen. Die naheliegendste Änderung entsteht beim Ersetzen der Jacobi-Matrix durch die Matrix der Differenzenquotienten. Eine leichte Änderung des Beweises von Satz 3.1 erlaubt Konvergenz-Aussagen für Modifikationen des Newton-Verfahrens zu machen. Eine zweite Möglichkeit die Sätze dieses Abschnitts zu interpretieren entsteht aus der Sicht der Störungen.

Denn in der Praxis werden die Berechnungen nur mit einer vorgegebenen Genauigkeit durchgeführt. Damit wird der Nachfolger von x_k nicht in der analytischen Form

$$x_{k+1} = x_k - F'(x_k)^{-1} F(x_k)$$

bestimmt, sondern liegt nur als eine Näherung $\tilde{x}_{k+1}$ von x_{k+1} vor. Bei einer Genauigkeit $\varepsilon > 0$ ist also $\tilde{x}_{k+1} \in K(x_{k+1}, \varepsilon)$.

In der Algorithmen-Sprache von 2.2 wäre dann die berechnete Folge $(\tilde{x}_k)_0^\infty$ eine Iterationsfolge zu der Abbildung (X,U wie in 3.1)

$$\Phi : U \to \mathfrak{P}(X)$$

mit $x \mapsto x - F'(x)^{-1}F(x) + K(0, \varepsilon)$.

Wird die Inverse der Jacobi-Matrix $F'(x)^{-1}$ durch eine Matrix A approximiert, so wird der Nachfolger x_{k+1} von x_k durch

$$x_{k+1} = x_k - AF(x_k)$$

ermittelt.

Der dazugehörige Algorithmus bekommt hier die folgende Gestalt.

Für eine Abbildung $M : U \to \mathfrak{P}\big(L(\mathbb{R}^n)\big)$

wird $\Phi : U \to \mathfrak{P}(X)$ durch

1) $x \mapsto \Phi(x) = x - M(x)F(x)$

erklärt, wobei $M(x)F(x) := \{ AF(x) \mid A \in M(x)\}$ ist.

Dann gilt der

Satz :

Seien X,Y,U,F,x^* wie im 3.1 Satz und $M : U \to \mathfrak{P}\big(L(\mathbb{R}^n)\big)$. Weiter sei U^* eine Umgebung von x^*, in der F' invertierbar ist, $F \in \text{Lip}_L(U^*)$, so daß für ein $\gamma < L^{-1}$

2) $\|A - F'(x)^{-1}\| < \gamma$ für alle $x \in U^*$ und alle $A \in M(x)$

gilt.

Dann existiert in U eine Kugel K um x^*, so daß jede zu dem Algorithmus

$$\Phi(x) := x - M(x)F(x)$$

gehörige Iterationsfolge $(x_k)_0^\infty$ mit einem Startpunkt $x_0 \in K$ in K enthalten ist und (falls nicht endlich) mindestens Q-linear gegen x^* konvergiert.

Beweis : Sei $a : U \to Y$ wie im Beweis von 3.1 Satz erklärt. Für $x \in U^*$ ist dann $a(x) = x - F'(x)^{-1}F(x)$.

Zu einem vorgegebenem $r \in (0, 1 - \gamma L)$ existiert nach 9) in 3.1 eine Kugel $K(x^*, r) \subset U$ und

3) $\|a(x) - x^*\| \leq r \|x - x^*\|$.

Sei $0 < r' < r$ so gewählt, daß $K = K(x^*, r') \subset U^*$ gilt.

Ist $x \in K \setminus \{x^*\}$ und $A \in M(x)$, so folgt für $y := x - AF(x)$ mit $F \in \mathrm{Lip}_L(U^*)$, $F(x^*)=0$, 2) und 3)

4)
$$\frac{\|y-x^*\|}{\|x-x^*\|} \leq \frac{\|y-a(x)\|+\|a(x)-x^*\|}{\|x-x^*\|} = \frac{\|(A-F'(x)^{-1})F(x)\|+\|a(x)-x^*\|}{\|x-x^*\|}$$

$$\leq \frac{\|A-F'(x)^{-1}\|\ \|F(x)-F(x^*)\| +\|a(x) - x^*\|}{\|x-x^*\|} \leq \gamma L + r < 1$$

Mit $K = K(x^*,r')$ gilt also die Behauptung. Da r beliebig klein gewählt werden kann, ist die Konvergenzrate höchstens γL. ∎

Will man die schnelle Konvergenz des Newton-Verfahrens für die jeweilige Modifikation beibehalten, so ist es erforderlich, mit der zunehmenden Nähe der Lösung die Genauigkeit der approximierenden Größen zu erhöhen.

3.6 DAS NEWTON-VERFAHREN MIT DIFFERENZENQUOTIENTEN

Als eine Anwendung von 3.2 und 3.3 soll nun eine Variante des Newton-Verfahrens in $\mathbb{R}^n$ betrachtet werden, bei der die analytische Form der Jacobi–Matrix durch die Matrix der Differenzenquotienten ersetzt wird. Ist $f \in C^1(\mathbb{R})$, so kann $f'(x)$ durch den Differenzenquotienten

$$a(x,h) := \frac{f(x+h) - f(x)}{h} \quad \text{mit } h \in \mathbb{R}$$

approximiert werden.

Die Verallgemeinerung auf Funktionen $F = (f_1, \cdots, f_n) : \mathbb{R}^n \to \mathbb{R}^n$ kann durch

$$A(x,h) = \big(a_{ij}(x,h)\big) \quad \text{mit } a_{ij}(x,h) := \frac{f_i(x+he_j) - f_i(x)}{h}$$

erfolgen, wobei e_j den j-ten Einheitsvektor bezeichnet.

Das entspricht der Approximation der j-ten Spalte der Jacobi-Matrix $J(x)$ durch

$$A_{.j}(x,h) = \frac{F(x+he_j) - F(x)}{h}$$

Es gilt dann das (s. [D-S] S.78)

Lemma :

Sei $U \subset \mathbb{R}^n$ offen , $F \in C^1(U,\mathbb{R}^m)$, $F' \in \mathrm{Lip}_L(U)$ und $j \in \{1, \cdots, n\}$.

Dann gilt für alle $x \in U$ und $h \in \mathbb{R}$ mit $[x,x+he_j] \subset U$

(*)
$$\| A_{.j}(x,h) - J(x)_{.j}\| \leq \frac{L}{2} |h|$$

In der l_1-Matrixnorm gilt für $h \in \mathbb{R}$ mit $\{ [x,x+he_j] \subset U \mid 1 \leq j \leq n \}$

$$\|A(x,h) - J(x)\|_1 := \max_{1 \leq j \leq n} \| A_{.j}(x,h) - J(x)_{.j} \| \leq \frac{L}{2} |h|.$$

In der Operatornorm bzw. Frobenius-Norm gilt dann

$$\|A(x,h) - J(x)\| \leq \|A(x,h) - J(x)\|_F \leq \sqrt{n}\, \frac{L}{2} |h|.$$

Beweis : Nach 0.6 Lemma ist

$$\|F(x+he_j) - F(x) - J(x)he_j\| \le \frac{L}{2}\|he_j\|^2 = \frac{L}{2}|h|^2$$

Division beider Seiten durch h liefert (*). Mit 0.7.3 ist

$$\|A(x,h) - J(x)\|^2 \le \|A(x,h) - J(x)\|_F^2 \le \sum_{j=1}^{n} \|A_{\cdot j}(x,h) - J(x)_{\cdot j}\|^2 \le n\frac{L^2}{4}h^2 \quad \blacksquare$$

Zusammen mit 3.5 Satz 1 erlaubt dieses Lemma den folgenden Satz über eine diskretisierte Form des Newton-Verfahrens zu beweisen (s. [D-S] S.95).

Satz : Sei $D \subset \mathbb{R}^n$ offen, $F : D \to \mathbb{R}^n$ differenzierbar und $x^*\epsilon D$, so daß $F(x^*)=0$. Sei F' lokal Lipschitz-stetig und $F'(x^*)$ invertierbar.

Dann existieren $\epsilon, h>0$, so daß für jede Folge $(h_k)_0^\infty$ in $\mathbb{R}$ mit $0<|h_k|\le h$ und $x_0\epsilon K(x^*,\epsilon)$ die Folge $(x_k)_0^\infty$ mit

1) $$(A_k)_{\cdot j} := \frac{F(x_k+h_k e_j) - F(x_k)}{h_k} \qquad j= 1,\cdots,n$$

und

2) $$x_{k+1}:= \Phi(x_k):= x_k - A_k^{-1}F(x_k) \quad \left(\text{bzw. } F(x_k) + A_k(x_{k+1}-x_k) = 0\right)$$

wohldefiniert ist und gegen x^* Q-linear konvergiert.

Ist zusätzlich $\lim_k h_k = 0$, so ist die Konvergenz Q-superlinear.

Mit der weiteren Zusatzforderung:

Es gibt ein $c>0$ mit $|h_k| \le c\|F(x_k)\|$ für alle $k\epsilon\mathbb{N}$,

ist die Konvergenz Q-quadratisch.

Beweis : Sei F' in der Umgebung U_0 von x^* mit der Konstante L Lipschitz-stetig und sei $\alpha := 2\|F'(x^*)^{-1}\|$. Sei $U^*\subset U_0$ eine Umgebung von x^* derart, daß für alle $x\epsilon U^*$ F'(x) invertierbar ist und $\|F'(x)^{-1}\|<\alpha$ gilt. Sei nun $h\epsilon\mathbb{R}_+$, so daß

3) $$\frac{\sqrt{n}\,Lh\alpha}{2} < 1 \qquad \text{und} \qquad \sqrt{n}\,L^2\alpha^2 h/(2-\sqrt{n}\,Lh\alpha) < 1$$

gilt.

Für $|\beta| \le h$ und $A(x,\beta)$ gilt nach Lemma

$$\|A(x,\beta) - F'(x)\| \le \frac{\sqrt{n}\,L}{2}|\beta| \le \frac{\sqrt{n}\,Lh}{2}$$

Für $\beta = \frac{\sqrt{n}\,Lh}{2}$ gilt nach Störungslemma

$$\|A^{-1}(x,\beta) - F'(x)^{-1}\| \le \frac{\alpha^2}{1-\alpha\beta}\|A^{-1}(x,\beta) - F'(x)\| \le \frac{\sqrt{n}\,L\,\alpha^2 h}{2-\sqrt{n}\,Lh\alpha} \quad .$$

Mit 3) und 3.5 Satz folgt die Behauptung, wenn

$$M(x) = \{\, B(x,\beta) \mid |\beta|\le h\} \text{ gesetzt wird, wobei } B(x,\beta) = A^{-1}(x,\beta) \text{ ist.}$$

Für die Q-superlineare Konvergenz genügt es nach 3.2 die Newton-Ähnlichkeit von $(x_k)_0^\infty$ zu zeigen (d.h. $\eta_k \to 0$).

Für $s_k := x_{k+1} - x_k$ gilt:

4) $$\eta_k := \frac{\|F(x_k)+F'(x_k)s_k\|}{\|s_k\|} = \frac{\|F(x_k)+[A_k+(F'(x_k)-A_k)]s_k\|}{\|s_k\|} \leq$$

$$\leq \|F'(x_k) - A_k\| \leq \frac{L}{2} |h_k| \xrightarrow{k\to\infty} 0.$$

Ist zusätzlich $|h_k| \leq C\|F(x_k)\|$, so gilt mit 4), Mittelwertsatz und 2.7

$$\frac{\eta_k}{\|s_k\|} \leq \frac{CL}{2} \frac{\|F(x_k)\|}{\|s_k\|} = \frac{CL}{2} \frac{\|F(x_k)-F(x^*)\|}{\|s_k\|} \leq \frac{CLL_1}{2} \frac{\|x_k-x^*\|}{\|s_k\|} \longrightarrow \frac{CLL_1}{2}$$

wobei $L_1 := \sup\{ \|F'(x)\| \mid x \in [x^*,x_k], k \in \mathbb{N}\} < \infty$ ist.

Aus 3.3 folgt die Q-quadratische Konvergenz von $(x_k)_0^\infty$. ∎

Bemerkung :

In der Praxis ist es empfehlenswert statt der gleichmäßigen (bzgl. der Richtungen e_j) Schrittweite $h_k \in \mathbb{R}_+$ für alle $k \in \mathbb{N}$ einen Vektor $h_k \in \mathbb{R}_+^n$ zu wählen. (s. z.B. [D-S] und [Schw]). Günstig erweist sich z.B. $\left(h_k e_j^\top x_k\right)_{j=1}^n$. Der Satz und der Beweis lassen sich hier auf diese Verallgemeinerung direkt übertragen. Bei den Abschätzungen ist dann $|h_k|$ durch $\|h_k\|$ zu ersetzen.

3.7 GAUSS-NEWTON-VERFAHREN

In diesem Abschnitt wird das folgende Quadratmittelproblem behandelt:
Für ein $F \in C^1 (\mathbb{R}^n, \mathbb{R}^m)$, $x \mapsto F(x)=\left(F_1(x), \cdots, F_m(x)\right)^\top$ mit $m \geq n$ wird eine Lösung der Aufgabe

1) $$\min\left\{\frac{1}{2} \sum_{i=1}^m F_i(x)^2 \mid x \in \mathbb{R}^n\right\} = \frac{1}{2} \|F(x)\|^2$$

gesucht.

Sei $h := \frac{1}{2} \|F(\cdot)\|^2$. Dann gilt
$$\nabla h(x) = F'(x)^\top F(x)$$

Die Ausgangsbasis wird jetzt ähnlich wie beim Newton-Verfahren, in der Linearisierung der Funktion $F : \mathbb{R}^n \to \mathbb{R}^m$ an der Stelle x_k liegen. Wir betrachten die Funktion $F_k : \mathbb{R}^n \to \mathbb{R}^m$ mit

$$x \mapsto F_k(x) := F(x_k) + F'(x_k)(x-x_k)$$

und bestimmen x_{k+1} als Lösung der Ersatzaufgabe

2)   minimiere $\frac{1}{2} \|F_k\|^2$ auf $\mathbb{R}^n$.

Eine notwendige und hinreichende ($\frac{1}{2} \|F_k(\cdot)\|^2$ ist konvex) Bedingung lautet dann

3) $$\nabla(\frac{1}{2} \|F_k(x)\|^2) = F'(x_k)^\top F'(x_k)(x-x_k)+F'(x_k)^\top F(x_k) = 0.$$

Besitzt $F'(x_k)$ vollen Rang n, so ist $F'(x_k)^T F'(x_k)$ invertierbar und die Lösung von 3) ist durch

4) $\qquad x_{k+1} := x_k - [F'(x_k)^T F'(x_k)]^{-1} F'(x_k)^T F(x_k)$

gegeben (s. auch 15) in 3.1).

Die Gleichung 3) heißt **_Gaußsche-Normalgleichung_** und das durch 4) festgelegte Iterationsverfahren wird als **_Gauß-Newton-Verfahren_** bezeichnet.

Bemerkung :

Das aus 4) resultierende Verfahren hat eine formale Ähnlichkeit zu dem Newton-Verfahren. Aber das Newton-Verfahren ist ein Verfahren zur Bestimmung von Nullstellen. Die schnelle Konvergenz des Gauß-Newton-Verfahrens folgt auch nur für den Fall, daß die Minimallösung von 1) zugleich eine Nullstelle von F ist. Sonst braucht das Gauß-Newton-Verfahren nicht einmal lokal konvergent zu sein (s. Beispiel).

Durch die Übertragung der Beweise von 3.1 Satz 1 und 3.1 Satz 2 bekommt man mit obigen Bezeichnungen den

Satz 1 : Sei für ein $x^* \in \mathbb{R}^n$, $F(x^*)=0$ und $F'(x^*)^T F'(x^*)$ invertierbar. Dann existiert eine Umgebung K von x^*, so daß das durch 4) bestimmte Verfahren für jeden Startpunkt durchführbar ist, die gesamte Iterationsfolge bleibt in K und konvergiert mindestens Q-superlinear gegen x^*.

Ist F' zusätzlich Lipschitz-stetig in x^*, so ist die Konvergenz mindestens Q-quadratisch.

Beweis : Bezeichne $G(x) = F'(x)^T F'(x)$. Da $G(x^*)$ invertierbar ist, existiert in U eine Kugel K' um x^*, so daß für alle $x \in K'$ $G(x)$ invertierbar ist (s. 0.7.5)). Sei $a : K' \rightarrow \mathbb{R}^n$ durch

5) $\qquad x \mapsto a(x) = x - G(x)^{-1} F'(x)^T F(x)$ erklärt.

Wie in 3.1.5) gibt es ein $m > 0$ mit

6) $\qquad m\|\big(a(x) - x^*\big)\| \le \|G(x) - G(x^*)\| \, \|a(x) - x^*\| + \|G(x)\big(a(x) - x^*\big)\|$

Da K' eine Kugel ist, gilt

7) $\qquad M := \sup\{\|F'(x)^T\| \mid x \in K\} < \infty$

Damit und $F(x^*)=0$ ist

8) $\qquad \|G(x)\big(a(x)-x^*\big)\| = \|G(x)\big(a(x)-x^*\big) - G(x)\big(a(x)-x\big) - F'(x)^T F(x) + F'(x)^T F(x^*)\|$

$\qquad\qquad = \|F'(x)^T F'(x)\,(x - x^*) - F'(x)^T F(x) + F'(x)^T F(x^*)\| \le$

$\qquad\qquad \le \|F'(x)^T\| \, \|F'(x)(x-x^*) - F(x) + F(x^*)\|$

Sei $0 < \varepsilon < \min\{\frac{m}{2}, \frac{m}{2M}\}$. Wie im Beweis von 3.1 Satz 1 existiert nun eine Kugel K um x^*, so daß für alle $x \in K$ gilt :

9) $\qquad \|G(x) - G(x^*)\| < \varepsilon, \qquad \|F'(x)(x-x^*) - F(x) + F(x^*)\| < \varepsilon \|x - x^*\|.$

Aus 6), 7), 8) und 9) folgt nun

$$\|a(x)-x^*\| \leq \frac{\varepsilon M}{(m-\varepsilon)} \|x-x^*\| \leq \frac{2\varepsilon M}{m} \|x-x^*\|.$$

Wie im Satz 1 folgt die Behauptung.

Ist F' Lipschitz-stetig in x^*, so folgt wie bei 3.1.11) (mit 3.1.10))

10)
$$\|a(x) - x^*\| \leq \frac{4LM}{m} \|x - x^*\|^2$$

und hiermit die Q-quadratische Konvergenz. $\blacksquare$

Ist der Minimalwert $h(x^*)$ klein, so kann man noch lokale und Q-lineare Konvergenz zeigen. Mit einer kleinen Änderung des Beweises von Satz 1 folgt der (s. [B-D])

Satz 2 :

Sei $F \in C^1(\mathbb{R}^n, \mathbb{R}^m)$ und F' in $x^* \in \mathbb{R}^n$ mit der Konstante L Lipschitz-stetig. Es gelte $\nabla h(x^*) = F'(x^*)^T F(x^*) = 0$, Rang $F'(x^*) = n$ und

11)
$$L\|F(x^*)\| < \|(F'(x^*)^T F'(x^*))^{-1}\|^{-1}.$$

Dann gibt es eine Umgebung K von x^*, so daß das Gauß-Newton-Verfahren für jeden Startpunkt aus K durchführbar ist, die gesamte Iterationsfolge bleibt in K und konvergiert mindestens Q-linear gegen x^*. Ist zusätzlich $F(x^*) = 0$, so ist die Konvergenz mindestens Q-quadratisch.

Beweis : Im Beweis von Satz 1 kann man jetzt in 8) statt $F'(x)^T F(x^*)$ den Term $F'(x^*)^T F(x^*)$ hinzufügen und damit die Abschätzung

$$\|G(x)\big(a(x)-x^*\big)\| = \|G(x)\big(a(x)-x^*\big) - G(x)\big(a(x)-x\big) - F'(x)^T F(x) + F'(x^*) F(x^*)\| =$$
$$\|F'(x)^T F'(x)(x - x^*) - F'(x)^T F(x) + F'(x)^T F(x^*) - F'(x)^T F(x^*) + F'(x^*) F(x^*)\| \leq$$

12)
$$\|F'(x)^T\| \ \|F'(x)(x-x^*) - F(x) + F(x^*)\| + \|F'(x^*)^T - F'(x)^T\| \ \|F(x^*)\|$$

erreichen. Nach 3.1 Bemerkung 1 kann man als m die Zahl $\|(F'(x^*)^T F'(x^*))^{-1}\|^{-1}$ nehmen. Wie in 9), 10) folgt jetzt

$$\|a(x)-x^*\| \leq \left[\frac{\varepsilon M}{m-\varepsilon} + \frac{L\|F(x^*)\|}{m-\varepsilon}\right]\|x-x^*\|$$

Wegen der Voraussetzung 11) kann durch die Wahl von ε und einer geeigneten Umgebung von x^* der Ausdruck in der Klammer kleiner als 1 gemacht werden. Der Rest folgt mit Satz 1. $\blacksquare$

Die Q-quadratische Konvergenz im Falle $F(x^*) = 0$ kann man auch folgendermaßen sehen:

Für eine zweimal stetig differenzierbare Abbildung F ist die Hesse-Matrix $H(x)$ von h an der Stelle x durch (Produktregel)

13)
$$H(x) = F'(x)^T F'(x) + S(x) \text{ mit } S(x) = F(x)F''(x) = (s_{ij}(x)),$$

d.h.
$$s_{ij}(x) = \sum_{l=1}^{m} F_l(x) \frac{\partial^2 F_l}{\partial x_i \partial x_j}(x) \quad \text{gegeben}.$$

Ist also $F(x^*) = 0$, so ist $H(x^*) = F'(x^*)^T F'(x^*)$.

Die Q-superlineare Konvergenz ist im Satz (ohne $F(x^*) = 0$) hier im allgemeinen nicht zu erwarten, denn mit 3.2 Satz folgt der

Satz 3 : Sei $F \in C^2(\mathbb{R}^n, \mathbb{R}^m)$. Sei die durch das Gauss-Newton-Verfahren 4) bestimmte Folge $(x_k)_0^\infty$ gegen ein x^* mit $h'(x^*) = F'(x^*)^T F(x^*) = 0$ konvergent.

Genau dann ist die Konvergenz Q-superlinear, wenn
$$S(x_k)(x_{k+1}-x_k) / \|x_{k+1}-x_k\| \xrightarrow{k \to \infty} 0$$
gilt.

Beweis : 3.2 Satz angewandt auf h' ergibt mit 13) und 3) die Behauptung. ∎

Beispiel : (s. [Schw] S.27) Sei $a \in \mathbb{R}$ und $F : \mathbb{R} \to \mathbb{R}^2$ durch $s \mapsto F(s) := (a+s^2/2, \ s)^T$. Dann ist $h(s) = \frac{1}{2} \|F(s)\|^2$ im Fall $a>1$ stark konvex und $s^*=0$ die einzige Minimallösung von h. Ferner überlege man, daß das Gauß-Newton-Verfahren 4) im Falle $a=0$ lokal Q-kubisch gegen $s^*=0$ konvergiert, für $a \in (-1,0) \cup (0,1)$ Q-lineare Konvergenz vorliegt, während im Fall $a>1$ für beliebig gutes $s_0 \neq 0$ Divergenz eintritt.

Übungsaufgaben :

3.1 Berechnen Sie mit dem Newton-Verfahren die Nullstelle von
$$F(x) = (x_1 + x_2 - 3, \ x_1 + x_2^2 - 9)^T$$
für $x_0 = (1, 5)^T$.

3.2 Eine quadratische Funktion $f : \mathbb{R}^n \to \mathbb{R}$ sei durch
$$x \mapsto f(x) := \frac{1}{2} \langle x, Qx \rangle - \langle x, b \rangle$$
erklärt, wobei Q eine $n \times n$ Matrix ist. Für welche Q ist f konvex ?

3.3 Sei $f(x) = \sum_{i=1}^{4} g(x_i)$ mit $g(s) := |s| - \frac{1}{k} \ln(1 + k|s|)$ für ein $k \in \mathbb{N}$.
Berechnen Sie die Minimallösung von f auf $x_0 - V$, wobei $x_0 = (1,1,1,1)$ und V die Basis $\{(1,2,3,0), (0,0,1,1)\}$ besitzt, mit dem Newton-Verfahren. Für k nehmen Sie die Zahlen 10 und 100.

3.4 Zeigen Sie : Eine Folge im metrischen Raum X ist genau dann gegen x_0 konvergent, wenn jede Teilfolge eine gegen x_0 konvergente Teilfolge besitzt.

4 VERALLGEMEINERTE GRADIENTENVERFAHREN

4.1 EINFÜHRUNG

Im vorigen Kapitel hat sich das Newton-Verfahren als ein schnelles aber
nur lokal konvergentes Verfahren erwiesen. Für die in diesem Kapitel
vorgestellte Klasse von Verfahren wird die globale Konvergenz nachge-
wiesen. Wird das Newtonverfahren wie in Kapitel 9 beschrieben entsprechend modifiziert, so gehört dies modifizierte Newton-Verfahren in
die eben angesprochene Klasse, und es konvergiert somit global gegen
die gesuchte Nullstelle bzw. das gesuchte Minimum und geht in der Nähe der Lösung in das eigentliche Newtonverfahren über.
Zunächst wird die Verfahrensklasse anhand des klassischen Gradientenverfahrens eingeführt. Daran anschließend werden mehrere Schrittweitenregeln vorgestellt.

Das klassische Gradientenverfahren vermutet, ausgehend von einem Punkt
x_k, die Minimallösung x^* einer stetig differenzierbaren Funktion $f : \mathbb{R}^n \to \mathbb{R}$
in der Richtung d_k mit dem größten "Gefälle", das heißt, für alle $v \in \mathbb{R}^n$
mit $\|v\| = \|d_k\|$ gilt :

$$(*) \qquad f'(x_k, d_k) \le f'(x_k, v)$$

Nach der Cauchy-Schwarz'schen Ungleichung gilt für alle v mit
$\|v\| = \|\nabla f(x_k)\|$:

$$f'(x_k, v) = \langle \nabla f(x_k), v \rangle \ge -\|\nabla f(x_k)\| \, \|v\| = -\|\nabla f(x_k)\|^2 =$$
$$= -\langle \nabla f(x_k), \nabla f(x_k) \rangle = f'(x_k, -\nabla f(x_k))$$

Also erfüllt $d_k = -\nabla f(x_k)$ die Bedingung $(*)$, und $-\nabla f(x_k)$ heißt daher auch
die Richtung des "steilsten Abstiegs".

Die Iteration des *klassischen Gradientenverfahrens* lautet somit :

$$x_{k+1} := x_k - \alpha_k \nabla f(x_k) \quad \text{für } \nabla f(x_k) \ne 0$$

mit einer Schrittweite α_k.

Läßt man auch andere Richtungen d_k außer dem negativen Gradienten als
Fortschreitungsrichtung zu, so führt dies teilweise zu effektiveren und
schnelleren Verfahren, die im weiteren diskutiert werden. Als Rahmen
soll die folgende Verallgemeinerung des Gradientenverfahrens gelten.

Sei X ein normierter Raum.
Wir nehmen jetzt an, daß bereits ein $x_k \in X$ erreicht worden ist.
Es wird ein Nachfolger von der Form

$$x_{k+1} = x_k - \alpha_k d_k$$

mit einer Suchrichtung $d_k \in X$ und einem $\alpha_k \in \mathbb{R}_+$ gesucht, für den

*) $$f(x_{k+1}) \leq f(x_k)$$

gilt.

Dies führt zu der folgenden

Definition 1 :

Sei M eine Teilmenge eines Vektorraumes und $f : M \to \mathbb{R}$.

Ein $d \in X$ heißt **Abstiegsrichtung** von f im Punkt $x \in M$, falls gilt:

f ist an der Stelle x in Richtung d differenzierbar und besitzt eine positive Richtungsableitung, d.h.

1) $$f'(x,d) > 0$$

Ein Iterationsverfahren heißt **verallgemeinertes Gradientenverfahren** für $f : M \to \mathbb{R}$, wenn die Iterationsfolge $(x_k)_0^\infty$ in M liegt und die folgende Gestalt hat

$$x_{k+1} := x_k - \alpha_k d_k,$$

wobei d_k eine Abstiegsrichtung und $\alpha_k \geq 0$ ist.

Für α_k wird das Wort **Schrittweite** (an der Stelle x_k) benutzt.

Bemerkung :

a) Sei d eine Abstiegsrichtung von f in x.

Dann existiert ein $r > 0$ derart, daß für alle $\alpha \in (0,r]$

$$f(x - \alpha d) < f(x)$$

gilt.

Beweis : Dies folgt direkt aus

$$0 > -f'(x,d) = \lim_{\alpha \to 0} \frac{f(x-\alpha d)-f(x)}{\alpha}. \qquad \blacksquare$$

Für die Niveaumengen von f erhalten wir das folgende Bild

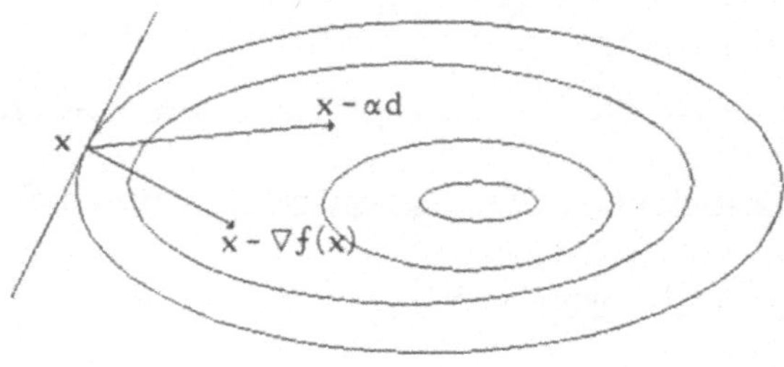

b) Ist X ein normierter Raum und f in x Frèchet-differenzierbar, so entspricht 1) der Bedingung

2) $$f'(x)(d) = f'(x)d > 0$$

In $\mathbb{R}^n$ ist äquivalent zu 2):

$$d^T \nabla f(x) > 0.$$

Beispiele :

1. Wegen $f'(x_k, \nabla f(x_k)) = \|\nabla f(x_k)\|^2$ ist $\nabla f(x_k)$ eine Abstiegsrichtung und das klassische Gradientenverfahren ein spezielles verallgemeinertes Gradientenverfahren.

2. Sei $f : \mathbb{R}^n \longrightarrow \mathbb{R}$ zweimal stetig differenzierbar und für alle $x \in \mathbb{R}^n$ sei die Hesse-Matrix $H(x)$ positiv definit.

Dann ist das Newtonverfahren

$$x_{k+1} := x_k - H(x_k)^{-1}\nabla f(x_k)$$

ein verallgemeinertes Gradientenverfahren, denn $H(x_k)^{-1}\nabla f(x_k)$ ist wegen

$$(H(x_k)^{-1}\nabla f(x_k))^T \nabla f(x_k) = \nabla f(x_k)^T H(x_k)^{-1}\nabla f(x_k) > 0$$

eine Abstiegsrichtung.

4.2 EINIGE SCHRITTWEITENREGELN (SCHRITTWEITEN-ALGORITHMEN)

Für die Konvergenz eines verallgemeinerten Gradientenverfahrens ist neben einer sinnvollen Bestimmung der Fortschreitungsrichtung auch die Schrittweitenregelung entscheidend. Daß ein verallgemeinertes Gradientenverfahren mit beliebiger Schrittweitenregelung auch bei absteigenden Werten nicht gegen die Minimallösung zu konvergieren braucht, zeigt das folgende Beispiel.

Beispiel : Sei $f : \mathbb{R} \longrightarrow \mathbb{R}$, $x \longmapsto x^2$ und $d_k := f'(x_k) = 2x_k$ für alle $k \in \mathbb{N}$.
Sei $x_0 := 1$ und $\alpha_k := 1/2^{k+3}$ für alle $k \in \mathbb{N}$, das heißt
$$x_{k+1} = x_k - (1/2^{k+2})x_k$$
Somit ist $0 < x_k < 1$ für alle $k \in \mathbb{N}$ und es gilt:

$$x_0 - x_k = \sum_{j=0}^{k-1}(x_j - x_{j+1}) = \sum_{j=0}^{k-1}(1/2^{j+2})x_j \leq \sum_{j=0}^{k-1}1/2^{j+2} < \frac{1}{2} \ .$$

Also ist $x_k > \frac{1}{2}$ für alle $k \in \mathbb{N}$ und $(x_k)_0^\infty$ konvergiert nicht gegen Null.

4.2.1 Minimierungsregel (Regel der optimalen Schrittweite) (M)
Wähle α_k so, daß
$$f(x_k - \alpha_k d_k) = \min_{\alpha \geq 0} f(x_k - \alpha d_k)$$

Die Minimierungsregel kann meist mit einem der in 2.7, 2.8, 2.9 angegebenen eindimensionalen Minimierungsverfahren für die Funktion $\alpha \longmapsto \psi(\alpha) := f(x_k - \alpha d_k)$ realisiert (bzw. näherungsweise realisiert) werden. Allerdings bestimmen diese Verfahren ohne weitere Voraussetzungen an ψ nur ein lokales Minimum. Ist die Existenz des Minimums auf der Halbgeraden nicht gesichert, dann kann folgende Regel gewählt werden.

<u>Niveaumengenbild</u> <u>für</u> $f : \mathbb{R}^2 \rightarrow \mathbb{R}$:

beim klassischen Gradientenverfahren mit Minimierungsregel

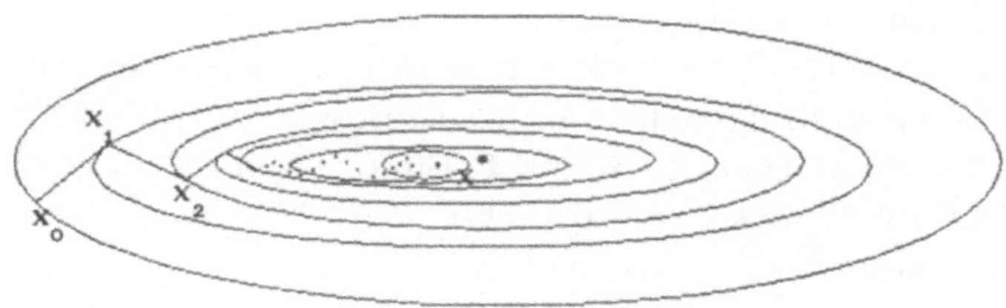

Die Linien beschreiben die Niveaumengen $S_f(x_i)$.

4.2.2 <u>Limitierte Minimierungsregel</u>
<u>(limitierte optimale Schrittweite)</u> (LM)

Sei $\bar{s} > 0$ fest vorgegeben.

Wähle α_k so, daß
$$f(x_k - \alpha_k d_k) = \min \{f(x_k - \alpha d_k) \mid \alpha \in [0,\bar{s}]\}$$

4.2.3 <u>Curry Minimierungsregel</u> (C)

Die folgende Schrittweitenregel von Curry (1944) kann man als eine Modifikation der Minimierungsregel (M) ansehen. (s.[C])

1) $\qquad \alpha_k := \min\{\alpha \geq 0 \mid f'(x_k - \alpha d_k)d_k = 0\}$

Denn für strikt konvexe Funktionen entspricht 1) der Minimierungsregel (M).

Die bis jetzt besprochenen Regeln haben einen entscheidenden Nachteil. Die Schrittweite läßt sich im allgemeinen nur durch einen infiniten Prozeß bestimmen. Insoweit sind sie nicht auf einem Rechner realisierbar. Die Erfahrungen haben gezeigt, daß in Abhängigkeit von den gewählten Genauigkeitsschranken oft sehr unterschiedliche Ergebnisse erzielt werden. Auch der benötigte Aufwand für eine hinreichend gute Approximation ist meist sehr hoch. Theoretische und praktische Untersuchungen haben gezeigt, daß man die infiniten Regeln durch konstruktive (endliche) Schrittweitenregeln erfolgreich ersetzen kann.

Um die Regeln besser zu verstehen, sollen zunächst einige negative Erscheinungen gezeigt werden, die mit den Schrittweitenregeln vermieden werden sollen.

Im 4.2 Beispiel wurden die Schrittweiten so klein gewählt, daß die Konvergenz gegen die Minimallösung nicht erfolgen konnte. Andererseits kann auch bei großen Schrittweiten die Abnahme des Wertes der zu minimierenden Funktion zu klein sein.

Zum Beispiel (s. [D-S]) sei $f : \mathbb{R} \rightarrow \mathbb{R}$ durch $x \mapsto f(x) := x^2$ erklärt. Weiter sei für $k \in \mathbb{N}_0$ $d_k := (-1)^{k+1}$ und die Schrittweite $\alpha_k := 2 + 3(2^{-(k+1)})$. Für die Iterationsfolge $x_{k+1} := x_k - \alpha_k d_k$ mit $x_0 = 2$ gilt für $k \in \mathbb{N}_0$:

$$x_k = (-1)^k (1+2^{-k}), \quad f(x_{k+1}) < f(x_k) , \quad \text{aber} \quad f(x_k) \xrightarrow{k \rightarrow \infty} 1 \neq 0 .$$

Wir erhalten das Bild

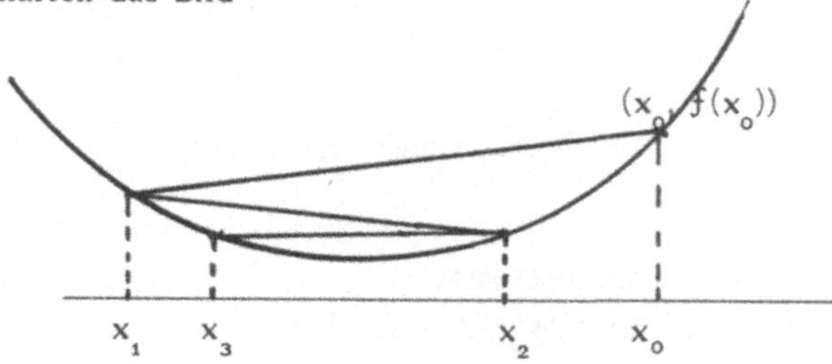

Dieses Verhalten kann bei Abstiegsrichtungen durch die folgende Forderung vermieden werden. Für ein $\sigma \in (0,1)$ gelte für alle $k \in \mathbb{N}_0$:

2) $\qquad f(x_k) - f(x_{k+1}) \geq -\sigma f'(x_k)(x_{k+1} - x_k)$

Diese Forderung wird auch bei allen jetzt folgenden Schrittweitenregeln auftreten. Die Tatsache, daß hier die Wahl von $\sigma \in (0, \frac{1}{2})$ besonders günstig ist, wird erst mit dem Satz in 8.1 klar.

Der Schwerpunkt unserer Konvergenzbetrachtungen soll im Bereich derjenigen Verfahren liegen, bei denen die jetzt folgenden konstruktiven Schrittweitenregeln benutzt werden.

4.2.4 Armijoregel (AR)

Seien $s > 0$, $\beta \in (0,1)$ und $\sigma \in (0, \frac{1}{2})$. Sei $\psi : \mathbb{R} \rightarrow \mathbb{R}$, $\alpha \mapsto f(x_k - \alpha d_k)$. Wähle $\alpha_k = \beta^m s$ derart, daß m die kleinste Zahl aus $\mathbb{N}_0$ ist, für die gilt:

3) $\qquad f(x_k) - f(x_k - \beta^m s d_k) \geq \sigma \beta^m f'(x_k) d_k ,$

d.h. man beginnt mit der Schrittweite s (s ist ein Skalierungsfaktor) und verkleinert die Schrittweite durch Multiplikation mit β solange, bis die Funktionsabnahme relativ zu der Richtungsableitung $f'(x_k) d_k$ groß genug ist.

Geometrische Interpretation : Gesucht ist $\alpha_k > 0$, so daß für das Verhältnis der Steigung der Sekante von ψ durch 0 und α_k und der Tangentensteigung von ψ in 0 gilt:

(∗) $\dfrac{\text{Sekantensteigung}}{\text{Tangentensteigung}} \geq \sigma$

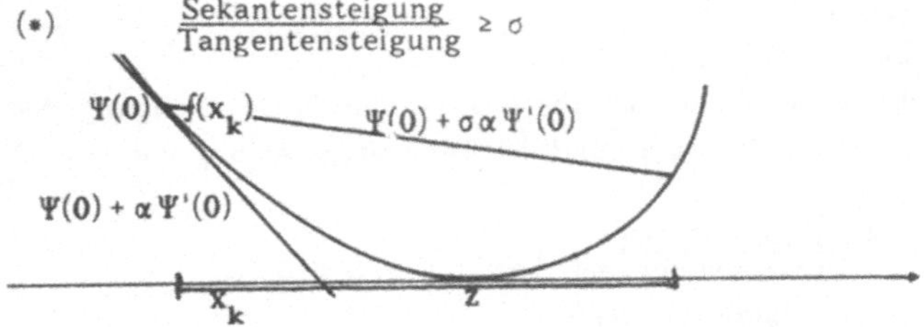

$Z := \{\alpha \mid \alpha \text{ erfüllt } (\ast)\}$

$T: \mathbb{R} \rightarrow \mathbb{R}$, $\alpha \longmapsto \psi'(0)\alpha + \psi(0) = -f'(x_k)d_k\alpha + f(x_k)$ ist die Tangente von ψ in 0 bzw. von f an der Stelle x_k in Richtung $-d_k$. Dieses Bild soll auch die Vorstellung, daß hier ein Schnittbild des Graphen f an der Stelle x_k in Richtung $-d_k$ gezeichnet wurde, beschreiben.

Die Armijoregel bestimmt die erste Zahl $m \in \mathbb{N}_0$, für die $(\ast)$ gilt:

$$\frac{\psi(0) - \psi(\beta^m s)}{\beta^m s\,\psi'(0)} \geq \sigma$$

Armijoregel mit Aufweitung (ARA)

Später werden wir sehen, daß im Laufe eines schnell konvergenten Abstiegsverfahrens die Armijoregel für $m=0$ (erster Versuch) akzeptiert wird. Aber am Anfang kann das Akzeptieren von $m=0$ zu Schrittweiten führen, die nicht genügend groß sind. Die Gegenmaßnahme der Schrittweitenänderung durch Multiplikation mit dem Skalierungsparameter s ist im konkreten Fall meistens willkürlich.

Als vom Verfahren selbst gesteuert kann man die folgende Aufweitungsstrategie ansehen. Ist bei der Armijoregel $m=0$ zulässig, so wird die vorliegende Schrittweite durch Multiplikation mit β^{-1} aufgeweitet. Dies führt zu der

4.2.5 Armijoregel mit Aufweitung (ARA)

Für $\beta \in (0, 1)$ und $\sigma \in (0, \tfrac{1}{2})$ lautet die Regel:

Wähle $\alpha_k := \beta^{m_k}$, wobei m_k die kleinste ganze Zahl ist, für die

(∗) $f(x_k) - f(x_k - \beta^{m_k} d_k) \geq \sigma\beta^{m_k}\,f'(x_k)d_k$

erfüllt ist.

Algorithmisch geht man wie folgt vor: Ist für die Zahl 0 (d.h. $\alpha = \beta^0 = 1$) die Bedingung 2) erfüllt, so wird hier im Gegensatz zu der Armijoregel die Suche noch nicht abgebrochen. Durch das Testen negativer Potenzen, wird hier eine Aufweitung solange vollzogen, bis $(\ast)$ zum erstenmal nicht mehr gilt. Der Vorgänger bestimmt dann die Schrittweite.

4.2.6 Goldsteinregel (G)

Sei $\sigma \in (0, 1/2)$.

Idee: Gesucht ist $\alpha_k > 0$, so daß für das Verhältnis der Steigung der Sekante von ψ durch 0 und α_k und der Tangentensteigung von ψ in 0 gilt:

$$(*) \qquad 1-\sigma \geq \frac{\text{Sekantensteigung}}{\text{Tangentensteigung}} \geq \sigma$$

Die Goldsteinregel lautet für $\sigma \in (0, \frac{1}{2})$:

Wähle α_k so, daß gilt :

$$1 - \sigma \geq \frac{f(x_k) - f(x_k - \alpha_k d_k)}{\alpha_k f'(x_k) d_k} \geq \sigma$$

Bemerkung :

1. Im Vergleich zur Armijoregel wird hier zusätzlich eine obere Schranke für den Quotienten gefordert.

2. Die Schrittweitenregeln 1. - 6. führen immer zu einem "echten" Abstieg, das heißt für alle $k \in \mathbb{N}$ gilt:

$$f(x_{k+1}) < f(x_k)$$

Die folgende Schrittweitenregel geht auch auf Untersuchungen von Armijo (1966) und Goldstein (1967) zurück (s. [D-S]) und wurde in einigen Arbeiten von Wolfe in den Vordergrund gestellt. Sie wird hier (s. [Schw] und [W-W]) *Powell-Wolfe-Regel* genannt und wird bei den Quasi-Newton-Verfahren eine besondere Rolle spielen. Sie besitzt in vielen Arbeiten eine zentrale Bedeutung.

4.2.7 Powell-Wolfe-Regel (PW)

Sei $\sigma \in (0, \frac{1}{2})$ und $\beta \in (\sigma, 1)$.

Gesucht wird ein $\alpha_k > 0$, so daß gilt

i) $\qquad f(x_k) - f(x_k - \alpha_k d_k) \geq \sigma \alpha_k f'(x_k) d_k$

und

ii) $\qquad f'(x_k - \alpha_k d_k) d_k \leq \beta f'(x_k) d_k$

Nach Schwetlick (s. [Schw] S.188) kann man für die Powell-Wolfe-Regel den folgenden Algorithmus benutzen (s. auch A 6.3.1 mod in [D-S] S.328).

0° $\qquad$ Wähle $\sigma \in (0, 1/2)$, $\alpha \in (0, 1)$, $\beta \in (\sigma, 1)$, $\gamma \in (0, \infty)$ und setze $s = \gamma$.

1° $\qquad$ Falls $G(\gamma) := \dfrac{f(x_k) - f(x_k - \gamma d_k)}{\gamma f'(x_k) d_k} \geq \sigma$, gehe zu 2°, andernfalls gehe zu 4°.

2° $\qquad$ Falls $P(s) := \dfrac{f'(x_k - s d_k) d_k}{f'(x_k) d_k} \leq \beta$, setze $\alpha_k := s$ und gehe zu 8°, andernfalls setze $r := s$ und gehe zu 3°.

- 91 -

3^0	(Aufweiten) Setze $s := r/\alpha$. Falls $G(s) \geq \sigma$, gehe zu 2^0, andernfalls zu 6^0

3^0 (Aufweiten) Setze $s := r/\alpha$. Falls $G(s) \geq \sigma$, gehe zu 2^0, andernfalls zu 6^0

4^0 (Verkleinern). Setze $r := s\alpha$. Falls $G(r) \geq \sigma$, gehe zu 5^0, andernfalls setze $s := r$ und gehe zu 4^0.

5^0 Falls $P(r) \leq \beta$, setze $\alpha_k := r$ und gehe zu 8^0, andernfalls gehe zu 6^0.

6^0 (Halbierung) Setze $p = (r+s)/2$.

7^0 Falls $G(p) \geq \sigma$, setze $r := p$ und gehe zu 5^0, andernfalls setze $s := p$ und gehe zu 6^0

8^0 Setze $x_{k+1} := x_k - \alpha_k d_k$

4.3   REALISIERBARKEIT DER SCHRITTWEITENREGELN

Sei X ein normierter Raum, $x_0 \in X$ und $f : X \to \mathbb{R}$ in einer Umgebung der Niveaumenge $S_f(x_0)$ stetig differenzierbar.

4.3.1 Minimierungsregel und Curry–Regel

Für die Realisierbarkeit der Minimierungsregel fordern wir zusätzlich, daß f beschränkte Niveaumengen besitzt.

Denn für ein $x \in X$ und ein $d \in X \setminus \{0\}$ besitzt dann die stetige Funktion $\alpha \mapsto f(x-\alpha d)$ auf der kompakten Menge $\{\alpha \in \mathbb{R}_+ | \ f(x-\alpha d) \leq f(x)\}$ eine Minimallösung $\bar{\alpha}$ (s. 0.8.1).

Ist d eine Abstiegsrichtung, so muß $\bar{\alpha} \neq 0$ sein. Folglich gilt $0 = \frac{\partial}{\partial \bar{\alpha}} f(x - \bar{\alpha}d) = f'(x - \bar{\alpha}d)d$, was die Realisierbarkeit von (M) und (C) bedeutet.

4.3.2 Limitierte Minimierungsregel

Hier wird die Beschränktheit der Niveaumengen von f nicht benötigt, denn für alle $x, d \in X$ nimmt die stetige Funktion $\alpha \mapsto f(x-\alpha d)$ auf einem kompakten Intervall ihr Minimum an.

4.3.3 Armijoregel

Seien $x, d \in X$ derart, daß $f'(x)d > 0$ ist und $\psi(\alpha) := f(x-\alpha d)$.

Die folgende Funktion Φ beschreibt das Verhältnis von Sekanten- und Tangentensteigung von ψ in 0 und ist nach Definition der Ableitung stetig.

$$\Phi : [0,\infty) \to \mathbb{R} \text{ mit } \Phi(\alpha) := \begin{cases} \dfrac{f(x) - f(x-\alpha d)}{\alpha f'(x)d} & \text{für } \alpha > 0 \\ 1 & \text{für } \alpha = 0 \end{cases}$$

Seien $\sigma \in (0, \frac{1}{2})$, $\beta \in (0,1)$ und $s > 0$.

Da Φ stetig in 0 ist und $\Phi(0) = 1 > \sigma$ ist, existiert ein $c > 0$ mit $\Phi(\alpha) > \sigma$ für alle $\alpha \in (0,c]$.

Da $\beta \in (0,1)$ ist, existiert ein $m \in \mathbb{N}$ mit $\beta^m s \in (0,c]$.

Damit ist die Armijoregel für alle $f \in C^1(X)$ an der Stelle x in einer Richtung d mit $f'(x)d > 0$ stets realisierbar.

4.3.4 Goldsteinregel und Armijoregel mit Aufweitung

Sei zusätzlich zu 4.3.3 f auf X nach unten beschränkt und Φ wie in 4.3.3. Es gilt das

Lemma :

Sei $\lim\limits_{k} \alpha_k = \infty$ und für alle $k \in \mathbb{N}$ sei $\Phi(\alpha_k) \geq 0$.
Dann gilt:
$$\Phi(\alpha_k) \xrightarrow{k \to \infty} 0.$$

Beweis : Sei $M \in \mathbb{R}$ derart, daß $f(x) \geq M$ für alle $x \in X$ gilt.
Dann folgt

1) $$0 \leq \Phi(\alpha_k) = \frac{f(x) - f(x - \alpha_k d)}{\alpha_k f'(x)d} \leq \frac{f(x) - M}{\alpha_k f'(x)d} \xrightarrow{k \to \infty} 0 \qquad \blacksquare$$

Damit ist (ARA) realisierbar.

Ferner gilt die Aussage: Entweder gibt es ein $\alpha_0 \in (0,\infty)$ mit $\Phi(\alpha_0)=0$ oder $\Phi(\alpha)>0$ für alle $\alpha \in [0,\infty)$.

Nach Lemma und Zwischenwertsatz wird jede Zahl aus $(0,1)$ als ein Wert von Φ angenommen.

Insbesondere bedeutet dies die Realisierbarkeit der Goldsteinregel.

4.3.5 Powell-Wolfe-Regel

Wie bei 4.3.4 wird hier neben der stetigen Differenzierbarkeit auch die Beschränktheit nach unten von f gefordert. Da $0 < \sigma < 1$ ist, gilt in einer offenen Kugel um 0 die Bedingung i) von 4.2.7 (s.4.3.3). Aus der Beschränktheit nach unten von f folgt mit 1) die Existenz eines kleinsten $\alpha' \in \mathbb{R}_+$ mit
$$f(x') := f(x - \alpha'd) = f(x) - \sigma\alpha' f'(x)d.$$

Damit erfüllt jedes z aus der offenen Verbindungsstrecke (x,x') die Bedingung 4.2.7 i). Sei $h : [0,\alpha'] \to \mathbb{R}$ durch $h(t) = f(x) - f(x-td)$ erklärt.
Nach dem Mittelwertsatz existiert ein $t' \in (0,\alpha')$ mit $h(\alpha') - h(0) = \alpha' h'(t')$.
Mit der Kettenregel folgt :
$$-\sigma\alpha' f'(x)d = f(x-\alpha'd) - f(x) = -\alpha' f'(x-t'd)d$$
d.h. $\quad f'(x-t'd)d = \sigma f'(x)d \leq \beta f'(x)d.$ $\qquad \blacksquare$

Übungsaufgaben :

4.1 Berechnen Sie mit Hilfe der Gradienten-Methode (mit der Regel der optimalen Schrittweite) die beste Approximation des Punktes $(1,2,3) \in \mathbb{R}^3$ bzgl. der Hyperebene $\{x \mid x_1 + x_2 + x_3 = 3\}$ in $\mathbb{R}^3$.

4.2 Testen Sie numerisch die Aufgabe 4.1 mit der Goldstein- bzw. der Armijo-Regel.

4.3 Sei $f : \mathbb{R}^n \to \mathbb{R}^n$ in $x \in \mathbb{R}^n$ differenzierbar und es gelte $f'(x) \neq 0$. Dann heißt $q \in \mathbb{R}^n$ Richtung des stärksten Abstiegs im Punkt x bzgl. der Norm $\|\cdot\|$, wenn
$$f'(x)q = \max \{f'(x)u \mid \|u\| = 1, u \in \mathbb{R}^n\}$$
gilt. Man zeige :
a)   Zu jeder Norm existiert eine Richtung des stärksten Abstiegs.
b)   Für die euklidische Norm ist $q = \nabla f(x)/\|\nabla f(x)\|$.

4.4 Wie lautet die Richtung des stärksten Abstiegs für die durch die symmetrische und positiv definite Matrix C mit $\|x\|_C := \sqrt{(x^T C x)}$ festgelegte Norm.

4.5 Berechnen Sie die Aufgabe 3.3 mit dem Gradientenverfahren bzgl. der Armijo-Regel mit Aufweitung.

4.6 Berechnen Sie die beste Approximation in der Aufgabe 4.1 bzw. 4.2 bzgl. der p-Norm für p =1.1, p = 3 und p = 20.

4.7 Sei $Q \in L(\mathbb{R})$ positiv definit und $b \in \mathbb{R}$. Bestimmen Sie explizit die Iterationsfolge des klassischen Gradienten-Verfahrens (optimale Schrittweite) für die Funktion
$$f(x) := \frac{1}{2} x^T Q x - x^T b.$$

5.0   VORBETRACHTUNGEN

Um einheitliche Beweise für verschiedene Schrittweitenregeln zu führen, ist es erforderlich diese nach einfachen Kriterien zu klassifizieren. Ein natürlicher Gesichtspunkt ist es, deren Wertabnahme mit der Abnahme bei der optimalen (perfekten) Schrittweite der Minimierungsregel zu vergleichen. Dies wird uns zu dem Begriff der effizienten Schrittweitenregel führen. Dafür soll jetzt die Wertabnahme bei Anwendung der Minimierungsregel auf konvexe quadratische Funktionen berechnet werden.

Sei $Q \in L(\mathbb{R}^n)$ eine positiv definite symmetrische Matrix, $b \in \mathbb{R}^n$, $a \in \mathbb{R}$ und $f : \mathbb{R}^n \to \mathbb{R}$ durch $y \mapsto f(y) := \frac{1}{2}\, y^T Q y - b^T y + a$ erklärt. Für ein $x \in \mathbb{R}^n$ sei $g := \nabla f(x)$ und $d \in \mathbb{R}^n$, so daß $g^T d > 0$ gilt.

Um die Schrittweite nach der Minimierungsregel (M) zu ermitteln, betrachten wir jetzt die Gleichung (s. 0.8.4 Folgerung 2).

$$0 = \frac{d}{d\alpha}\left(\frac{1}{2}\,(x-\alpha d)^T Q(x-\alpha d) - b^T(x-\alpha d) + a\right)$$

die die Lösung

$$1)\qquad \overline{\alpha} = \frac{(Qx-b)^T d}{d^T Q d} = \frac{g^T d}{d^T Q d}$$

besitzt. Durch Einsetzen stellt man fest, daß die Wertabnahme

$$2)\qquad f(x) - f(x-\overline{\alpha}d) = \frac{(g^T d)^2}{2 d^T Q d}$$

beträgt. Da Q positiv definit ist, gibt es ein $m > 0$, so daß mit $M := \|Q\|$

$$3)\qquad m\|d\|^2 \le d^T Q d \le M\|d\|^2$$

gilt. Mit 2) und 3) ist

$$4)\qquad \frac{(g^T d)^2}{2M\|d\|^2} \le f(x) - f(x-\overline{\alpha}\,d) \le \frac{(g^T d)^2}{2m\|d\|^2}$$

In der Norm $y \mapsto \|y\|_Q := \sqrt{y^T Q y}$ gilt sogar

$$5)\qquad f(x) - f(x - \overline{\alpha}d) = \frac{(g^T d)^2}{2\|d\|_Q^2}$$

Im folgenden soll sich herausstellen, daß fast alle im Kapitel 4 genannten Regeln bis auf einen konstanten Faktor diese Wertabnahme sichern.

5.1   EFFIZIENTE SCHRITTWEITENREGELN

Es soll jetzt eine begriffliche Klassifikation der im Kapitel 4 besprochenen Schrittweitenregeln erfolgen.

Sei im gesamten Abschnitt U eine offene Teilmenge eines normierten Raumes X.

Definition 1 :

Sei B eine Familie differenzierbarer Funktionen von U in $\mathbb{R}$.

Wir sagen in B ist eine **Schrittweitenregel R** erklärt, wenn jedem $f \in B$ und jedem Paar $(x,d) \in U \times X$ mit $f'(x)d > 0$ eine Teilmenge von $\mathbb{R}_+ \backslash \{0\}$ zugeordnet ist.

Anders gesagt: R ist eine Abbildung von

$\{(f,x,d) \mid f \in B,\ x \in U,\ d \in X,\ f'(x)d > 0\}$ in die Potenzmenge von $\mathbb{R}_+ \backslash \{0\}$

Jedes Element dieser Teilmenge $R(f,x,d)$ heißt eine **Schrittweite die R an der Stelle (f,x,d) genügt.**

Der folgende Begriff geht auf Werner und Warth (s. [W-W]) zurück.

Definition 2 :

Sei $f : U \longrightarrow \mathbb{R}$ differenzierbar und

1)
$$A := \{ (x,d) \in U \times X \mid f'(x)d > 0 \}$$

Eine Abbildung $R : A \longrightarrow \mathfrak{P}(\mathbb{R}^+ \backslash \{0\})$ (= Menge aller Teilmengen der positiven reellen Zahlen) heißt eine bzgl. f **effiziente Schrittweiten-regel**, falls eine Konstante $c > 0$ existiert derart, daß für alle $(x,d) \in A$ und alle $\alpha \in R(x,d)$ gilt:

2)
$$f(x) - f(x - \alpha d) \geq c \left(\frac{f'(x)d}{\|d\|} \right)^2$$

Eine Schrittweitenregel R heißt **in der Funktionenfamilie B effizient**, wenn sie dort erklärt (realisierbar) ist und für jedes $f \in B$ bzgl. f effizient ist.

Bemerkung 1 :

Da die rechte Seite von 2) nicht von α abhängt, gilt die folgende Aussage:

Jede Schrittweitenregel R, die für alle $(x,d) \in A$ eine mindestens eben-so große Abnahme wie eine vorgegebene effiziente Schrittweitenregel erzeugt, ist selbst effizient.

Fast alle der uns bekannten Regeln werden sich als effizient erweisen. Aber für die in der Praxis meist benutzte Armijo-Regel gilt dies nur in der folgenden schwächeren Form.

Definition 3 :

Wird statt 2) die folgende Bedingung verlangt:

Es existieren Konstanten $c_1, c_2 \in \mathbb{R}_+$, so daß für alle $(x,d) \in A$ und alle $\alpha \in R(x,d)$ gilt:

2')
$$f(x) - f(x - \alpha d) \geq \min \left\{ c_1 \left(\frac{f'(x)d}{\|d\|} \right)^2, c_2 f'(x)d \right\}$$

so heißt R bzgl. f **semi-effizient.**

Analog wie oben wird eine semi-effiziente Schrittweitenregel in einer Funktionenfamilie erklärt und Bemerkung 1 gilt entsprechend für semieffiziente Schrittweitenregeln.

Es lassen sich natürliche Funktionenklassen angeben, in denen alle Regeln aus Kapitel 4 effizient (bzw. semi-effizient) sind (s. auch [W-W]). Ähnlich wie in [Schw] sei für einen Banachraum X und Startpunkt $x_0 \in X$

$$V_1(x_0) := \left\{ f \in C^1(X) \mid \text{es existiert eine konvexe Teilmenge } K \text{ von } X \text{ und} \right.$$
$$\text{ein } L>0, \text{ so daß } K \supset S_f(x_0) \text{ und } f' \in \mathrm{Lip}_L(K), f \text{ ist nach unten}$$
$$\left. \text{beschränkt} \right\}$$

und

$$V_2(x_0) := \left\{ f \in V_1(x_0) \mid S_f(x_0) \text{ ist beschränkt.} \right\}$$

Satz 1:

Die Schrittweitenregeln (G), (ARA), (PW) sind in $V_1(x_0)$ und (M), (C) in $V_2(x_0)$ effizient.

Beweis : Nach 4.3 sind (G), (ARA), (PW) in $V_1(x_0)$ und (M), (C) in $V_2(x_0)$ realisierbar.

Sei nun $(x,d) \in S_f(x_0) \times X$ mit $f'(x)d>0$.

a) <u>Goldsteinregel (G)</u>

Die Zahl α genüge 4.2.6. Es ist also

3) $$\sigma \alpha f'(x)d \leq f(x) - f(x-\alpha d) \leq (1-\sigma) \alpha f'(x)d$$

Aus der rechten Ungleichung und M.W.S.-Lemma 0.6.8) folgt für ein $L>0$

$$\sigma \alpha f'(x)d \leq f(x-\alpha d) - f(x) + \alpha f'(x)d \leq \frac{L}{2} \alpha^2 \|d\|^2$$

und damit

$$\alpha \geq \frac{2\sigma}{L} \frac{f'(x)d}{\|d\|^2}$$

Mit der linken Ungleichung von 3) folgt also

$$f(x) - f(x-\alpha d) \geq \sigma \alpha f'(x)d \geq \frac{2\sigma^2}{L} \frac{(f'(x)d)^2}{\|d\|^2}$$

und damit 2) für $c := \frac{2\sigma^2}{L}$.

b) <u>Modifizierte Armijoregel (ARA)</u>

Seien β, σ wie in 4.2.4 und α genüge (ARA). Es gelte

4) $$f(x) - f(x-\alpha d) \geq \sigma \alpha f'(x)d$$

und

5) $$f(x) - f(x - \frac{\alpha}{\beta} d) < \frac{\sigma \alpha}{\beta} f'(x)d .$$

Analog zu a) folgt aus 5)

$$(1-\sigma) \frac{\alpha}{\beta} f'(x)d < f(x - \frac{\alpha}{\beta} d) - f(x) + f'(x) \frac{\alpha}{\beta} d \leq$$

$$\leq \frac{L}{2} \left(\frac{\alpha}{\beta} \right)^2 \|d\|^2$$

und damit

$$\alpha \;\geq\; \frac{2(1-\sigma)\beta}{L}\;\frac{f'(x)d}{\|d\|^2}$$

Aus 4) folgt 2) für $c := \dfrac{2(1-\sigma)\sigma\beta}{L}$.

c) Mit Bemerkung 1 ist auch (M) effizient.

d) Powell-Wolfe-Regel (PW). Nach 4.2.7 ii) ist (s.[We])

$$(1-\beta)\,f'(x)d \;\leq\; f'(x)d - f'(x-\alpha d)d$$

Mit der Cauchy-Schwarzschen Ungleichung, der Lipschitz-Stetigkeit und 4.2.7 i) folgt für ein $L > 0$

$$(1-\beta)\,f'(x)d \;\leq\; \|f'(x-\alpha d) - f'(x)\|\,\|d\| \;\leq\; L\alpha\|d\|^2 \;\leq$$

$$\leq\; \frac{L\|d\|^2(\,f(x) - f(x-\alpha d))}{\sigma f'(x)d}$$

und damit

$$f(x) - f(x-\alpha d) \;\geq\; \frac{(1-\beta)\sigma}{L}\;\frac{\left(f'(x)d\right)^2}{\|d\|^2}$$

d.h. 2) für $c := \dfrac{(1-\beta)\sigma}{L}$

e) <u>Curry-Regel</u>

(s. [Z] und [W-W]) Nach Definition von (C) und $V_1(x_0)$ gilt für ein $L > 0$ (s. 0.6) :

$$0 = -f'(x-\alpha d)d \;\leq\; -(f'(x-\alpha d) - f'(x))d - f'(x)d) \;\leq$$

$$\leq\; \|f'(x-\alpha d) - f'(x)\|\,\|d\| - f'(x)d \;\leq\; \alpha L\|d\|^2 - f'(x)d$$

und damit

$$\alpha \;\geq\; \frac{f'(x)d}{L\|d\|^2} \;=:\; \mu.$$

Für alle $t \in [0,\alpha]$ gilt

$$h(t) := -f'(x-td)d \;\leq 0,$$

weil $f'(x)d > 0$ und α die kleinste Nullstelle von h (s. 4.2.3) ist. Mit dem Mittelwertsatz und der Lipschitz-Stetigkeit von f' folgt

$$f(x-\alpha d) - f(x) = \int_0^\alpha h(t)\,dt \;\leq\; \int_0^\mu h(t)dt = \int_0^\mu \left[(h(t)-h(0))+h(0)\right]dt$$

$$\leq \int_0^\mu \left[Lt\|d\|^2 + h(0)\right]dt \;\leq\; \frac{\mu^2}{2}\,L\|d\|^2 + h(0)\mu \;=$$

$$\frac{h^2(0)L\|d\|^2}{2L^2\|d\|^4} - \frac{h^2(0)}{L\|d\|^2} = \frac{-h^2(0)}{2L\|d\|^2}$$

d.h. $\quad f(x) - f(x-\alpha d) \;\geq\; \dfrac{\left(f'(x)d\right)^2}{2L\|d\|^2}$

und damit 2) für $c := 1/2L$. $\blacksquare$

Für weitere effiziente Schrittweitenregeln siehe [W-W] und [We].

Satz 2 :

Die Armijoregel (AR) und (LM) sind in $V_1(x_0)$ semi-effizient (s. [We]).

Beweis : Nach 4.3 ist (AR) in $V_1(x_0)$ und (LM) in $V_2(x_0)$ realisierbar.
Wird bei der Armijoregel bereits m=0 (s.4.2.4) akzeptiert (d.h. α =s),
so gilt 2' in Def. 3 mit $c_2:=\sigma s$. Sonst gelten die Ungleichungen 4) und
5) und damit 2') mit $c_1:= 2(\sigma-\sigma^2)\beta/L$.
Nehmen wir in 4.3 als $\bar{s}$ die Konstante s aus der Armijorregel 4.2.4,
so folgt mit der Bemerkung 1, daß (LM) semi-effizient ist. ∎

Definition 4 :

Sei $(x_k,d_k)_0^\infty$ eine Folge in $A:= \{ (x,d) \in U \times X \mid f'(x)d > 0\}$.
Eine Folge $(\alpha_k)_0^\infty$ von Schrittweiten heißt **effizient** $\big($bzgl.
$(f,(x_k,d_k)_0^\infty)$, wenn für alle $k\in\mathbb{N}$ α_k an der Stelle (x_k,d_k) einer bzgl. f
effizienten Regel genügt.

Nun soll eine Verbindung der Definitionen aus 5.1 zu der folgenden Begriffsbildung für Schrittweitenregeln hergestellt weden. Nach Schwetlick (s. [Schw] S.179) heißt die Folge der Schrittweiten $(\alpha_k)_0^\infty$ bzgl.
$\big(f,(x_k,d_k)_0^\infty\big)$ **streng-zulässig**, wenn Konstanten $\delta , C \in \mathbb{R}_+\backslash\{0\}$ existieren,
so daß für alle $k \in \mathbb{N}$ gilt :

$$\text{a)} \qquad f(x_k) - f(x_k - \alpha_k d_k) \geq \delta\alpha_k\, f'(x_k)d_k$$

und

$$\text{b)} \qquad \alpha_k \geq \frac{C\, f'(x_k)d_k}{\|d_k\|^2}$$

Bemerkung 2 :

Eine streng zulässige Folge von Schrittweiten ist effizient.

Beweis : Folgt durch Einsetzen der Abschätzung b) in a). ∎

Damit liefern die streng zulässigen Regeln aus [Schw] weitere Beispiele
für effiziente Schrittweitenregeln.

5.2 KONVERGENZVERHALTEN BEI EFFIZIENTEN SCHRITTWEITENREGELN

Der folgende Satz (s. [D-S] S.121) wurde von Wolfe (1969,1971) für die
Schrittweitenregel (PW) bewiesen.
Mit dem Begriff der effizienten Schrittweitenregel ergibt sich die Behauptung des Satzes direkt aus der Definition. Dieser besagt, daß bei einem
verallgemeinerten Gradientenverfahren für die Iterationsfolge $(x_k)_0^\infty$ mit
$x_{k+1} = x_k - \alpha_k d_k$ gilt :

Bleibt der Winkel zwischen $\nabla f(x_k)$ und $(x_{k+1}-x_k)$ von 90 Grad (mit $k\to\infty$) entfernt, so konvergiert die Folge der Gradienten $\left(\nabla f(x_k)\right)_0^\infty$ gegen 0.

Bei der Wahl der $(d_k)_0^\infty$ wird man versuchen, die Konvergenz der Folge der genannten Winkel gegen 90 Grad zu verhindern. Dies wird im Kapitel 6 behandelt.

Direkt aus der Definition 2 in 5.1 folgt der

Satz :

Sei X ein normierter Raum und f in einer Umgebung von $S_f(x_0)$ stetig differenzierbar und nach unten beschränkt.

Sei $(x_k)_0^\infty$ von der Gestalt $x_{k+1} = x_k - \alpha_k d_k$.

Ist für alle $k\in\mathbb{N}$ $f'(x_k)d_k > 0$ und die Schrittweitenfolge $(\alpha_k)_0^\infty$ effizient, so gilt :

$$\frac{f'(x_k)(x_k - x_{k+1})}{\|x_k - x_{k+1}\|} = \frac{f'(x_k)d_k}{\|d_k\|} \xrightarrow[k\to\infty]{} 0$$

Beweis : Aus der Effizienz folgt für ein $C > 0$:

$$C\left(\frac{f'(x_k)d_k}{\|d_k\|}\right)^2 \le f(x_k) - f(x_{k+1}) \xrightarrow[k\to\infty]{} 0 \, ,$$

da $\left(f(x_k)\right)_0^\infty$ beschränkt und monoton fallend ist. ∎

Bemerkung :

Sei $X=\mathbb{R}^n$. Da $f'(x_k)d_k \big/ \left(\|f'(x_k)\| \, \|d_k\|\right)$ der Kosinus des Winkels zwischen $\nabla f(x_k)$ und d_k (bzw. $x_k - x_{k+1}$) ist, und $\left(\|f'(x_k)\| = \|\nabla f(x_k)\|\right)$

$$\frac{f'(x_k)d_k}{\|d_k\|} = \frac{f'(x_k)d_k}{\|\nabla f(x_k)\| \, \|d_k\|} \; \|\nabla f(x_k)\|$$

geschrieben werden kann, gilt die am Anfang genannte Beziehung.

Die Zahl $\beta_k = \dfrac{f'(x_k)d_k}{\|f'(x_k)\| \, \|d_k\|} = \cos\left(\nabla f(x_k), d_k\right)$ wird im nächsten

Abschnitt die zentrale Rolle spielen. Mit dieser Bezeichnung kann man die Behauptung des obigen Satzes folgendermaßen formulieren:

"Es gilt $\beta_k \xrightarrow[k\to\infty]{} 0$ oder $f'(x_k) \xrightarrow[k\to\infty]{} 0$."

6 KONVERGENZBETRACHTUNGEN FÜR VERALLGEMEINERTE GRADIENTENVERFAHREN

6.0 VORBEMERKUNGEN

Um die Sätze dieses Kapitels besser zu verstehen, sollen zunächst einige Vorbemerkungen über die dazugehörigen Voraussetzungen an die zu minimierende Funktion erfolgen. Diese resultieren aus dem Vorhaben, zwei Typen von Aussagen einheitlich zu behandeln. Bei einem ist die Konvergenz der Iterationsfolge bereits gegeben (bzw. bei schwächeren Voraussetzungen beweisbar) und man interessiert sich lediglich für die Konvergenzgeschwindigkeit. Dies bedeutet, daß man die hier geforderte starke Konvexität nur (lokal) in einer Umgebung der Lösung x^* braucht.
Für $f \in C^2(\mathbb{R}^n)$ folgt dies bereits aus der positiven Definitheit von $f''(x^*)$. Bei dem anderen Typ von Aussagen will man mit den Eigenschaften der Funktion die Existenz einer eindeutigen Minimallösung und außerdem sowohl die Konvergenz gegen die Lösung als auch die entsprechende Konvergenzgeschwindigkeit (hier R-linear) der vorliegenden Iterationsfolge garantieren.
Da bei Abstiegsverfahren bzgl. der Funktion f die Gesamtfolge in der Niveaumenge $S_f(x_0)$ des Startpunktes x_0 bleibt, garantiert in Banachräumen die uniforme Konvexität von f auf $S_f(x_0)$ sowohl die Existenz einer Minimallösung (0.8.6 Satz 2) wie auch die starke Lösbarkeit (jede minimierende Folge konvergiert gegen die eindeutige Minimallösung).
Im $\mathbb{R}^n$ entspricht die uniforme Konvexität von f auf $S_f(x_0)$ der Beschränktheit von $S_f(x_0)$ und der strikten Konvexität von f (s. 0.8.6 Satz 3).
Diese Vorbemerkungen rechtfertigen die Einführung der folgenden Klassen von Funktionen:

Sei U eine offene und konvexe Teilmenge eines normierten Raumes X. Dann bezeichne

$$K_1(U) := \{ f \in C^1(U) \mid f \text{ auf U stark konvex}, M(f, U) \neq \emptyset \text{ und } f' \in \mathrm{Lip}_L(U)\}.$$

Für ein Element x_0 eines Banachraumes X bezeichne

$$K_2(x_0) := \{ f \in C^1(X) \mid f \text{ auf } S_f(x_0) \text{ uniform konvex}, f' \in \mathrm{Lip}_L(S_f(x_0)\}$$

(s. auch 0.8.6 Satz 3) und

$$K_3(x_0) := \{ f \in K_2(x_0) \mid \text{In einer konvexen Umgebung U der Minimallösung } x^* \text{ von } f \text{ ist } f \in K_1(U) \}.$$

Bemerkung:

Sei $x_0 \in \mathbb{R}^n$. Die folgende Klasse von Funktionen in $\mathbb{R}^n$ ist in $K_3(x_0)$ enthalten:

"f aus $C^2(\mathbb{R}^n)$ besitzt eine beschränkte und konvexe Niveaumenge $S_f(x_o)$ und ist dort strikt konvex. Außerdem ist in der Minimallösung x^* die zweite Ableitung $f''(x^*)$ positiv definit."

Beweis: Nach 0.8.6 Satz 3 ist f in $S_f(x_o)$ uniform konvex und mit der positiven Definitheit an der Stelle x^* ist dann f'' in einer abgeschlossenen Kugel (mit positivem Radius) gleichmäßig positiv definit (s. 0.7 2)). Mit 0.8.6 Satz 5 ist f in dieser Kugel stark konvex.

6.1 KONVERGENZ VERALLGEMEINERTER GRADIENTENVERFAHREN

Ist man nur an der Konvergenz der Abstiegsfolge interessiert, so kann man unter recht schwachen Voraussetzungen positive Resultate erhalten.

Die folgende **Bedingung von Zoutendijk** besagt, daß die Folge $(\beta_k)_{k \in \mathbb{N}}$ (s. 5.2 Bemerkung) nicht zu schnell gegen 0 konvergiert:

$$(Z) \qquad \sum_{k=0}^{\infty} \beta_k^2 = \infty \ .$$

Der folgende Satz wurde von Zoutendijk für den Spezialfall der Regel C bewiesen und ein Teil des Beweises ist bereits beim Nachweis der Effizienz dieser Regel eingegangen (s. 5.1 Satz 1). Die Verallgemeinerung auf effiziente Schrittweitenregeln wurde von Warth und Werner (s. [W-W]) gezeigt.

<u>Satz</u> 1: (Zoutendijk)

Sei X ein normierter Raum. Sei $x_o \in X$ und $f : X \to \mathbb{R}$ nach unten beschränkt und in einer Umgebung von $S_f(x_o)$ differenzierbar. Für die f-Abstiegsfolge $(x_k)_0^\infty$ mit $x_{k+1} = x_k - \alpha_k d_k$ sei die Folge der Schrittweiten $(\alpha_k)_{k \in \mathbb{N}}$ effizient und $(x_k, d_k)_0^\infty$ erfülle (Z). Dann besitzt $(x_k)_{k \in \mathbb{N}}$ eine Teilfolge $(x_{k_i})_{i \in \mathbb{N}}$ derart, daß

$$1) \qquad f'(x_{k_i}) \xrightarrow[i \to \infty]{} 0 \ .$$

<u>Zusatz</u>: Sei $S_f(x_o)$ eine beschränkte konvexe Menge, f auf $S_f(x_o)$ konvex und f besitze auf X eine Minimallösung. Dann konvergiert die Folge der Werte $(f(x_k))_0^\infty$ gegen den Minimalwert. Ist f auf $S_f(x_o)$ uniform konvex, so konvergiert $(x_k)_0^\infty$ gegen die eindeutige Minimallösung von f.

Beweis : Die Behauptung des Satzes ist äquivalent zu : $\lim\limits_{k \to \infty} \|f(x_k)\| = 0$. Angenommen, es existiert ein $\varepsilon > 0$, so daß für alle $k \in \mathbb{N}$

$$2) \qquad \|f'(x_k)\| \geq \varepsilon$$

gilt. Da $(\alpha_k)_{k \in \mathbb{N}}$ effizient ist, gibt es ein $C \in \mathbb{R}_+$, so daß für alle $k \in \mathbb{N}$

$$3) \qquad f(x_k) - f(x_{k+1}) \geq \frac{C(f'(x_k)d_k)}{\|d_k\|^2} = C\beta_k^2 \|f'(x_k)\|^2 \ .$$

Die Summation beider Seiten bis m und 2) ergibt

$$- f(x_{m+1}) + f(x_0) \geq C \varepsilon^2 \sum_{k=0}^{m} \beta_k^2 \xrightarrow[m \to \infty]{} \infty \ ,$$

was der Beschränktheit nach unten widerspricht. ∎

Beweis des Zusatzes: Ist f konvex, so folgt mit der Subgradienten-ungleichung 0.8.4 4) für ein $x^* \in M(f, X)$ und die Teilfolge $(x_k)_{k \in I}$ von $(x_k)_0^\infty$ mit $f'(x_k) \xrightarrow[k \in I]{} 0$ $\qquad (I \subset \mathbb{N}, |I| = \infty)$.

4) $\qquad\qquad f(x^*) - f(x_k) \geq f'(x_k)(x^* - x_k).$

Aus $S_f(x_0)$ beschränkt und $x^* \in M(f,X)$ folgt mit 4)

5) $\qquad 0 \leq f(x_k) - f(x^*) \leq f'(x_k)(x_k - x^*) \leq \|f'(x_k)\| \, \|x_k - x^*\| \xrightarrow[k \in I]{} 0.$

Da aber die gesamte Folge der Werte $(f(x_k))_0^\infty$ monoton ist, folgt

$$f(x_k) \xrightarrow[k \to \infty]{} f(x^*)$$

Da f auf $S_f(x_0)$ uniform konvex ist, gilt für eine Modulfunktion (s. 0.8.6 Satz 7)

$$0 \leq 2\tau \left(\|x_k - x^*\| \right) \leq f(x_k) - f(x^*) \xrightarrow[k]{} 0$$

und damit $\quad x_k \xrightarrow[k]{} x^*$ ∎

Es gilt sogar (s. [W-W]) die

Bemerkung: Für stark konvexe Funktionen ist die Bedingung (Z) notwendig und hinreichend für die Konvergenz von $(x_k)_0^\infty$ gegen die Lösung. Durch eine Verschärfung der Bedingung (Z) kann man sogar R-lineare Konvergenz erreichen.

6.2 R-LINEARE KONVERGENZ BEI STARK KONVEXEN FUNKTIONEN

Der folgende Satz liefert ein Kriterium für die R-lineare Konvergenz von beliebigen Folgen in U, wobei U eine offene und konvexe Teilmenge eines normierten Raumes X ist.

Satz:

Sei U eine offene und konvexe Teilmenge eines normierten Raumes X. Sei $f \in K_1(U)$ und für die Folge $(x_k)_0^\infty$ in U existiere eine Folge $(\gamma_k)_0^\infty$ nichtnegativer reeller Zahlen, so daß

1) $\qquad \underline{\lim_n} \ \dfrac{1}{n} \sum_{k=0}^{n-1} \gamma_k^2 > 0$

und

2) $\qquad f(x_k) - f(x_{k+1}) \geq \gamma_k^2 \, \|f'(x_k)\|^2$

gilt. Dann konvergiert $(x_k)_0^\infty$ (falls nicht endlich) mindestens R-linear gegen die Minimallösung x^* von f.

Beweis: O.B.d.A. sei $\gamma_0 > 0$. Da f stark konvex ist, existiert ein $m > 0$, so daß für $g_k := f'(x_k)$ (s. 0.8.6 Satz 8):

3) $\qquad m \|x_k - x^*\|^2 \leq f(x_k) - f(x^*)$

und

4) $\qquad \|x_k - x^*\| \leq \frac{1}{m} \|g_k\|$.

O. B. d. A. sei für alle $k \in \mathbb{N}$ $x_k \neq x^*$ (sonst ist ab einem $k_0 \in \mathbb{N}$ $x_k = x^*$ für alle $k \geq k_0$). Nach dem 0.6 - Lemma ist für alle $k \in \mathbb{N}$ und ein $L > 0$

5) $\qquad f(x_k) - f(x^*) = |f(x_k) - f(x^*) - f'(x^*)(x_k - x^*)| \leq \frac{L}{2} \|x_k - x^*\|^2$.

Mit der Abkürzung $w_k := f(x_k) - f(x^*)$ folgt aus 2), 4), 5) :

$$0 < w_{k+1} = f(x_{k+1}) - f(x^*) \leq f(x_k) - f(x^*) - \gamma_k^2 \|g_k\|^2$$

$$\leq w_k - (\gamma_k m \|x_k - x^*\|)^2 \leq w_k - \frac{2\gamma_k^2 m^2}{L} w_k \quad .$$

Damit ist für $q_k := 1 - \dfrac{2\gamma_k^2 m^2}{L} \geq 0$

6) $\qquad w_k \leq q_{k-1} \cdots q_0 \cdot w_0$

Mit 1) und $\gamma_0 > 0$ existiert ein $\gamma > 0$, so daß für alle $n \in \mathbb{N}$ gilt

$$\frac{1}{n} \sum_{k=0}^{n-1} \frac{2\gamma_k^2 m^2}{L} > \gamma \ .$$

und damit

$$0 \leq \frac{1}{n} \sum_{k=0}^{n-1} q_k < 1 - \gamma.$$

Aus der Ungleichung zwischen arithmetischen und geometrischen Mittel folgt damit

7) $\qquad (q_{k-1} \cdots q_0)^{1/k} < 1 - \gamma.$

Mit 6) ist

$$w_k \leq (1 - \gamma)^k w_0.$$

Aus 3) folgt schließlich

$$\|x_k - x^*\| \leq ((1/m)w_k)^{\frac{1}{2}} \leq (w_0/m)^{\frac{1}{2}} (\sqrt{1-\gamma})^k$$

was die R - lineare Konvergenz bedeutet. $\blacksquare$

Bemerkung 1 :

Wird im Satz die Bedingung 1) durch die folgende

8) $\qquad k\gamma_k^2 \xrightarrow[k]{} \infty \qquad\qquad$ und $\qquad \gamma_k > 0 \quad$ für $k \in \mathbb{N}$

ersetzt, so gilt noch

9) $\qquad \sum_{k=0}^{\infty} \|x_k - x^*\| < \infty.$

Beweis: Zunächst folgt wie im Beweis des Satzes (mit obigen Bezeichnungen)

10)
$$w_{k+1} \le q_k w_k \; ;$$

wobei mit $C := 2m^2/L \qquad q_k = 1 - C\gamma_k^2$ gilt.

Sei $v_k := \sqrt{w_k}$. Mit 10) ist

11)
$$\left(\frac{v_k}{v_{k+1}} - 1\right) \ge \left(\frac{1}{\sqrt{q_k}} - 1\right) = \frac{1 - \sqrt{q_k}}{\sqrt{q_k}} = \frac{1 - q_k}{\sqrt{q_k} + q_k} \ge \frac{C\gamma_k^2}{2}$$

Aus 8) folgt dann

12)
$$k(v_k/v_{k+1} - 1) \ge \frac{1}{2}(k\,C\,\gamma_k^2) \longrightarrow \infty.$$

Mit dem Konvergenzkriterium von Raabe (s. [F]) ist

13)
$$\sum_{k=0}^{\infty} v_k < \infty.$$

Aus (s. 3))
$$v_k = \sqrt{f(x_k) - f(x^*)} \ge \sqrt{m}\,\|x_k - x^*\|$$

folgt mit 13) die Behauptung. $\blacksquare$

Die Bedingung 9) ist schwächer als die Q-lineare bzw. R-lineare Konvergenz. Das eine impliziert das Erfüllen des Quotientenkriteriums und das andere das des Wurzelkriteriums für die Reihe in 9).

<u>Bemerkung</u> 2 :

Da im Beweis des Satzes die starke Konvexität nur zur Herleitung von 3) und 4) benutzt wurde, kann bei den Voraussetzungen des Satzes (bzw. Bemerkung 1) die Forderung der starken Konvexität durch die folgende Bedingung abgeschwächt werden: $\exists\, C_1, C_2 > 0\; \forall\, x \in U$:

i) $\quad f(x) - f(x^*) \ge C_1\,\|x - x^*\|^2$

ii) $\quad \|f'(x)\| \ge C_2\,\|x - x^*\|$

und für eine konvexe Obermenge K von U ist $f' \in \mathrm{Lip}_L(K)$.

6.3 LINEARE KONVERGENZ VERALLGEMEINERTER GRADIENTENVERFAHREN

Um die Konvergenz eines verallgemeinerten Gradientenverfahrens zu sichern, muß man neben der Schrittweitenregelung dafür sorgen, daß die Abstiegseigenschaft für die gesamte Folge der Abstiegsrichtungen gleichmäßig gegeben ist, d.h. man muß verhindern, daß im Grenzverhalten die Abstiegsrichtungen senkrecht zu den dazugehörigen Gradienten stehen.
Für die lineare Konvergenz genügt es, dies im quadratischen Mittel zu fordern.

Sei in ganz 6.3 U eine offene und konvexe Teilmenge eines normierten Raumes X.

Definition 1 :

Sei $f \in C^1(U)$ und $(d_k)_0^\infty$ eine Folge von Abstiegsrichtungen bezüglich einer Folge $(x_k)_0^\infty$ der Gestalt $x_{k+1} := x_k - \alpha_k d_k$ (α_k - Schrittweite). Die Folge $(d_k)_{k \in \mathbb{N}_0}$ heißt *gradientenorientiert*, wenn für

$$\beta_k := (f'(x_k)d_k)/(\|f'(x_k)\| \cdot \|d_k\|), \quad (k \in \mathbb{N})$$

gilt: es gibt ein $C > 0$, so daß für alle $k \in \mathbb{N}_0$

(1) $$\beta_k > C \quad \text{gilt} \quad (\text{äquivalent zu } \varliminf_k \beta_k > 0).$$

Die Folge $(d_k)_{k \in \mathbb{N}}$ heißt im *quadratischen Mittel gradientenorientiert*, wenn gilt: es gibt ein $C > 0$, so daß für alle $k \in \mathbb{N}_0$

(2) $$\frac{1}{n} \sum_{k=0}^{n-1} \beta_k^2 > C \quad \text{gilt} \quad (\text{ äquivalent zu } \varliminf_n \frac{1}{n} \sum_{k=0}^{n-1} \beta_k > 0).$$

Bemerkung:

Offensichtlich ist eine gradientenorientierte Folge auch im quadratischen Mittel gradientenorientiert.

Für $X = \mathbb{R}^n$ und $k \in \mathbb{N}$ ist β_k der Kosinus des Winkels zwischen dem Gradienten $\nabla f(x_k)$ und der Abstiegsrichtung d_k.

Dieser Winkel besitzt bei den Abstiegsverfahren eine sehr große Bedeutung, was in vielen Arbeiten zum Ausdruck kommt (s. z.B. Wolfe (69), (71), Stoer (75), Powell(76), Warth und Werner (77), Byrd, Nocedal und Yuan(87)).

Satz 1:

Sei $f \in K_1(U)$ und $(x_k)_0^\infty$ eine Folge in U der Gestalt ($x_{k+1} = x_k - \alpha_k d_k$). Ist die Folge der Schrittweiten $(\alpha_k)_0^\infty$ effizient und die Folge der Richtungen $(d_k)_0^\infty$ im quadratischen Mittel gradientenorientiert, so konvergiert $(x_k)_0^\infty$ mindestens R - linear gegen die Minimallösung von f.

Beweis: (α_k) ist effizient. Es existiert also ein $C > 0$, so daß für alle $k \in \mathbb{N}$

$$f(x_k) - f(x_{k+1}) \geq C (f'(x_k)d_k)^2 / \|d_k\|^2 = C \beta_k^2 \|f'(x_k)\|^2.$$

Da $(d_k)_0^\infty$ im quadratischen Mittel gradientenorientiert ist, folgt aus Satz 6.2 die Behauptung. ∎

Mit der Ungleichung zwischen arithmetischen und geometrischen Mittel folgt der (s. [P6])

Satz 2: (Powell)

Sei $f \in K_1(U)$ und $(x_k)_0^\infty$ der Gestalt ($x_{k+1} = x_k - \alpha_k d_k$), wobei $(\alpha_k)_0^\infty$ effizient sei. Für die Folge $(d_k)_0^\infty$ mit $f'(x_k)d_k > 0$ für $k \in \mathbb{N}$ existiere ein $B > 0$, so daß für alle $k \in \mathbb{N}$

$$\prod_{i=0}^{k-1} \beta_i \geq B^k.$$

Dann konvergiert $(x_k)_0^\infty$ mindestens R-linear gegen die Minimallösung von f.

Es folgt nun der (s. auch 6.0 Bemerkung)

Satz 3:

Sei X ein Banachraum, $x_0 \in X$ und $f \in K_3(x_0)$. Wird bei einem verallgemeinerten Gradientenverfahren eine der Schrittweitenregeln (G), (ARA), (P W), (M) oder (C) benutzt und ist die Folge der Richtungen im quadratischen Mittel gradientenorientiert, so konvergiert die dazugehörige Iterationsfolge $(x_k)_0^\infty$ mindestens R - linear gegen die eindeutige Minimallösung x^*.

Beweis: Nach 0.8.6. Bem. 1 ist $K_3(x_0) \subset V_2(x_0)$ und nach 5.1 Satz 1 sind die obigen Schrittweitenregeln effizient. Mit 6.1 Zusatz folgt zunächst die Konvergenz von (x_k) gegen x^*. Dann existiert ein k_0, so daß für $k \geq k_0$ x_k in der Umgebung von x^* liegt, auf der f stark konvex ist. Mit Satz 1 (Startpunkt x_k) folgt der Rest der Behauptung. ∎

Bei obigen Sätzen wurde die Beschränktheit der Folge der Richtungen nicht verlangt. Im Gegensatz zu dem folgenden Begiff, mit dem aber die lineare Konvergenz auch für semi - effiziente Schrittweitenregel bewiesen werden kann.

Definition 2: (s. [Schw] S. 193)

Sei $x_0 \in X$ und f in $S_f(x_0)$ differenzierbar. Die Folge der Richtungen $(d_k)_0^\infty$ einer Iterationsfolge $(x_k)_0^\infty$ mit $x_{k+1} = x_k - \alpha_k d_k$ heißt *streng gradientenähnlich*, wenn Konstanten C_0, $C_1 \in \mathbb{R}_+ \setminus \{0\}$ existieren, so daß für alle $k \in \mathbb{N}$ gilt:

a) $\qquad f'(x_k)d_k \geq C_0 \|f'(x_k)\|^2 \qquad$ und

b) $\qquad \|d_k\| \leq C_1 \|f'(x_k)\|$

Offenbar ist eine streng gradientenähnliche Folge gradientenorientiert.

Es gilt der

Satz 4:

Seien U, f und $(x_k)_0^\infty$ wie im Satz 1.

Ist die Folge der Schrittweiten semi-effizient und die Folge der Richtungen streng gradientenähnlich, so konvergiert $(x_k)_0^\infty$ mindestens R-linear gegen die Minimallösung von f.

Beweis: Da $(\alpha_k)_0^\infty$ semi-effizient ist (s. 5.1 Definition 3), existieren C_3, $C_4 \in \mathbb{R}_+ \setminus \{0\}$, so daß für alle $k \in \mathbb{N}$ gilt:

$$f(x_k) - f(x_k - \alpha_k d_k) \geq \min\{ C_3 (f'(x_k)d_k)^2 / \|d_k\|^2, C_4 f'(x_k)d_k\}.$$

Mit a) und b) aus Def. 2 folgt

$$f(x_k) - f(x_{k+1}) \geq \min \left\{ \frac{C_3 C_0^2 \|f'(x_k)\|^4}{C_1^2 \|f'(x_k)\|^2}, C_4 C_0 \|f'(x_k)\|^2 \right\}$$

$$= \|f'(x_k)\|^2 \min \{ C_3 C_0^2 / C_1^2 , C_4 C_0 \}$$

Aus 6.2 Satz folgt die Behauptung. ∎

Folgerung:

Wird bei einem Gradientenverfahren (d. h. für alle $k \in \mathbb{N}$ ist $d_k = \nabla f(x_k)$) eine der folgenden Schrittweitenregeln (AR), (ARA), (G), (M), (C), (LM), (PW) benutzt, so ist das Verfahren bei jedem Startpunkt $x_0 \in X$ und jeder Funktion $f \in K_3 (x_0)$ mindestens R - linear konvergent.

Beweis: Bis auf die Regel (AR) und (LM) folgt die Behauptung aus Satz 3. Der Rest folgt aus Satz 4 mit analoger Beweisführung wie bei Satz 3. ∎

6.4   SPACER STEP

Viele verallgemeinerte Gradientenverfahren sind erst in der Nähe der Lösung besonders effektiv. Will man garantieren, daß die betrachtete Iterationsfolge die gewünschte Umgebung einer Lösung erreicht, so läßt sich die folgende Strategie anwenden. Es wird immer wieder ein Zwischenschritt eingelegt (z. B. man nimmt die Gradientenrichtung als Abstigsrichtung) der bereits die Konvergenz der gesamten Folge sichert. Dieser Zwischenschritt wird *Spacer Step* genannt.

Um die R-lineare Konvergenz von Abstiegsfolgen zu erreichen, genügt es die Effizienz der Schrittweiten und die Gradientenorientiertheit der Abstiegsrichtungen nur für die Teilfolge der Zwischenschritte (spacer steps) zu fordern. Wird z.B. in jedem n-ten Schritt ein spacer step durchgeführt, so gilt der

Satz: (lineare Konvergenz bei spacer steps)
Sei $U \subset X$ offen und konvex, $f \in K_1(U)$ und $(x_k)_0^\infty$ eine Folge in U mit folgenden Eigenschaften:

a) $\qquad f(x_{k+1}) \leq f(x_k)$ für alle $k \in \mathbb{N}$
und

b) $\qquad$ Zu jedem $k \in K := \{k \in \mathbb{N} \mid k = l \cdot n, \; l \in \mathbb{N}\}$ existiert ein
$\qquad (\alpha_k, d_k) \in \mathbb{R}_+ \times X$ mit $f'(x_k) d_k > 0$ und $x_{k+1} = x_k - \alpha_k d_k$.

Außerdem sei die dazugehörige Folge $(\alpha_k)_{k \in K}$ effizient und $(d_k)_{k \in K}$ im quadratischen Mittel gradientenorientiert.

Dann ist die gesamte Folge $(x_k)_0^\infty$ mindestens R - linear konvergent.

Beweis: Sei für $k \in K$ $\quad \beta_k := \left(f'(x_k) d_k \right) / \left(\|f'(x_k)\| \cdot \|d_k\| \right)$.

Aus der Effizienz der Schrittweiten folgt für ein $C > 0$ und alle $k \in K$

$$f(x_k) - f(x_{k+1}) \geq C \beta_k^2 \ \|f'(x_k)\|^2$$

Sei $\gamma_k := \begin{cases} C^{\frac{1}{2}} \beta_k & \text{für } k \in K \\ 0 & \text{für } k \in \mathbb{N}_0 \setminus K \end{cases}$

Dann ist für alle $k \in \mathbb{N}_0$

$$f(x_k) - f(x_{k+1}) \geq \gamma_k^2 \ \|f'(x_k)\|^2 \ .$$

Da $(d_k)_{k \in K}$ im quadratischen Mittel gradientenorientiert ist, gilt für ein $C > 0$:

$$\frac{1}{m} \sum_{k=0}^{m-1} \gamma_k^2 \geq \frac{1}{m} \sum_{l=1}^{n \left[\frac{m-1}{n}\right]} \gamma_l^2 \geq \frac{1}{m} \sum_{l=1}^{\left[\frac{m-1}{n}\right]} \gamma_{nl}^2 = \frac{\left[\frac{m-1}{n}\right]}{m} \frac{1}{\left[\frac{m-1}{n}\right]} \sum_{l=1}^{\left[\frac{m-1}{n}\right]} \gamma_{nl}^2 \geq \frac{\left[\frac{m-1}{n}\right]}{m} C$$

$$\xrightarrow[m \to \infty]{} \frac{C}{n} \ ,$$

wobei $\left[\frac{m-1}{n}\right]$ den ganzzahligen Anteil von $\frac{m-1}{n}$ bezeichnet.

Aus 6.2 Satz folgt die Behauptung. ∎

6.5 EIGENSCHAFT (G)

Will man die Forderung der Effizienz der Schrittweitenfolge abschwächen, so kann man auch den folgenden Begriff benutzen.

Definition 1:

Seien in 5.1 statt 2) die folgenden Bedingungen erfüllt.

i) $(f(x_k))_0^\infty$ ist monoton fallend.

ii) Es gilt die folgende Implikation

$$f(x_k) - f(x_k - \alpha_k d_k) \xrightarrow[k]{} 0 \ \Rightarrow \ \min \{f'(x_k) d_k, \ f'(x_k) d_k / \|d_k\|\} \longrightarrow 0,$$

so heißt $(\alpha_k)_0^\infty$ **schwach effiziente Schrittweitenfolge** bzgl. $(f, (x_k, d_k)_0^\infty)$.

Offensichtlich ist eine effiziente (bzw. semi-effiziente) Schrittweitenfolge schwach effizient.

Die Anpassung der Folge der Abstiegsrichtungen an die Folge der Gradienten kann auch durch die folgende, oft leicht nachprüfbare Forderung beschrieben werden.

Definition 2:

Sei X ein normierter Raum, $x_0 \in X$ und f in einer Umgebung von $S_f(x_0)$ differenzierbar.

Die Folge $(x_k, d_k)_{k \in \mathbb{N}} \subset S_f(x_0) \times X$ besitzt die **Eigenschaft (G)**, falls für jede gegen ein $\bar{x} \in X$ mit $f'(\bar{x}) \neq 0$ konvergente Teilfolge $(x_k)_{k \in K}$ $K \subset \mathbb{N}, |K| = \infty$ der Folge $(x_k)_0^\infty$ gilt:

1° $0 < \lim_{k \in K} f'(x_k)d_k$

2° $\{d_k \mid k \in K\}$ ist beschränkt.

Es gilt der

Satz:

Sei $x_o \in X$, f in einer Umgebung von $S_f(x_o)$ stetig differenzierbar.
Für die Iterationsfolge $(x_{k+1} = x_k - \alpha_k d_k)_{k \in \mathbb{N}_o}$ gelte:
a)   Die Folge der Schrittweiten $(\alpha_k)_{k \in \mathbb{N}_o}$ ist schwach effizient.
b) $(x_k, d_k)_{k \in \mathbb{N}_o} \subset S_f(x_o) \times X$ erfüllt die Eigenschaft (G).
Dann ist jeder Häufungspunkt stationär.

Beweis: Aus der schwachen Effizienz folgt $f(x_k) \downarrow a \in [-\infty, \infty)$. Sei nun
K eine unendliche Teilmenge von $\mathbb{N}$ und $(x_k)_{k \in K}$ gegen ein $\bar{x} \in S_f(x_o)$
konvergent. Da f in $S_f(x_o)$ stetig ist, folgt

$$-\infty < f(\bar{x}) = \lim f(x_k) = a.$$

Damit ist

$$f(x_k) - f(x_{k+1}) \longrightarrow 0$$

Angenommen $\| f'(\bar{x}) \| > 0$.

Die schwache Effizienz impliziert

$$\min \{ f'(x_k)d_k, \ f'(x_k)d_k/\|d_k\| \} \longrightarrow 0$$

Nach 2° in (G) existiert ein $C > 0$, so daß gilt:

$$f'(x_k)d_k/\|d_k\| \geq (f'(x_k))d_k/C\|f'(x_k)\| > 0.$$

Wegen $\| f'(x_k)\| \xrightarrow[k]{} \|f'(\bar{x})\| > 0$ folgt $f'(x_k)d_k \xrightarrow[k]{} 0$,

was dem Teil 1° aus (G) widerspricht.   ∎

Manchmal ist es sinnvoll, während eines Berechnungsverfahrens die
Schrittweitenregel zu ändern.

Es gilt offensichtlich die

Bemerkung:

Wird aus endlich vielen effizienten (bzw. schwach effizienten) Schrittweitenregeln bei jedem Iterationsschritt wahlweise eine dieser Regeln
genommen, so entsteht auf diese Weise eine effiziente (bzw. schwach
effiziente) Schrittweitenregel.

Übungsaufgaben :

6.1 Testen Sie numerisch die Aufgabe 3.3 mit dem Gradientenverfahren.

6.2 Sei Q eine symmetrische und positiv definite $n \times n$ Matrix.

Bestimmen Sie mit Hilfe der Eigenwerte von Q eine obere und untere (möglichst gute) Schranke für

$$\frac{\langle x, Qx \rangle}{\langle x, Q^{-1}x \rangle} \ ,$$

wobei x ein beliebiges Element aus $\mathbb{R}^n$ ist.

6.3 Die Funktion $f : D \subset \mathbb{R}^n \to \mathbb{R}$ sei auf einer Umgebung $U \subset D$ von $x^* \in D$ differenzierbar, es gelte $f'(x^*) = 0$, und $f''(x^*)$ existiere und sei positiv definit. Die Folge $(x_k)_1^\infty \subset D$ konvergiere gegen x^* und genüge der Bedingung

$$f(x_k) - f(x_{k+1}) \geq C \, \| f'(x_k) \|^2 \quad \text{für alle } k \geq k_o \text{ mit } C > 0.$$

Dann gilt: $(f(x_k))_o^\infty$ konvergiert mindestens Q-linear gegen $f(x^*)$, und (x_k) konvergiert mindestens R-linear gegen x^* (s. [O-R]).

6.4 Sei $f : \mathbb{R}^n \to \mathbb{R}$ stetig differenzierbar und für die Folge $(x_k)_O^\infty$ gelte:

$$\lim_k f'(x_k) = 0.$$

Ist $S := S_f(x_O)$ beschränkt, so gilt für $T := \{ x \in S \mid f'(x) = 0 \}$

$$\lim_k d(x_k, T) := \lim_k \inf_{t \in T} \| x_k - t \| = 0$$

und für konvexe Funktionen

$$\lim_k f(x_k) = \inf f(\mathbb{R}^n)$$

6.5 Sei $f : \mathbb{R}^2 \to \mathbb{R}$ mit

$$f(x_1, x_2) := \sin x_1 + \sin x_2 + 5x_1^2 + 5x_2^2 + 2x_1 x_2 + x_1 - 2x_2$$

Zeigen Sie, daß f über $\mathbb{R}$ genau eine globale Minimallösung besitzt.

6.6 Bestimmen Sie die Minimallösung von Aufgabe 6.5 mit den folgenden verallgemeinerten Gradientenverfahren:

a) Die Abstiegsrichtung wird durch den Gradienten und die Schrittweitenregel durch die Armijo-Regel bestimmt.

b) Als Abstiegsrichtung wird die Newton-Richtung und als Schrittweitenregel die Armijo-Regel mit Aufweitung genommen.

6.7 Sei $f : \mathbb{R} \to \mathbb{R}$ stetig differenzierbar und für $x \in \mathbb{R}$ sei die Niveaumenge $\{ x \mid f(x) \leq f(x_0) \}$ beschränkt. Dann ist jeder Häufungspunkt der durch das klassisches Gradientenverfahren erzeugten Iterationsfolge zu Startpunkt x_O ein singulärer Punkt von f.

6.8 Zeigen Sie für eine Folge $(\alpha_k)_1^\infty$ in $\mathbb{R}_+$ die folgende Äquivalenz

$$\sum_{k=1}^\infty \alpha_k < \infty \quad \Longleftrightarrow \quad \prod_{k=1}^\infty (1 + \alpha_k) < \infty .$$

7 KONVERGENZVERHALTEN VON VERALLGEMEINERTEN GRADIENTENVERFAHREN BEI QUADRATISCHEN FUNKTIONEN

Im folgenden Abschnitt wird die lineare Konvergenz für eine Teilklasse der verallgemeinerten Gradientenverfahren für konvexe quadratische Funktionen genauer untersucht. In dieser Teilklasse werden die Abstiegsrichtungen d_k in der Form $D_k \nabla f(x_k)$ geschrieben, wobei D_k eine Matrix ist.

Für die lokale Minimallösung x^* einer zweimal stetig differenzierbaren Funktion $f : \mathbb{R}^n \to \mathbb{R}$ gilt:

$f'(x^*) = 0$,

$f''(x^*)$ ist positiv semi - definit und symmetrisch

und in einer Umgebung $U(x^*)$ von x^* läßt sich f nach der Taylorformel quadratisch approximieren, das heißt für alle $x \in U(x^*)$ ist

$f(x) = f(x^*) + \frac{1}{2}(x - x^*)^T f''(x^*)(x - x^*) + o(\|x - x^*\|^2)$

Daher kann man davon ausgehen, daß sich Ergebnisse über Konvergenzverhalten, die man bei der Untersuchung quadratischer Funktionen erhält, auch annähernd für beliebige Funktionen aus $C^2(\mathbb{R}^n)$ gelten.

Dabei zeigt sich, daß bei quadratischen Funktionen und positiv definiten und symmetrischen Matrizen D_k das Konvergenzverhalten von der Eigenwertstruktur der Matrix $D_k^{\frac{1}{2}} f''(x_k) D_k^{\frac{1}{2}}$ (s. 7.1 Bem. und 7.2 Satz) abhängt.

7.1 KANTOROVICH-UNGLEICHUNG

Lemma : (Kantorovich-Ungleichung) [Lu2]
Sei $Q \in \mathbb{R}^{n \times n}$ eine positiv definite und symmetrische Matrix.
Dann gilt für alle $y \in \mathbb{R}^n \setminus \{0\}$:

$$\frac{\langle y, y \rangle^2}{\langle y, Qy \rangle \langle y, Q^{-1}y \rangle} \geq 4 \frac{M \cdot m}{(M + m)^2}$$

wobei M der größte und m der kleinste Eigenwert von Q ist.

Beweis: Da Q positiv definit ist, existiert Q^{-1} und alle Eigenwerte sind positiv. Seien $0 < m = \lambda_1 \leq \lambda_2 \leq \ldots \leq \lambda_n = M$ die Eigenwerte von Q. Da Q symmetrisch ist, existiert eine orthogonale Matrix $S \in \mathbb{R}^{n \times n}$ mit

$$S^T Q S = \begin{pmatrix} \lambda_1 & & \\ & \ddots & \\ & & \lambda_n \end{pmatrix}$$

Dann gilt für $x, y \in \mathbb{R}^n$ mit $y = Sx$ bzw. $x = S^T y$:

1. $\langle y, Qy \rangle = \langle Sx, QSx \rangle = \langle x, S^T QSx \rangle = \sum_{i=1}^{n} \lambda_i x_i^2$

2. $\langle y, y \rangle = \langle Sx, Sx \rangle = \langle x, S^T Sx \rangle = \sum_{i=1}^{n} x_i^2$

3. $\langle y, Q^{-1}y \rangle = \langle Sx, Q^{-1}Sx \rangle = \langle x, (S^T QS)^{-1}x \rangle = \sum_{i=1}^{n} \frac{1}{\lambda_i} x_i^2$

Hieraus folgt:

$$\inf_{y \in \mathbb{R}^n} \frac{\langle y, y \rangle^2}{\langle y, Qy \rangle \langle y, \bar{Q}^1 y \rangle} = \inf_{x \in \mathbb{R}^n} \frac{\left(\sum_{i=1}^{n} x_i^2 \right)^2}{\left(\sum_{i=1}^{n} \lambda_i x_i^2 \right) \left(\sum_{i=1}^{n} \frac{1}{\lambda_i} x_i^2 \right)}$$

Für $\Phi : \mathbb{R}_+ \to \mathbb{R}$; $s \mapsto 1/s$ und $\alpha_i := (x_i^2)/\left(\sum_{j=1}^{n} x_j^2 \right)$ für $i = 1, \ldots, n$ ergibt sich:

$$\frac{\left(\sum_{i=1}^{n} x_i^2 \right)^2}{\left(\sum_{i=1}^{n} \lambda_i x_i^2 \right) \left(\sum_{i=1}^{n} \frac{1}{\lambda_i} x_i^2 \right)} = \frac{1}{\left(\sum_{i=1}^{n} \lambda_i \alpha_i \right) \left(\sum_{i=1}^{n} \frac{1}{\lambda_i} \alpha_i \right)} =$$

$$= \frac{\Phi\left(\sum_{i=1}^{n} \lambda_i \alpha_i \right)}{\sum_{i=1}^{n} \alpha_i \Phi(\lambda_i)}$$

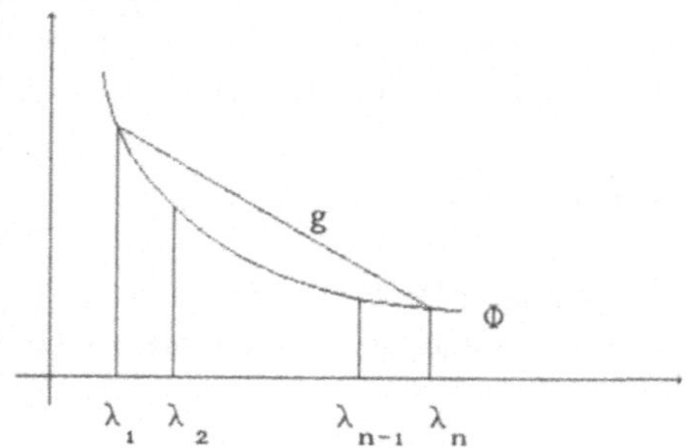

Sei $g : \mathbb{R} \to \mathbb{R}$; $\lambda \mapsto \frac{1}{\lambda_1 \lambda_n} (\lambda_1 + \lambda_n - \lambda)$ die Gerade durch $(\lambda_1, \frac{1}{\lambda_1})$ und $(\lambda_n, \frac{1}{\lambda_n})$

Da Φ konvex ist, gilt für $i \in \{1, \ldots, n\}$ und für ein $\beta_i \in [0, 1]$:

$$g(\lambda_i) = g((1 - \beta_i)\lambda_1 + \beta_i\lambda_n) = \left(1/\lambda_1 \lambda_n \right) \left(\beta_i\lambda_1 + (1 - \beta_i)\lambda_n \right)$$

$$= \beta_i \Phi(\lambda_n) + (1 - \beta_i) \Phi(\lambda_1) \geq \Phi((1 - \beta_i)\lambda_1 + \beta_i\lambda_n) = \Phi(\lambda_i)$$

Somit ist $\sum_{i=1}^{n} \alpha_i \Phi(\lambda_i) \leq \sum_{i=1}^{n} \alpha_i g(\lambda_i) = g(\sum_{i=1}^{n} \alpha_i \lambda_i)$

und damit

$$\frac{\Phi\left(\sum_{i=1}^{n} \lambda_i \alpha_i\right)}{\sum_{i=1}^{n} \alpha_i \Phi(\lambda_i)} \geq \frac{1/\left(\sum_{i=1}^{n} \lambda_i \alpha_i\right)}{g\left(\sum_{i=1}^{n} \alpha_i \lambda_i\right)} \geq \inf\left\{\frac{1/\lambda}{g(\lambda)} \mid \lambda \in [\lambda_1, \lambda_n]\right\}$$

denn $\sum_{i=1}^{n} \alpha_i = 1$ und daher $\sum_{i=1}^{n} \alpha_i \lambda_i \in [\lambda_1, \lambda_n]$.

Die Funktion $f: [\lambda_1, \lambda_n] \to \mathbb{R}$; $\lambda \mapsto \lambda_1 \lambda_n / (\lambda_1 + \lambda_n - \lambda)\lambda$

d.h. $f = \Phi/g$ ist konvex.

Es ist $f'(\lambda) = \dfrac{\lambda_1 \lambda_n [2\lambda - (\lambda_1 + \lambda_n)]}{\lambda^2 (\lambda_1 + \lambda_n - \lambda)^2}$ und f hat in $\dfrac{\lambda_1 + \lambda_n}{2}$ eine

Minimallösung (s. 0.8.4 Folgerung 2). Also gilt:

$$\frac{\Phi\left(\sum_{i=1}^{n} \lambda_i \alpha_i\right)}{\sum_{i=1}^{n} \alpha_i \Phi(\lambda_i)} \geq f\left(\frac{\lambda_1 + \lambda_n}{2}\right) = \frac{4\lambda_1 \lambda_n}{(\lambda_1 + \lambda_n)^2} \qquad \blacksquare$$

Bemerkung: Ist $A \in \mathbb{R}^{n \times n}$ eine positiv definite und symmetrische Matrix, dann existiert eine symmetrische Matrix $A^{\frac{1}{2}} \in \mathbb{R}^{n \times n}$ mit $A = A^{\frac{1}{2}} A^{\frac{1}{2}}$.

Beweis: Sei $A \in \mathbb{R}^{n \times n}$ eine positiv definite und symmetrische Matrix. Dann existiert eine orthogonale Matrix $S \in \mathbb{R}^{n \times n}$ mit

$$S^{-1}AS = S^{T}AS = \begin{pmatrix} \lambda_1 & \cdot & 0 \\ 0 & \cdot & \lambda_n \end{pmatrix} \qquad \text{(s. 0.7.1)},$$

wobei $\lambda_i > 0$ die Eigenwerte von A sind.

Für $\overline{A} := \begin{pmatrix} \sqrt{\lambda_1} & & 0 \\ 0 & \cdot & \sqrt{\lambda_n} \end{pmatrix}$ gilt: $S^{-1}AS = \overline{A} \cdot \overline{A}$

Somit folgt $A = S\overline{A} \cdot \overline{A}S^{-1} = (S\overline{A}S^{-1})(S\overline{A}S^{-1})$.

Mit $A^{\frac{1}{2}} := S\overline{A}S^{-1} = (S^{T})^{T}\overline{A}^{T}S^{T} = (S\overline{A}S^{T})^{T} = (S\overline{A}S^{-1})^{T} = (A^{\frac{1}{2}})^{T}$

folgt die Behauptung. $\qquad \blacksquare$

7.2   KONVERGENZRATE BEI QUADRATISCHEN FUNKTIONEN

Satz:

Sei Q positiv definit und symmetrisch, $x^* \in \mathbb{R}^n$ und $f: \mathbb{R}^n \to \mathbb{R}$ eine Funktion der Gestalt $x \mapsto \frac{1}{2} \langle x - x^*, Q(x - x^*) \rangle$.

Sei x_0 ein Startpunkt des verallgemeinerten Gradientenverfahrens der Form $\qquad x_{k+1} := x_k - \alpha_k D_k \nabla f(x_k)$,

wobei für alle $k \in \mathbb{N}_0$ gilt:

D_k ist positiv definit und symmetrisch und α_k ist nach der Minimierungsregel gewählt, das heißt

$$f(x_k - \alpha_k D_k \nabla f(x_k)) = \min \{f(x_k - \alpha D_k \nabla f(x_k)) \mid \alpha \in [0, \infty)\}.$$

Dann gilt für alle $k \in \mathbb{N}_o$:

$$f(x_{k+1}) \leq \left(\frac{M_k - m_k}{M_k + m_k}\right)^2 \cdot f(x_k)$$

wobei M_k der maximale und m_k der minimale Eigenwert von $D_k^{\frac{1}{2}} Q D_k^{\frac{1}{2}}$ ist.

Beweis: (s. [Lu 2])

Sei für alle $k \in \mathbb{N}_o$ $g_k := -\nabla f(x_k) = Q(x^* - x_k)$.

Ist $g_k = 0$, dann ist $x_{k+1} = x_k$ und somit $g_{k+1} = 0$, womit die Behauptung folgt.

Sei also $g_k \neq 0$ vorausgesetzt. Zur Berechnung von α_k betrachten wir die Gleichung

$$0 = \frac{d}{d\alpha}(f(x_k + \alpha D_k g_k) = \frac{d}{d\alpha}(\tfrac{1}{2}\langle x_k + \alpha D_k g_k - x^*, Q(x_k + \alpha D_k g_k - x^*)\rangle)$$

$$= \langle D_k g_k, Q(x_k + \alpha D_k g_k - x^*)\rangle = -\langle g_k, D_k g_k\rangle + \alpha \langle D_k g_k, Q D_k g_k\rangle.$$

Es gilt also

$$\alpha_k = \frac{\langle g_k, D_k g_k\rangle}{\langle D_k g_k, Q D_k g_k\rangle}.$$

Somit

$$f(x_{k+1}) = f(x_k + \alpha_k D_k g_k) = \tfrac{1}{2}\langle x_k - x^* + \alpha_k D_k g_k, Q(x_k - x^* + \alpha_k D_k g_k)\rangle =$$

$$\tfrac{1}{2}\langle (x_k - x^*), Q(x_k - x^*)\rangle + \tfrac{1}{2}\alpha_k^2 \langle D_k g_k, Q D_k g_k\rangle - \alpha_k \langle g_k, D_k g_k\rangle \quad (1)$$

Das Einsetzen von α_k in (1) ergibt:

$$f(x_{k+1}) = f(x_k) + \frac{1}{2}\frac{\langle g_k, D_k g_k\rangle^2}{\langle D_k g_k, Q D_k g_k\rangle} - \frac{\langle g_k, D_k g_k\rangle^2}{\langle D_k g_k, Q D_k g_k\rangle}$$

$$= f(x_k) - \frac{1}{2}\frac{\langle g_k, D_k g_k\rangle^2}{\langle D_k g_k, Q D_k g_k\rangle} \quad (2)$$

Es gilt:

$$f(x_k) = \tfrac{1}{2}\langle (x_k - x^*), Q(x_k - x^*)\rangle$$

$$= \tfrac{1}{2}\langle (x_k - x^*), Q D_k^{\frac{1}{2}}(D_k^{\frac{1}{2}} Q D_k^{\frac{1}{2}})^{-1} D_k^{\frac{1}{2}} Q(x_k - x^*)\rangle$$

$$= \tfrac{1}{2}\langle g_k, D_k^{\frac{1}{2}}(D_k^{\frac{1}{2}} Q D_k^{\frac{1}{2}})^{-1} D_k^{\frac{1}{2}} g_k\rangle \quad (3)$$

Sei $y_k := D_k^{\frac{1}{2}} g_k$ und $L_k := D_k^{\frac{1}{2}} Q D_k^{\frac{1}{2}}$ für alle $k \in \mathbb{N}_o$, dann folgt durch Einsetzen der Beziehung $f(x_k) = \tfrac{1}{2}\langle y_k, L_k^{-1} y_k\rangle$, daß

$$f(x_{k+1}) = f(x_k) - \frac{\langle y_k, y_k\rangle^2}{\langle y_k, L_k y_k\rangle \langle y_k, L_k^{-1} y_k\rangle} f(x_k)$$

$$= \left(1 - \frac{\langle y_k, y_k \rangle^2}{\langle y_k, L_k y_k \rangle \langle y_k, L_k^{-1} y_k \rangle} \right) f(x_k)$$

$$\leq \left(1 - \frac{4 M_k m_k}{(M_k + m_k)^2} \right) f(x_k) = \left(\frac{M_k - m_k}{M_k + m_k} \right)^2 f(x_k) \qquad \blacksquare$$

Folgerung:

Ist für alle $k \in \mathbb{N}_o$ $g_k = -\nabla f(x_k) = Q(x^* - x_k) \neq 0$,

so ist auch $f(x_k) = \frac{1}{2} \langle x_k - x^*, Q(x_k - x^*) \rangle \neq 0$, und wegen $f(x^*) = 0$ folgt:

$$\varlimsup_k \frac{|f(x_{k+1}) - f(x^*)|}{|f(x_k) - f(x^*)|} = \varlimsup_k \frac{|f(x_{k+1})|}{|f(x_k)|} \leq \varlimsup_k \left(\frac{M_k - m_k}{M_k + m_k} \right)^2 =: \beta$$

Ist $\beta < 1$, so konvergieren die Werte $(f(x_k))_o^\infty$ linear mit der **Rate** β gegen $f(x^*)$. Mit der für symmetrische und positiv definite Matrizen Q definierten Norm $\| \cdot \|_Q : \mathbb{R}^n \to \mathbb{R}; \ x \mapsto \sqrt{\langle x, Qx \rangle}$ (s. auch 0.7.3) gilt:

$$\varlimsup_k \frac{|f(x_{k+1}) - f(x^*)|}{|f(x_k) - f(x^*)|} = \varlimsup_k \frac{\| x_{k+1} - x^* \|_Q^2}{\| x_k - x^* \|_Q^2} \leq \beta,$$

das heißt $(x_k)_o^\infty$ konvergiert bezüglich $\| \cdot \|_Q$ linear mit der asymptotischen Rate $\sqrt{\beta}$ gegen x^*.

Bemerkung:

a) Aus den obigen Betrachtungen folgt, daß das Verhältnis

$$\frac{M_k - m_k}{M_k + m_k}$$

eine entscheidende Rolle für das Konvergenzverhalten spielt.

Ist dieses Verhältnis relativ groß, so kann es zum sogenannten "Zick-Zack-Verhalten" kommen.

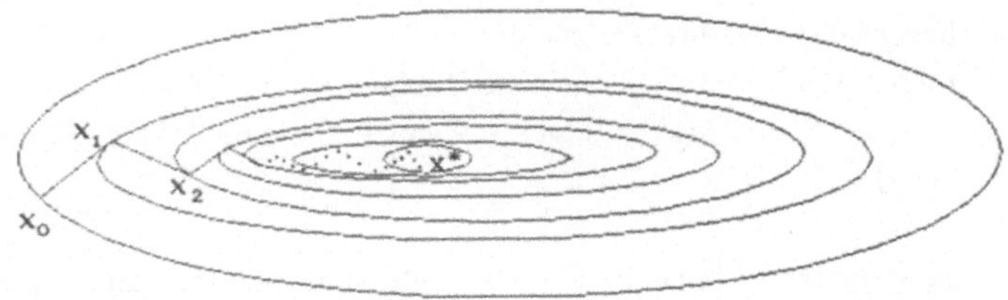

Die Iterierten x_k nähern sich dabei sehr langsam der Lösung.
Solche langgestreckten Niveaumengen ergeben sich insbesondere bei

Matrizen, bei denen der kleinste und größte Eigenwert sehr weit
auseinanderliegen.

b) Beim klassischen Gradientenverfahren ist $D_k = I$ für alle $k \in \mathbb{N}_0$
und die Ungleichung des Satzes gilt für die Eigenwerte von Q.

Beispiel: (s. [Ho])
Betrachte $f: \mathbb{R}^{n^2} \to \mathbb{R}$ mit $f(x) := \frac{1}{2} \langle x, Qx \rangle$ und $Q := \begin{pmatrix} 1 & 0 \\ 0 & 2 \end{pmatrix}$.
Dann ist $x = 0$ die eindeutige Minimallösung und $f'(0) = 0$ und $f''(0) = Q$.
Mit dem Startpunkt $x_o = (1, 0.5)$ ergibt sich für das klassische Gradien-
tenverfahren mit Minimierungsregel die Iterationsfolge:

Schritt	x_k	$-\nabla f(x_k)$	$f(x_k)$	α_k
0	$(1, 1/2)$	$(-1, -1)$	$3/4$	$2/3$
1	$(1/3, -1/6)$	$(-1/3, 1/3)$	$1/12$	$2/3$
2	$(1/9, -1/18)$	$(-1/9, 1/9)$	$1/108$	$2/3$
:	:	:	:	:

Für $k = 0$ gilt $f(x_{k+1}) = (1/9)f(x_k)$ und die Abschätzung aus Satz ergibt

$$f(x_{k+1}) \le \left(\frac{M_k - m_k}{M_k + m_k} \right)^2 f(x_k) = (1/9) f(x_k).$$

7.3 BESCHLEUNIGUNG DURCH MASS-STABSÄNDERUNG

Im Folgenden wird untersucht, wie die Eigenwertstruktur und damit die
Konvergenzgeschwindigkeit durch "Maßstabsänderung" beeinflußt werden
kann.

Satz:
Seien X, Y und Z normierte Räume und $f: X \to Y$ eine Abbildung.
Sei $g: Z \to X$ stetig, bijektiv mit stetiger Umkehrabbildung g^{-1} (g
beschreibt die "Maßstabsänderung").
Dann ist y^* genau dann eine lokale Minimallösung der Abbildung
h: $Z \to Y$ mit $h(z) := f(g(z))$, wenn $g(y^*)$ eine lokale Minimallösung
von f ist.

Beweis: Ist y^* eine lokale Minimallösung von h, dann gibt es eine
Umgebung U von y^* mit
$$f(g(y^*)) = h(y^*) \le h(y) = f(g(y)) \text{ für alle } y \in U.$$
Da g^{-1} stetig ist, ist $g(U) = (g^{-1})^{-1}(U)$ eine Umgebung von $g(y^*)$ und

es gilt:

$$f(g(y^*)) \leq f(x) \text{ für alle } x \in g(U).$$

Ist $g(y^*)$ eine lokale Minimallösung von f, dann gibt es eine Umgebung U^* von $g(y^*)$ mit

$$h(y^*) = f(g(y^*)) \leq f(x) = f(g(g^{-1}(x))) \text{ für alle } x \in U^*.$$

Da g stetig ist, ist $g^{-1}(U^*)$ eine Umgebung von y^* und es gilt:

$$h(y^*) \leq f(g(y)) = h(y) \text{ für alle } y \in g^{-1}(U). \qquad \blacksquare$$

Folgerung:

Ist $f\colon \mathbb{R}^n \to \mathbb{R}$ eine Funktion und $A \in \mathbb{R}^{n \times n}$ eine invertierbare Matrix, so ist y^* genau dann eine lokale Minimallösung der Abbildung $h\colon \mathbb{R}^n \to \mathbb{R}$ mit $h(x) := f(Ax)$, wenn Ay^* eine lokale Minimallösung von f ist. Wird insbesondere für $f\colon \mathbb{R}^n \to \mathbb{R}$ mit $f(x) := \langle x, Qx \rangle$ eine invertierbare Matrix gefunden, so daß die Eigenwertstruktur von $A^T QA$ günstiger als die von Q ist, so kann wegen $f(Ax) = \langle Ax, QAx \rangle = \langle x, A^T QAx \rangle$ eine Beschleunigung der Konvergenzgeschwindigkeit erwartet werden.

Beispiel:

Wie im Beispiel aus 7.2 sei $Q = \begin{pmatrix} 1 & 0 \\ 0 & 2 \end{pmatrix}$ und $f\colon \mathbb{R}^2 \to \mathbb{R}; x \mapsto \frac{1}{2}\langle x, Qx \rangle$.

Mit $A = \begin{pmatrix} 1 & 0 \\ 0 & 1/\sqrt{2} \end{pmatrix}$ gilt für alle $y \in \mathbb{R}$:

$$h(y) := f(Ay) = \frac{1}{2}\langle Ay, QAy \rangle = \frac{1}{2}\langle y, A^T QAy \rangle = \frac{1}{2}\langle y, y \rangle \text{ und } h'(y) = y.$$

Für das klassische Gradientenverfahren mit Minimierungsregel folgt (wie im Beweis von 7.2 Satz mit $D_k = Q_k = I$)

$$\alpha_k = \frac{\langle h'(y_k), I h'(y_k) \rangle}{\langle I h'(y_k), I h'(y_k) \rangle} = \frac{\langle y_k, y_k \rangle}{\langle y_k, y_k \rangle} = 1$$

Für jeden Startvektor $y_0 \in \mathbb{R}^n$ gilt daher

$$y_1 = y_0 - \alpha_0 h'(y_0) = y_0 - y_0 = 0,$$

das heißt, die Minimallösung wird in einem Schritt erreicht.

Für die Eigenwertstruktur ergibt sich hierbei

$$\left(\frac{M_k - m_k}{M_k + m_k} \right)^2 = \left(\frac{0}{2} \right)^2 = 0.$$

Im Vergleich dazu war in 7.2 Beispiel dieses Verhältnis 1/9.

8 GLOBAL UND Q-SUPERLINEAR KONVERGENTE ABSTIEGSVERFAHREN

Im Abschnitt 3.2 haben wir erkannt, daß Q-superlinear konvergente Verfahren Newton-ähnlich sein müssen.

Das eigentliche Newton-Verfahren ist aber nur lokal konvergent. Die verallgemeinerten Gradientenverfahren, bei denen in jedem Schritt nicht nur die Richtung, sondern auch die Schrittweite abhängig von x_k gewählt wird, führten in 6.1 bzw. 6.3 zur globalen, aber im allgemeinen nicht quadratischen Konvergenz. Im Folgenden wird versucht, die Vorteile beider Ansätze zu verbinden.

Die Nullstellenbestimmung einer nichtlinearen Gleichung

$$F(x) = 0$$

teilen wir in zwei Klassen ein.

Im ersten Fall ist F die erste Ableitung einer differenzierbaren Funktion $f: U \to \mathbb{R}$ d.h. $F = f'$ (bzw. ∇f). Man sagt auch: F ist eine *Potentialabbildung* und f das *dazugehörige Potential.* Ist f verfügbar, so kann man f als Abstiegsfunktion nehmen und versuchen eine Minimallösung von f (Nullstelle von F) zu berechnen.

Andernfalls gilt es zunächst, eine Abstiegsfunktion zu konstruieren. Dies kann durch die folgende Funktion (s. auch 3.7)

$$f(x) := \|F(x)\|^2$$

erfolgen.

In beiden Fällen werden Folgen der Gestalt $x_o \in X$, $\left(x_{k+1} = x_k - \alpha_k d_k\right)_o^\infty$ betrachtet. Die zentrale Bedeutung in diesem Zusammenhang besitzt die Tatsache, daß man die Newton - Ähnlichkeit im Sinne von 5) in 3.2 nur von der Folge der Abstiegsrichtungen fordern muß.

Die meist gebrauchten Schrittweitenregeln werden dann automatisch für große k die Schrittweite $\alpha_k = 1$ akzeptieren (s. auch [D - M]).

8.1 STARK KONVEXE OPTIMIERUNGSAUFGABEN

Im gesamten Abschnitt 8.1 seien X ein normierter Raum, U eine offene, konvexe Teilmenge von X und die Funktion $f \in C^2(U)$ mit $f'' \in \mathrm{Lip}_L(U)$.

Für $u \in X^*$ und $x \in X$ bezeichne $\langle u, x\rangle_{X^* \times X} := u(x)$ *(Dualitätsklammer).*

Ferner bezeichne $g(x) \in X^*$ das Differential von f an der Stelle x (als ein Element des Dualraumes aufgefaßt).

Im $\mathbb{R}^n$ ist dann $g(x) = \nabla f(x)$ und für $y \in \mathbb{R}^n$ gilt dann

$$\langle g(x),y\rangle_{X^* \times X} = \langle \nabla f(x),y\rangle,$$

wobei auf der rechten Seite das gewöhnliche Skalarprodukt steht.

In dem gesamten Abschnitt wird statt $\langle \cdot, \cdot \rangle_{X^* \times X}$ nur $\langle \cdot, \cdot \rangle$ geschrieben.

Außerdem gelte mit den Konstanten m, M > 0 für alle $z \in X$ und alle $x \in U$

1) $\qquad \langle f''(x)z, z \rangle \geq m \|z\|^2 \qquad$ sowie $\qquad \|f''(x)\| \leq M$.

Für ein $x_0 \in U$ sei $(x_{k+1} = x_k - \alpha_k d_k)_{k \in \mathbb{N}_0}$ eine Iterationsfolge in U, so daß für alle $k \in \mathbb{N}_0 \quad f'(x_k)d_k > 0$ gilt.

Im Mittelpunkt unserer Betrachtungen wird die Folge

2) $\qquad b_k := \dfrac{f'(x_k) - f''(x_k)d_k}{\|d_k\|}$

stehen.

Definition:

Die Folge der Richtungen $(d_k)_0^\infty$ heißt **Newton – ähnlich** bzgl. $\left(f, (x_k)_0^\infty \right)$, wenn

3) $\qquad b_k \xrightarrow{k} 0$

gilt.

Newton – Ähnlichkeit bei Matrix – Richtungen

Bemerkung 1:

Sei nun die Folge der Richtungen $(d_k)_0^\infty$ durch

4) $\qquad d_k := A_k^{-1} g(x_k) \quad$ für $k \in \mathbb{N}_0$

bestimmt, wobei $(A_k)_0^\infty$ eine Folge invertierbarer Abbildungen in $L(X, X^*)$ ist.

Falls $x_{k+1} \neq x_k$ für $k \in \mathbb{N}$, so entspricht 3) offenbar der folgenden Bedingung

5) $\qquad \dfrac{(A_k - f''(x_k))d_k}{\|d_k\|} = \dfrac{-(A_k - f''(x_k))(x_{k+1} - x_k)}{\|x_{k+1} - x_k\|} \xrightarrow{k} 0$

Insbesondere erzeugen **konsistente Approximationen** (d.h. $\|A_k - f''(x_k)\| \xrightarrow{k} 0$) für $\left(f''(x_k) \right)_0^\infty$ offenbar Newton – ähnliche Richtungen.

Bemerkung 2: (s. [S] S. 205)

Sei die Folge der Richtungen $(d_k)_0^\infty$ bzgl. $\left(f, (x_k)_0^\infty \right)$ Newton – ähnlich. Dann existiert ein $k_0 \in \mathbb{N}$, so daß für alle $k \geq k_0 \ d_k$ eine Abstiegsrichtung und $(d_k)_{k_0}^\infty$ bzgl. f streng gradientenähnlich ist.

Ferner existiert zu jedem $r > 1$ ein $k_1 \in \mathbb{N}$, so daß für alle $k \geq k_1$

6) $\qquad \|g(x_k)\| \leq rM\|d_k\| \qquad$ und $\qquad \left\langle g(x_k), \dfrac{d_k}{\|d_k\|} \right\rangle \geq \dfrac{m}{r} \|d_k\|$

gilt.

Insbesondere ist also

$$\beta_k := \frac{\langle g(x_k), d_k \rangle}{\|d_k\| \, \|f'(x_k)\|} \geq \frac{m}{r^2 M}$$

Beweis: Mit 1) und 2) (s. auch 0.1.5)) folgt für $k \in \mathbb{N}_o$

$$\left\langle \frac{g(x_k)}{\|d_k\|}, \frac{d_k}{\|d_k\|} \right\rangle = \left\langle \frac{f''(x_k)d_k}{\|d_k\|} + b_k, \frac{d_k}{\|d_k\|} \right\rangle \geq m - \|b_k\| \xrightarrow[k]{} m.$$

Sei $r > 1$. Für $k \geq k_o$ ist also

7) $$\langle g(x_k), d_k \rangle \geq \frac{m}{r} \|d_k\|^2$$

Wieder mit 1) und 2) folgt für $k \in \mathbb{N}_o$

$$\frac{\|g(x_k)\|}{\|d_k\|} = \left\| \frac{f''(x_k)d_k}{\|d_k\|} + b_k \right\| \leq \|f''(x_k)\| + \|b_k\| \leq M + \|b_k\| \xrightarrow[k]{} M.$$

Damit existiert ein $k_1 \geq k_o$, so daß für alle $k \geq k_1$ gilt:

8) $$\|g(x_k)\| \leq r M \|d_k\|$$

Mit 7) und 8) folgt 6) und es gilt für $k \geq k_1$

$$\|d_k\| \leq \frac{r}{m} \|g(x_k)\|$$

und

$$\langle g(x_k), d_k \rangle \geq \frac{m}{r} \; \frac{1}{r^2 M^2} \; \| g(x_k)\|^2$$

d. h. $(d_k)_{k_o}^\infty$ ist streng gradientenähnlich. ∎

Nun folgt das entscheidende Lemma, um $\alpha_k = 1$ für große k nachzuweisen.

Lemma:

Die Funktion $f: U \to \mathbb{R}$ besitze eine Minimallösung und erfülle 1). Ferner sei die Folge der Schrittweiten $(\alpha_k)_{k_o}^\infty$ bzgl. $(x_k, d_k)_{k_o}^\infty$ semi-effizient und sei die Folge der Abstiegsrichtungen $(d_k)_{k_o}^\infty$ Newton-ähnlich.
Dann existiert ein $k_1 \in \mathbb{N}_o$, so daß für alle $k \geq k_1$ die Strecke $[x_k, x_k - d_k]$ in U liegt und es gilt:

9) $$\frac{f(x_k) - f(x_k - d_k)}{f'(x_k) d_k} \xrightarrow[k \to \infty]{} \frac{1}{2}$$

Beweis: Mit 1) ist nach 0.8.6 Satz 5 f stark konvex und nach 6.3 Satz 4 ist mit Bemerkung 2 $(x_k)_o^\infty$ gegen die eindeutige Minimallösung x^* von f auf U R-linear konvergent. Insbesondere gilt: $\| f'(x_k)\| \xrightarrow[k]{} 0$. Aus 6) folgt dann $\| d_k\| \xrightarrow[k]{} 0$.
Da $x_k \to x^* \in U$ und $d_k \to 0$, gibt es ein $k_1 \in \mathbb{N}_o$, so daß $\forall \, k \geq k_1$ $[x_k, x_k - d_k]$ in U liegt.
Nach dem Mittelwertsatz 0.6.5) existiert ein $\bar{x} \in [x_k, x_k - d_k]$, so daß

$$f(x_k - d_k) - f(x_k) = - \langle g(x_k), d_k \rangle + \frac{1}{2} \langle f''(\bar{x})d_k, d_k \rangle.$$

Mit den Bezeichnungen $g_k := g(x_k)$, $H_k := f''(x_k)$ und $\bar{H} := f''(\bar{x})$ genügt es also

10)
$$\gamma_k := \frac{\langle \bar{H} d_k, d_k \rangle}{\langle g_k, d_k \rangle} \xrightarrow{k} 1$$

zu zeigen. Für $v_k := d_k / \|d_k\|$ ist

$$\gamma_k = \frac{\langle (\bar{H} - H_k) v_k, v_k \rangle + \langle H_k v_k, v_k \rangle}{\langle g_k / \|d_k\|, v_k \rangle}$$

Mit 2) gilt

$$\langle H_k v_k, v_k \rangle = \langle g_k / \|d_k\|, v_k \rangle - \langle b_k, v_k \rangle$$

Damit ist

$$\gamma_k = 1 + \frac{\langle (\bar{H} - H_k) v_k, v_k \rangle - \langle b_k, v_k \rangle}{\langle b_k + H_k v_k, v_k \rangle}$$

Für alle $k \in \mathbb{N}$ gilt nach 1) $\langle H_k v_k, v_k \rangle \geq m$.

Aus $x_k \to x^*$, $f \in C^2(U)$ und $d_k \to 0$ folgt $\|\bar{H} - H_k\| \to 0$, was mit $b_k \to 0$ und $\|v_k\| = 1$ (für $k \in \mathbb{N}$) die Behauptung ergibt. ∎

Bemerkung 3:

Für die Armijo - Regel mit Aufweitung (ARA) möchte man erreichen, daß ab einem Index die Aufweitung nicht mehr vollzogen wird. Dafür wird die folgende Ergänzung von obigem Lemma gebraucht.

Mit den Voraussetzungen vom Lemma gilt auch für $\lambda > 0$

($\lambda = 1/\beta$ in ARA)

11)
$$\frac{f(x_k) - f(x_k - \lambda d_k)}{\lambda \langle g(x_k), d_k \rangle} \xrightarrow{k} 1 - \tfrac{1}{2}\lambda$$

Insbesondere geht bei $\lambda = 1/\beta$ und $\beta \leq \dfrac{1}{2}$ der Quotient in 11) gegen eine nichtpositive Zahl, d.h. die Aufweitung wird ab einem Index nicht mehr vollzogen.

Beweis: Analog wie oben gilt mit einem $x' \in [x_k, x_k - \lambda d_k]$

12)
$$f(x_k - \lambda d_k) - f(x_k) = - \langle g(x_k), \lambda d_k \rangle + \tfrac{1}{2} \langle f''(x')\lambda d_k, \lambda d_k \rangle,$$

und die Übertragung des Nachweises von 10) liefert

$$\frac{\langle f''(x') d_k, d_k \rangle}{\langle g(x_k), d_k \rangle} \xrightarrow{k} 1,$$

was mit 12) die Behauptung 11) ergibt. ∎

Nun folgt die zentrale Aussage. Die im Satz vorkommende Menge U wird in den Anwendungen meistens eine offene Obermenge der Niveaumenge $S_f(x_o)$ eines Startpunktes x_o sein (s. Bemerkung 4). Für eine lokale Minimallösung x^* kann U als eine offene Kugel um x^* gewählt werden:

- 122 -

Satz:

Es gelte 1), 2) und f besitze in U eine Minimallösung. Sei die Folge der Richtungen $(d_k)_0^\infty$ Newton-ähnlich bzgl. $(f, (x_k)_0^\infty)$ und die Folge der Schrittweiten genüge einer der folgenden Regeln:

    a) Goldstein - Regel

    b) Armijo - Regel mit s = 1

    c) ARA mit $\beta \in (0, \tfrac{1}{2}]$

    d) Powell - Wolfe - Regel.

Dabei wird angenommen, daß der Wert $\alpha_k = 1$ gewählt wird, sobald er bei der jeweiligen Regel zulässig ist.

Dann existiert ein $k_0 \in \mathbb{N}_0$, so daß für alle $k \geq k_0$ $\alpha_k = 1$ gilt, d. h. das gedämpfte Verfahren geht in das ungedämpfte über.

Die Folge $(x_k)_0^\infty$ konvergiert gegen die Minimallösung von f und die Konvergenz ist mindestens Q - superlinear.

Beweis: Mit 1) und dem Mittelwertsatz 0.6.4) ist $\left(\left\| \int\limits_0^1 f''(x + t(x-y))dt \right\| \leq \int\limits_0^1 \|f''\| \leq M \right) f'$ in U Lipschitz-stetig.

Nach 5.1 sind die obigen Regeln semi-effizient . Nach Bemerkung 2 und 6.3 Satz 4 ist $(x_k)_0^\infty$ gegen die eindeutige Minimallösung von f konvergent. Mit 3.2 Satz genügt es zu zeigen, daß die Regeln a), b), c), d) ab einem Index $k_0 \in \mathbb{N}$ den Wert $\alpha_k = 1$ akzeptieren.

Für die Goldstein - Regel und die Armijo - Regel mit s = 1 folgt dies direkt aus dem Lemma, da $\sigma < 1/2$ ist .

Für die Powell-Wolfe-Regel folgt mit der Konvexität von f und 0.8.4.4)
$$\langle g(x_k - d_k), d_k \rangle \leq f(x_k) - f(x_k - d_k).$$
Damit und mit dem Lemma folgt die Behauptung für PW.

Die Behauptung für ARA folgt aus Bemerkung 3.   ■

Zusatz:

Ist noch zusätzlich $\left(b_k / \| d_k \| \right)_0^\infty$ beschränkt, so ist die Konvergenz mindestens Q - quadratisch.

Beweis: Folgt aus Satz und 3.3 Satz.   ■

Bemerkung 4:

Ist $f: X \to \mathbb{R}$ eine 1 - uniforme konvexe Funktion auf einem Banachraum X, so enthält die Niveaumenge $S_f(x_0)$ für jeden Startpunkt x_0 eine Minimallösung.

Für $X = \mathbb{R}^n$ ist f genau dann 1 - uniform konvex, wenn f strikt konvex ist und beschränkte Niveaumengen besitzt (s. 0.8.6 Satz 3).

$$- 123 -$$

Bemerkung 5:

Mit obigem Satz (bzw. Lemma) versteht man jetzt, wieso bei der
Armijo - Regel $\sigma \in (0, \frac{1}{2})$ gefordert wurde.
Für die Praxis wird empfohlen kleine σ zu nehmen.

8.2   LOKALE MINIMALLÖSUNGEN

Bemerkung :

Für Funktionen $f \in C^2(\mathbb{R}^n)$, die eine beschränkte Niveaumenge S mit
$x_o \in$ Int S besitzen, kann man als U die Menge Int S nehmen.
Die Bedingung 1) (gleichmäßige positive Definitheit und gleichmäßige
Beschränktheit der 2. Ableitung) ist dann äquivalent zu der Forderung:
>   Für alle $x \in S$ ist $f''(x)$ positiv definit.
Die Behauptung des 8.1 Satzes bleibt erhalten, wenn statt $M(f,U) \neq \emptyset$
die Konvergenz von $(x_k)_0^\infty$ gegen ein $x^* \in U$ gefordert wird.

Es gilt der (s. [D-S] S. 123)

Satz :

Sei $D \subset \mathbb{R}^n$ offen und $f \in C^2(D, \mathbb{R})$. Sei $(x_{k+1} = x_k - \alpha_k d_k)_{k \in \mathbb{N}_0}$ eine
Iterationsfolge, bei der die Schrittweiten nach einer der Regeln (G),
(P - W), (ARA mit $\beta \in (0, \frac{1}{2}]$), bestimmt sind und die Folge der
Abstiegsrichtungen $(d_k)_0^\infty$ sei Newton - ähnlich.
Konvergiert $(x_k)_0^\infty$ gegen ein $x^* \in D$ mit einer positiv definiten Matrix
$f''(x^*)$, so ist $f'(x^*) = 0$ und die Konvergenz ist Q - superlinear.
Außerdem existiert ein $k_o \in \mathbb{N}$, so daß $\alpha_k = 1$ für alle $k \geq k_o$ gilt.

Beweis: Da $f''(x^*)$ positiv definit ist, existiert eine Kugel $K(x^*, r)$
$(r > 0)$, in der die Eigenschaft 8.1.1) gilt und f' Lipschitz-stetig ist.
Sei $U := $ Int $K(x^*, r)$. Ab einem $k_o \in \mathbb{N}$ liegen alle x_k $(k \geq k_o)$ in U.
Da die Folge der Schrittweiten effizient ist (s. 5.1), folgt für ein $C > 0$

8) $$0 \leq C \cdot (f'(x_k) d_k / \|d_k\|)^2 \leq f(x_k) - f(x_{k+1}) \xrightarrow[k]{} 0 ,$$

und damit
$$(f'(x_k) d_k / \|d_k\|) \xrightarrow[k]{} 0.$$
Mit 8.1 Bemerkung 2 folgt
$$\|d_k\| \xrightarrow[k]{} 0 \text{ und } \|f'(x_k)\| \xrightarrow[k]{} 0,$$
also
$$f'(x^*) = 0.$$
Weiter ist $f''(x^*)$ positiv definit. Damit ist x^* eine Minimallösung von
f auf einer offenen Kugel K um x^*. Mit 8.1 Satz folgt die Behauptung. ∎

8.3 SUPERLINEARE KONVERGENZ BEI DER CURRY - REGEL

Es soll noch gezeigt werden, daß die Newton - Ähnlichkeit der Richtungen im Sinne von $b_k \to 0$ für die Curry - Regel (bzw. Minimierungsregel) die Konvergenz der Schrittweiten gegen 1 impliziert.

Die Schrittweitenregel kann auch bei Abbildungen $F : X \to Y$ erklärt werden, die keine Ableitung einer reellen Funktion sind. Dies entspricht einer Nullstellenbestimmung auf Halbgeraden.

Wir wollen zunächst sehen, daß dies bereits zur Q - superlinearen Konvergenz führt.

Im folgenden sei X ein Banachraum, U eine offene Teilmenge von X und $(x_k)_{k \in \mathbb{N}_0}$ mit $x_{k+1} \neq x_k$ für $k \in \mathbb{N}$ eine Folge der Gestalt $(x_{k+1} = x_k - \alpha_k d_k)_{k \in \mathbb{N}_0}$, die gegen ein $x^* \in U$ konvergiert. Ferner sei $F : U \to X^*$ eine differenzierbare Funktion mit $F' \in \text{Lip}_L(U)$ und $F'(x^*)$ stetig invertierbar.

Es gilt die folgende Abänderung des 8.1 Charakterisierungssatzes:

<u>Satz:</u>

Sei für eine konvexe Umgebung U_0 von x^* und für ein $C > 0$
$$\langle F'(x)z, z \rangle \geq C \| z \|^2 \qquad \text{für alle } z \in X \text{ und alle } u \in U_0.$$
Ferner gelte:

i) $\quad b_k = \dfrac{F(x_k) - F'(x_k)d_k}{\| d_k \|} \xrightarrow{k} 0$

ii) $\langle F(x_k - \alpha_k d_k), d_k \rangle = 0$ für alle $k \in \mathbb{N}$

iii) $(x_k)_0^{\infty}$ konvergiert gegen ein $x^* \in U$

Dann konvergiert $(\alpha_k)_0^{\infty}$ gegen 1 und die Konvergenz von $(x_k)_0^{\infty}$ gegen x^* ist Q - superlinear. Außerdem ist x^* eine Nullstelle von F.

<u>Beweis:</u> Sei $s_k := x_{k+1} - x_k$, $v_k := s_k / \| s_k \| = -d_k / \| d_k \|$ und
$$Y_k := \int_0^1 F'(x_k + ts_k)dt.$$
Mit dem Mittelwertsatz 0.6.4) ist

$$0 = \frac{\langle F(x_{k+1}), s_k \rangle}{\| s_k \|^2} = \frac{\langle F(x_k), s_k \rangle + \langle Y_k s_k, s_k \rangle}{\| s_k \|^2}$$

$$= \frac{1}{\alpha_k} \left\langle \frac{F(x_k)}{\| d_k \|} , v_k \right\rangle + \langle Y_k v_k, v_k \rangle$$

$$= 1/\alpha_k \left\langle -F'(x_k)v_k + b_k, v_k \right\rangle + \langle Y_k v_k, v_k \rangle$$

$$= \left\langle (-F'(x_k) + Y_k)v_k, v_k \right\rangle + \langle b_k, v_k \rangle - \left(\alpha_k^{-1} - 1 \right)\left(\langle F'(x_k)v_k, v_k \rangle - \langle b_k, v_k \rangle \right)$$

Die ersten zwei Summanden konvergieren gegen 0. Weiter gibt es ein $k_o \in \mathbb{N}$, so daß für alle $k \geq k_o$ gilt:

$$| \langle b_k, v_k \rangle | < C/2 \text{ und } \langle F'(x_k)v_k, v_k \rangle \geq C.$$

Damit muß $1/\alpha_k - 1$ gegen 0 konvergieren, d. h. $\alpha_k \xrightarrow[k \to \infty]{} 1$.
Aus 3.4 Bemerkung 2 folgt die Behauptung. ∎

Bevor wir im Kapitel 9 die Ergebnisse des Kapitels 8 auf konkrete Verfahren anwenden, soll jetzt noch ein Analogon zu 8.1 Lemma für die Nullstellenbestimmung für Abbildungen F, die keine Ableitungen reeller Funktionen sind (bzw. das Potential steht nicht zur Verfügung), angewandt werden. Denn auch für $X = Y = \mathbb{R}^n$ ist im allgemeinen die Existenz eines Potentials, das heißt einer Funktion $G : \mathbb{R}^n \to \mathbb{R}$ mit $G' = F$, nicht gegeben. Für den folgenden Abschnitt wird $X = \mathbb{R}^n$ gesetzt.

8.4 GLOBALE VARIANTEN DER NULLSTELLENBESTIMMUNG

Für jede differenzierbare Funktion $F : \mathbb{R}^n \to \mathbb{R}^n$ besitzt die Funktion $h : \mathbb{R}^n \to \mathbb{R}; \ x \mapsto \frac{1}{2} \| F(x) \|^2$ dieselben Nullstellen wie F. Ist $F'(x)$ für alle x einer Teilmenge U des $\mathbb{R}^n$ invertierbar, so hat ∇h in U dieselben Nullstellen wie F.

Denn genau dann ist $\nabla h(x) = F'(x)^T F(x) = 0$, wenn $F(x) = 0$.
In diesem Fall können also die Nullstellen von F als Nullstellen des Gradienten ∇h mit einem bzgl. h verallgemeinerten Gradientenverfahren bestimmt werden.

Dieser Ansatz besitzt die folgende natürliche Verallgemeinerung, bei der eine Summe von Quadraten minimiert wird.

Sei $F \in C^1(\mathbb{R}^n, \mathbb{R}^m)$ mit $m \geq n$ und $h : \mathbb{R}^n \to \mathbb{R}$ durch $h(x) = \frac{1}{2} \| F(x) \|^2$ erklärt.
Die Aufgabe lautet:
1)   minimiere $h(x)$ auf $\mathbb{R}^n$.

Definition:
Eine Folge $(d_k)_0^\infty \in \mathbb{R}^n \backslash \{0\}$ heißt bzgl. einer Folge $(x_k)_0^\infty$
F - Newton - ähnlich , wenn gilt

2) $$b_k := \frac{F(x_k) - F'(x_k)d_k}{\|d_k\|} \xrightarrow[k \to \infty]{} 0 \ .$$

Lemma 1:

Sei $(x_k)_0^\infty$ eine Folge in $\mathbb{R}^n$ bzgl. der die Folge $(d_k)_0^\infty$
F - Newton - ähnlich ist.

Weiter sei für $k \in \mathbb{N}$ $F(x_k) \neq 0$ und $(A_k)_0^\infty \in L(\mathbb{R}^n)$ mit

3)
$$\frac{(A_k - F'(x_k))d_k}{\|d_k\|} \xrightarrow[k \to \infty]{} 0$$

Konvergiert $(x_k)_0^\infty$ gegen ein x^* mit $F(x^*) = 0$ und $F'(x^*)^T F'(x^*)$
regulär, so gilt $\|d_k\| \to 0$ und

4)
$$q_k := \frac{h(x_k) - h(x_k - d_k)}{d_k^T A_k^T F(x_k)} \xrightarrow[k \to \infty]{} \frac{1}{2}$$

Beweis: Nach Voraussetzung ist $F'(x^*)^T F'(x^*)$ invertierbar. Mit
$\lim_k x_k = x^*$, gibt es ein $k_0 \in \mathbb{N}$, so daß für alle $k \geq k_0$ $F'(x_k)^T F'(x_k)$
invertierbar ist (s. 0.7.5).

Die stetige Funktion $(x, s) \mapsto \|F'(x)^T F'(x) s\|$ nimmt

auf der kompakten Menge $(\{x_k\}_k^\infty \cup x^*) \times \{ s \in \mathbb{R}^n \mid \|s\| = 1\}$ ihr
Minimum an.

Damit existiert ein $m > 0$, so daß für alle $k \geq k_0$ und alle $s \in \mathbb{R}^n$ mit
$\|s\| = 1$ gilt:

5)
$$\|F'(x_k)^T F'(x_k) s \| > m.$$

Mit 2) und den Bezeichnungen aus der Definition folgt

6)
$$F'(x_k)^T F(x_k)/\|d_k\| - F'(x_k)^T F'(x_k)d_k/\|d_k\| = F'(x_k)^T b_k \xrightarrow[k \to \infty]{} 0.$$

Wegen $F'(x_k)^T F(x_k) \xrightarrow[k \to \infty]{} F'(x^*)^T F(x^*) = 0$ und 5), 6) folgt

7)
$$\|d_k\| \xrightarrow[k \to \infty]{} 0$$

Sei nun für $k \in \mathbb{N}$ $v_k := d_k/\|d_k\|$, $Y_k := \int_0^1 F'(x_k - td_k)dt$ und $u_k := F(x_k)$,
und

8)
$$H := F'(x^*).$$

Mit 2) und Mittelwertsatz 0.6.4) ist, wenn der Index k unterdrückt wird,

9)
$$q = \frac{u^T u - (u - Yd)^T(u - Yd)}{2u^T Ad} = \frac{2u^T Yd - (Yd)^T Yd}{2u^T Ad}$$

$$= \frac{2(u/\|d\|)^T Yv - v^T Y^T Yv}{2(u/\|d\|)^T Av}$$

$$= \frac{2(F'(x)v + b)^T Yv - v^T Y^T Yv}{2(F'(x)v + b)^T Av}$$

Sei (v_{k_i}) eine gegen ein $\bar{v}$ ($\|\bar{v}\| = 1$) konvergente Teilfolge von $(v_k)_0^\infty$.
Mit 2), 3) und $H^T H$ regulär folgt (s. auch 0.6)

10) $\qquad q_{k_i} \xrightarrow{i \to \infty} \dfrac{\bar{v}^T H^T H \bar{v}}{2\,\bar{v}^T H^T H \bar{v}} = \dfrac{1}{2}$.

Da die Einheitssphäre in $\mathbb{R}^n$ kompakt ist und 10) für jede konvergente Teilfolge von $(q_k)_0^\infty$ gilt, konvergiert die gesamte Folge $(q_k)_0^\infty$ gegen $1/2$. $\qquad\qquad\qquad$ ∎

Bemerkung 1 :

Sei für $k \in \mathbb{N}$ A_k invertierbar und $d_k := A_k^{-1} F(x_k)$.

Dann folgt 3) bereits aus "$(d_k)_0^\infty$ ist F-Newton-ähnlich bzgl. $(x_k)_0^\infty$ ".

Folgerung 1 :

Ist $d_k = A_k^{-1} F(x_k)$, so folgt aus Lemma 1

$$h(x_k - d_k)/h(x_k) \xrightarrow{k \to \infty} 0.$$

Beweis : Es gilt

$$\big(h(x_k) - h(x_k - d_k)\big)/\|F(x_k)\|^2 = = \frac{1}{2}\big(h(x_k) - h(x_k - d_k)\big)/h(x_k) =$$
$$= \frac{1}{2} - \frac{1}{2} h(x_k - d_k)/h(x_k) \qquad\qquad ∎$$

Bemerkung 2 :

Mit den Voraussetzungen aus Lemma 1 gilt auch für $\lambda > 0$:

$$\bar{q}_k := \frac{h(x_k) - h(x_k - \lambda d_k)}{d_k^T A_k^T F(x_k)} \xrightarrow{k \to \infty} \lambda - \frac{1}{2}\lambda^2$$

Beweis: Um dies zu beweisen sei $\overline{Y}_k := \int_0^1 F'(x_k - \lambda t d_k)\,dt$.

So wie oben gilt

$$\bar{q}_k = \frac{\lambda \langle \overline{Y}_k d_k,\, F(x_k)\rangle - \frac{1}{2}\lambda^2 \langle \overline{Y}_k d_k,\, \overline{Y}_k d_k\rangle}{d_k^T A_k^T F(x_k)}$$

und für jede konvergente Teilfolge (v_{k_i}) von v_k gilt $\bar{q}_{k_i} \xrightarrow{i \to \infty} \lambda - \frac{1}{2}\lambda^2$ ∎

Lemma 2:

Sei $(x_k)_0^\infty$ gegen ein $x^* \in \mathbb{R}^n$ konvergent mit $F(x^*) = 0$, $F'(x^*)$ regulär und sei F' in einer Umgebung von x^* mit der Konstanten L Lipschitz-stetig. Ist $(d_k)_0^\infty$ eine Folge in $\mathbb{R}^n\setminus\{0\}$ mit:

11) $\qquad b_k' := (F'(x_k)^T F(x_k) - F'(x_k)^T F'(x_k) d_k)/\|d_k\| \xrightarrow{k} 0$

und

$$h'(x_k) d_k > 0 \quad \text{für alle } k \in \mathbb{N},$$

12) so gilt $\qquad \dfrac{h(x_k) - h(x_k - d_k)}{h'(x_k) d_k} \xrightarrow{k \to \infty} \dfrac{1}{2}.$

Beweis: Aus der Regularität von $F'(x^*)$ folgt die Invertierbarkeit von $F'(x^*)^T F'(x^*)$ und wie im Beweis von Lemma 1 folgt $\|d_k\| \xrightarrow[k \to \infty]{} 0$.
Mit obigen Bezeichnungen ist nach 9) (Index k unterdrückt)

$$13) \qquad q := \frac{d^T Y^T F(x) - \frac{1}{2} d^T Y^T Y d}{d^T F'(x)^T F(x)}$$

Es ist

$$d^T Y^T F(x) = d^T (Y^T - F'(x)^T) F(x) + d^T F'(x)^T F(x)$$

$$= d^T (Y^T - F'(x)^T) F(x) + d^T F'(x)^T F'(x) d + d^T b' \|d\|.$$

Mit 0.6.8) ist $\| d^T (Y^T - F'(x)^T) F(x) \| \le (L/2) \|d\|^2 \|F(x)\|$
und $\|d^T b'\| \le \|d\| \|b'\|$. Wegen $F(x^*) = 0$ und 5) ist nach der Multiplikation von Nenner und Zähler in 7) mit $\|d\|^2$ und analogem Grenzübergang wie in 10) $\lim_{k \to \infty} q_k = \frac{1}{2}$. ∎

Damit erhalten wir als

Folgerung 2 :
Sei $F \in C^1(\mathbb{R}^n, \mathbb{R}^n)$, $h : \mathbb{R}^n \to \mathbb{R}$; $h(x) = \frac{1}{2} \| F(x) \|^2$, $x^* \in \mathbb{R}^n$, $F(x^*) = 0$
und $F'(x^*)$ regulär.

Dann gilt:

a) Es existiert eine Umgebung U^* von x^*, so daß für alle $x \in U^*$
$\quad$ $F'(x)$ invertierbar ist.

b) Bezeichnet $d : U^* \to \mathbb{R}^n$ die Abbildung $x \mapsto d(x) := F'(x)^{-1} F(x)$
$\quad$ so ist die folgende Abbildung $\varphi : U^* \to \mathbb{R}$

$$14) \qquad \varphi(x) := \begin{cases} \dfrac{h(x) - h(x - d(x))}{2h(x)} & \text{für } x \ne x^* \\[2ex] 1/2 & \text{für } x = x^* \end{cases}$$

$\quad$ an der Stelle x^* stetig.

$\quad$ Insbesondere existiert zu jedem $\varepsilon \in (0, \frac{1}{2})$ eine Kugel K um x^*,
$\quad$ so daß für alle $x \in K$ gilt:
$\quad$ $\varphi(x) \in (\frac{1}{2} - \varepsilon, \frac{1}{2} + \varepsilon)$.

Beweis: Teil a) folgt mit $F'(x^*)$ invertierbar und Störungslemma (s. 0.7.5).
Nach Lemma 1 (mit $A_k = F'(x_k)$) ist für jede gegen x^* konvergente Folge
$(x_k)_0^\infty$ $(x_k \ne x^*)$

$$\lim_{k \to \infty} \varphi(x_k) = 1/2.$$ ∎

Mit Lemma 2 erhalten wir analog wie oben

Folgerung 3 :

Sei $F \in C^1(\mathbb{R}^n, \mathbb{R}^m)$, $h : \mathbb{R}^n \to \mathbb{R}$; $h(x) = \frac{1}{2}\| F(x) \|^2$, $x^* \in \mathbb{R}^n$, $F(x^*) = 0$
$F'(x^*)^T F'(x)$ regulär und F' in einer Umgebung von x^* Lipschitz-stetig.
Dann gilt:

a) Es existiert eine Umgebung U^* von x^*, so daß für alle $x \in U^*$
$\quad F'(x)^T F'(x)$ invertierbar ist.

b) Bezeichnet $d : U^* \to \mathbb{R}^n$ die Abbildung
$\quad x \mapsto d(x) := [\, F'(x)^T F'(x)\,]^{-1} F'(x)^T F(x)$,
$\quad$ so ist die mit 14) erklärte Abbildung φ an der Stelle x^* stetig.

Bemerkung 3 :

Der Teil b) der Folgerung 2 (bzw. der Folgerung 3) kann auch so
formuliert werden:

Die Funktion $\quad x \mapsto \psi(x) := \begin{cases} h(x-d(x))/h(x) & \text{für } x \neq x^* \\ 0 & \text{für } x = x^* \end{cases}$

ist auf U^* stetig.

Bemerkung 4 :

Wie am Anfang dieses Abschnittes beschrieben, wollen wir die im
Kapitel 4) beschriebenen Abstiegsverfahren hier bzgl. der Funktion
$h = \| F(\cdot) \|^2$ Besonders wichtig ist der Fall, wenn die Abstiegsrichtungen
die Gestalt

15) $\qquad\qquad d_k := A_k^{-1} F(x_k)$

besitzen, wobei A_k für $k \in \mathbb{N}_0$ eine invertierbare $n \times n$ Matrix ist.
Wird dann im benutzten Berechnungsverfahren dafür gesorgt, daß die
Folge der Richtungen bzgl. der entstehenden Folge $(x_k)_0^\infty$ F-Newton-
ähnlich ist, so sorgt nach Folgerung 1 die folgende Abfrage dafür,
daß ab einem $N \in \mathbb{N}$ die Schrittweite 1 akzeptiert wird (d. h. das gedämpfte Verfahren geht in das ungedämpfte über):
Für ein fest vorgegebenes $C \in (0, 1)$ prüfe man ob

$\qquad h(x_k - d_k)/h(x_k) < C$

und setze $x_{k+1} := x_k - d_k$ falls dies gilt (s. 10.8 MAN-Verfahren).

**9   GLOBAL KONVERGENTE MODIFIKATIONEN DES
        NEWTON-VERFAHRENS**

Das eigentliche Newtonverfahren ist, wie in Kapitel 3 beschrieben, nur lokal, aber dafür schnell konvergent. Die verallgemeinerten Gradientenverfahren, bei denen in jedem Schritt nicht nur die Richtung, sondern auch die Schrittweite abhängig von x_k gewählt wird, sind hingegen global, aber im allgemeinen nicht quadratisch konvergent. Im folgenden wird das Newtonverfahren so modifiziert, daß es in die Klasse der verallgemeinerten Gradientenverfahren fällt. Die zwei folgenden Varianten dämpfen die Schrittweite des Newtonverfahrens bzgl. einer Abstiegsfunktion und gehen in der Nähe der Lösung automatisch in das eigentliche Newtonverfahren über.

Bei der ersten Variante wird die Nullstelle der ersten Ableitung einer Funktion $f \in C^2(X, \mathbb{R})$, und damit im Falle konvexer Funktionen die Minimallösung von f bestimmt. Hier stellt die Funktion f selbst die Abstiegsfunktion dar. Diese Variante ist ein verallgemeinertes Gradientenverfahren für f.

Die zweite Variante konstruiert eine Hilfsfunktion $h = \frac{1}{2} \|F\|^2$ als Abstiegsfunktion und berechnet die mit den Nullstellen von F übereinstimmenden Nullstellen von h'. Die zweite Variante ist ein verallgemeinertes Gradientenverfahren für h.

**9.1   GEDÄMPFTES NEWTON-VERFAHREN FÜR
          KONVEXE FUNKTIONEN**

Aus 8.1 Satz folgt direkt der

<u>**Satz**</u> (Newtonverfahren mit gedämpfter Schrittweite):

Sei $f : \mathbb{R}^n \to \mathbb{R}$ eine zweimal stetig differenzierbare Funktion und $x_o \in \mathbb{R}^n$ ein Startpunkt mit beschränkter, konvexer Niveaumenge $S_f(x_o)$, wobei für alle $x \in S_f(x_o) = \{y \in \mathbb{R}^n | f(y) \le f(x_o)\}$ die zweite Ableitung $f''(x)$ positiv definit sei.

Dann konvergiert die mit einer der Regeln $(G), (PW), (ARA$ mit $\beta \le \frac{1}{2})$, $(AR$ mit $s = 1)$ bezüglich f bestimmte Iterationsfolge

1) $$x_{k+1} := x_k - \alpha_k f''(x_k)^{-1} f'(x_k) \quad \text{für alle } k \in \mathbb{N}_o$$

gegen die eindeutige Minimallösung von f auf dem $\mathbb{R}^n$. Und es existiert ein $k_o \in \mathbb{N}_o$, so daß für alle $k \ge k_o$ $\alpha_k = 1$ ist, das heißt, für $k \ge k_o$ geht das Newtonverfahren mit gedämpfter Schrittweite in das (eigentliche) Newtonverfahren über.

Bemerkung:

Mit 8.1 und 0.8.6 Satz 2 läßt sich dieser Satz auf 1-uniform konvexe
Funktionen auf Banachräumen übertragen. Auch die folgenden Sätze
besitzen mit 8.1 und 0.8.6 ein Analogon in Banachräumen.

9.2 GEDÄMPFTES DISKRETISIERTES NEWTON-VERFAHREN

Da 8.1 Satz für alle Newton-ähnlichen Folgen von Richtungen $(d_k)_0^\infty$ gilt,
bleibt die Aussage des 9.1 Satzes erhalten, wenn in 9.1 1) $(f''(x_k))_0^\infty$ konsistent durch eine Folge von Matrizen $(A_k)_0^\infty$ approximiert wird (d.h.
$\|f''(x_k) - A_k\|_{k\to\infty} 0$), die invertierbar sind und vermöge $A_k^{-1} f'(x_k)$
Abstiegsrichtungen erzeugen. Um eine gedämpfte Form des Newton-Verfahrens mit Differenzenquotienten aus 3.6 (für die 2. Ableitung) zu bekommen, können wir $A_k = A(\cdot, h_k)$ mit $h_k \to 0$ wählen. Nach 3.6 Lemma
ist dann $(A_k)_0^\infty$ eine konsistente Approximation für $(f''(x_k))_0^\infty$. Man kann
derartige Approximationen der 2. Ableitung durch Diskretisierungen nach
Schwetlick folgendermaßen allgemein beschreiben:

Definition:

Sei $U \subset \mathbb{R}^n$ offen und $F : U \to \mathbb{R}^n$ differenzierbar und $V \subset \mathbb{R}^m$.
Eine Abbildung

$$\delta F : U \times V \to L(\mathbb{R}^n)$$

heißt *streng konsistente Approximation für F' mit dem Diskretisierungsbereich V*, wenn $0 \in \mathbb{R}^m$ ein Häufungspunkt der Menge V ist,
und wenn Konstanten $c > 0$ und $r > 0$ existieren, so daß für alle
$(x, h) \in U \times V$ mit $\|h\| \le r$ gilt:

$$\|\delta F(x, h) - F'(x)\| \le c \|h\|.$$

Beispiel:

Nach 3.6 Lemma ist die Abbildung $A(\cdot, \cdot)$ aus 3.6 eine streng konsistente Approximation für F' mit dem Diskretisierungsbereich
$V := \{v = (h, \ldots, h) | [x, x+he_j] \subset U, 1 \le j \le n\}$. Für derartige Diskretisierungen bekommen wir das folgende (s. [Schw] S. 202)

Verfahren N 1

Gedämpftes diskretisiertes Newton-Verfahren

Es seien $f \in C^2(\mathbb{R}^n)$, $V \subset \mathbb{R}^m$, $\delta^2 f : \mathbb{R}^n \times V \to L(\mathbb{R}^n)$ eine streng konsistente Approximation für f'' und $(\gamma_k)_0^\infty$ eine Nullfolge in $(0, \infty)$.

0° Wähle $x_o \in \mathbb{R}^n$, $\mu \in (0,1)$ und setze $k := 0$

1° Falls $\nabla f(x_k) = 0$, setze $N := k$ und stoppe

2° Wähle $h_k \in V$ mit $\|h_k\| \leq \gamma_k$

3° Berechne $A_k := \delta^2 f(x_k, h_k)$

4° Falls A_k regulär ist, so bestimme $d_k := A_k^{-1} \nabla f(x_k)$,
        andernfalls gehe nach 6°

5° Falls $f'(x_k)d_k = \nabla f(x_k)^T d_k > 0$, gehe nach 7°

6° Wähle $\overline{h}_k \in V$ mit $\|\overline{h}_k\| \leq \mu \|h_k\|$, setze $h_k := \overline{h}_k$ und gehe nach 3°

7° (jetzt ist d_k Abstiegsrichtung in x_k) Bestimme
        $x_{k+1} := x_k - \alpha_k d_k$, wobei α_k nach einer der Regeln (G), (PW),
        (ARA mit $\beta \leq \frac{1}{2}$), (AR mit $s = 1$) gewählt ist.

8° Setze $k := k+1$ und gehe nach 1°.

Durch die Forderung 2° erzeugt das Verfahren N1 nach der Definition einer streng konsistenten Approximation eine Newton-ähnliche Folge von Abstiegsrichtungen. Mit 8.1 Satz erhalten wir den

Satz:

Sei $S_f(x_o)$ beschränkt und f'' auf $S_f(x_o)$ positiv definit.

Dann ist das Verfahren N1 realisierbar und (falls nicht endlich) konvergiert mindestens Q-superlinear gegen die eindeutige Minimallösung von f. Außerdem existiert dann ein $k_o \in \mathbb{N}$, so daß für alle $k \geq k_o$ $\alpha_k = 1$ gilt.

9.3   GEDÄMPFTES NEWTON-VERFAHREN FÜR GLEICHUNGEN

Für jede Funktion $F : \mathbb{R}^n \to \mathbb{R}^n$ besitzt die Funktion $h : \mathbb{R}^n \to \mathbb{R}$; $x \mapsto \frac{1}{2} \|F(x)\|^2$ dieselben Nullstellen wie F. Ist F differenzierbar und $F'(x)$ für alle x einer Teilmenge U des $\mathbb{R}^n$ invertierbar, so hat auch h' in U dieselben Nullstellen wie F, denn es gilt:

$$h'(x) = F'(x)^T F(x)$$

In diesem Fall können also die Nullstellen von F als Nullstellen der Ableitung h' von h bestimmt werden und die Schrittweitenregeln bezüglich h angewandt werden.

Andernfalls besitzt dieser Ansatz den folgenden Nachteil:

Die Funktion h kann lokale Minimallösungen x_o besitzen, die keine Nullstellen von F sind (falls $F'(x_o)$ nicht invertierbar).

Dazu ein Bild für $F : \mathbb{R} \to \mathbb{R}$

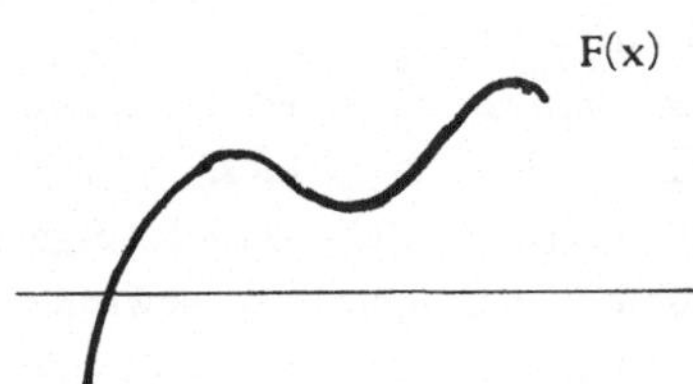

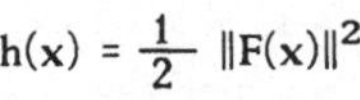

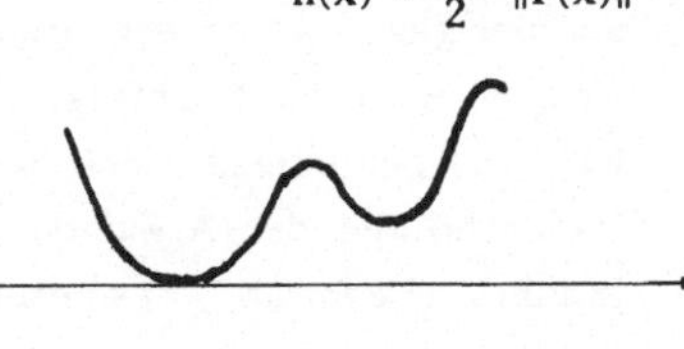

<u>Satz</u> (Modifiziertes Newtonverfahren):

Sei $F : \mathbb{R}^n \to \mathbb{R}^n$ eine stetig differenzierbare Funktion und $h : \mathbb{R}^n \to \mathbb{R}$ mit $h(x) := \frac{1}{2}\|F(x)\|^2$. Sei x_o ein Startpunkt mit beschränkter Niveaumenge $S_h(x_o) = \{x \in \mathbb{R}^n \mid h(x) \le h(x_o)\}$ und sei $F'(x)$ für alle $x \in S_h(x_o)$ invertierbar und F' in einer Kugel K mit $K \supset S_h(x_o)$ Lipschitzstetig.

Dann konvergiert die nach einer der Regeln (G), (AR mit s = 1), (ARA mit $\beta \le \frac{1}{2}$) bezüglich h bestimmte Iterationsfolge $(x_k)_0^\infty$ mit

2)
$$x_{k+1} := x_k - \alpha_k\, F'(x_k)^{-1}\, F(x_k) \quad \text{für alle } k \in \mathbb{N}_o$$

gegen eine Nullstelle von F.

Außerdem geht dieses Verfahren ab einem $k_o \in \mathbb{N}$ in das (eigentliche) Newtonverfahren über.

Beweis: Ist $F(x_k) \ne 0$, so gilt für $d_k := F'(x_k)^{-1} F(x_k)$
$$\langle \nabla h(x_k), d_k \rangle = \langle F'(x_k)^T F(x_k), F'(x_k)^{-1}F(x_k) \rangle = \|F(x_k)\|^2 > 0 \quad \text{ist.}$$
Daher ist d_k für alle $k \in \mathbb{N}_o$ mit $F(x_k) \ne 0$ eine Abstiegsrichtung bezüglich h.

Die Folge $(x_k, d_k)_0^\infty$ besitzt die Eigenschaft (G) bezüglich h, denn für jede gegen ein $\overline{x} \in S_f(x_o)$ mit $h'(\overline{x}) \ne 0$ konvergente Teilfolge $(x_j)_{j \in J}$, $J \subset \mathbb{N}_o$, $|J| = \infty$ von $(x_k)_0^\infty$ gilt:
$$\lim_{j \in J} \langle h'(x_j), d_j \rangle = \lim_{j \in J} \|F(x_j)\|^2 = \|F(\overline{x})\|^2 > 0,$$
$$\text{da } h'(y) = 0 \iff F(y) = 0, \text{ und}$$
$$\overline{\lim_{j \in J}} \|d_j\| = \overline{\lim_{j \in J}} \| F'(x_j)^{-1}F(x_j)\| = \|F'(\overline{x})^{-1}F(\overline{x})\|^2 < \infty \;.$$

Mit 6.5 Satz folgt für jeden Häufungspunkt $\overline{x}$ von $(x_k)_0^\infty$, daß $h'(\overline{x}) = 0$ und somit $F(\overline{x}) = 0$ ist. Mit 5.1 sind die obigen Regeln semi-effizient. Sei $(x_j)_{j \in J}$ eine gegen ein $\overline{x} \in S_f(x_o)$ konvergente Teilfolge von $(x_k)_0^\infty$. Sei $\varepsilon \in (0, \frac{1}{2})$, so daß das Intervall $(\frac{1}{2} - \varepsilon, \frac{1}{2} + \varepsilon)$ im Annahmebereich der Regeln (AR) und (G) für die volle Schrittweite liegt (d.h. $\varepsilon \le \sigma$, s. 4.2.4 und 4.2.6) und K eine Kugel um $\overline{x}$, so daß mit φ aus 8.4 Folgerung 2 gilt:

3)
$$\varphi(x) \in (\tfrac{1}{2} - \varepsilon, \tfrac{1}{2} + \varepsilon) \quad \text{für alle } x \in K.$$

Mit dem 3.1 Satz 1 über die lokale Konvergenz des Newton-Verfahrens existiert eine Kugel $K_o \subset K$ um $\overline{x}$, so daß der Newton-Nachfolger

$a(x) := x - F'(x)^{-1}F(x)$ eines Punktes $x \in K_0$ in K_0 bleibt. Nun genügt es, aus der gegen $\overline{x}$ konvergenten Teilfolge $(x_j)_{j \in J}$ ein $x_{j_0} \in K_0$ zu nehmen. Nach 1) wird der Nachfolger x_{j_0+1} von x_{j_0} mit vollem Newton-Schritt $(\alpha_{j_0} = 1)$ genommen. Nach der Wahl von K_0 bleibt x_{j_0+1} in K_0. Durch Wiederholung der Argumentation (bzw. offensichtliche vollständige Induktion) geht ab j_0 das gesamte Verfahren in das eigentliche Newton-Verfahren $(\alpha_j = 1$ für $j \geq j_0)$ über. Mit 8.4 Bemerkung 1 und analoger Argumentation folgt dieses auch für die Schrittweitenregel (ARA). ∎

Bemerkung:

Auch die optimale SWR (M) (bzw. (C)) garantiert nach 8.3 Satz die Q-superlineare Konvergenz des gedämpften Newton-Verfahrens 9.1.1) (bzw. 9.3.2)).

9.4   GEDÄMPFTES GAUSS-NEWTON-VERFAHREN

Wie in 3.7 soll für ein $F \in C^1(\mathbb{R}^n, \mathbb{R}^m)$ die Funktion
1) $$h(x) = \frac{1}{2} \|F(x)\|^2$$
minimiert werden. Ist für ein $x_0 \in \mathbb{R}^n$ und für alle x aus der Niveaumenge $S_h(x_0)$ Rang $F'(x) = n$, so kann man jetzt mit der Bezeichnung $G(x) := F'(x)^T F'(x)$ die folgende gedämpfte Version von 3.7.4)
2) $$x_{k+1} = x_k - \alpha_k G(x_k)^{-1} F'(x_k)^T F(x_k) \qquad \text{für } k \in \mathbb{N}_0$$
mit einer Schrittweite α_k betrachten.
Wir bekommen den

Algorithmus G-N
$0°$ Wähle $x_0 \in \mathbb{R}^n$, $\sigma \in (0, \frac{1}{2})$ und setze $k := 0$.
$1°$ Falls $\nabla h(x_k) = F'(x_k)^T F(x_k) = 0$, setze $N := k$ und stoppe.
$2°$ Berechne $d_k := G(x_k)^{-1} \nabla h(x_k)$.
$3°$ Bestimme bzgl. (x_k, d_k) eine Schrittweite α_k mit einer effizienten Schrittweitenregel.
$4°$ Setze $x_{k+1} := x_k - \alpha_k d_k$, $k := k+1$ und gehe nach $1°$.

Definition:

Die Funktion $F \in C^1(\mathbb{R}^n, \mathbb{R}^m)$ erfüllt bei einem gegebenen $x_0 \in \mathbb{R}^n$ die **Voraussetzung (V)**, wenn gilt

     i)   Für alle $x \in S := S_h(x_0)$ ist Rang $F'(x) = n$ und

     ii) G ist auf S gleichmäßig positiv definit, d.h.

         $\exists \, m > 0, \ M > 0 \ \forall x \in S \ \forall z \in \mathbb{R}^n :$

3) $m \, \|z\|^2 \leq z^T G(x) z \leq M \, \|z\|^2.$

Bemerkung:

Ist S beschränkt, so folgt aus i) bereits ii). Denn $F'(x)^T F'(x)$ ist stets positiv definit und mit i) gleichmäßig positiv definit. Damit ist auf der kompakten Menge S die Abbildung G gleichmäßig positiv definit.

Es folgt der (s. auch [Schw] S. 283):

Satz 1:

Bei gegebenem $x_o \in \mathbb{R}^n$ erfülle F die Voraussetzung (V) und die Schrittweitenregel sei effizient.

Dann ist der Gauß-Newton-Algorithmus mit dem Startwert x_o durchführbar und es gilt

$$\lim_{k \to \infty} \|\nabla h(x_k)\| = 0 .$$

Beweis: Sei für alle $k \in \mathbb{N}$ $\nabla h(x_k) \neq 0$. Aus der Voraussetzung (V) folgt, daß die Folge der Richtungen $(d_k)_0^\infty$ bzgl. $(h, (x_k)_0^\infty)$ gradientenorientiert ist. Denn es gilt mit 3) und 0.7 Satz 7 für ein $M > 0$

$$4) \qquad \frac{\nabla h(x_k)^T d_k}{\|\nabla h(x_k)\|^2} = \frac{\nabla h(x_k)^T G(x_k)^{-1} \nabla h(x_k)}{\|\nabla h(x_k)\|^2} \geq \frac{1}{M} .$$

Aus 6.1 Satz folgt

$$\lim_{k \to \infty} \|\nabla h(x_k)\| = 0 . \qquad \blacksquare$$

Satz 2:

Sei $S := S_h(x_o)$ beschränkt, F' in einer konvexen Obermenge von S Lipschitz-stetig und für alle $x \in S$ sei Rang $F'(x) = n$.

Besitzt h genau einen stationären Punkt $x^* \in S$, so endet das Verfahren G-N entweder wegen $G(x_N) = 0$ (für ein $N \in \mathbb{N}$), oder $(x_k)_0^\infty$ ist unendlich und konvergiert gegen x^*.

Gilt zusätzlich $F(x^*) = 0$, und wird eine der Regeln (G), (AR mit s = 1), (ARA mit $\beta \leq \frac{1}{2}$) benutzt, so geht der Algorithmus G-N in das ungedämpfte Gauß-Newton-Verfahren über. Die Konvergenz ist dann mindestens Q-quadratisch.

Beweis: Mit 5.1 sind die obigen Schrittweitenregeln semi-effizient. Die Eigenschaft (G) aus 6.5 ist hier erfüllt. Denn aus $x_i \to \bar{x}$ und $\nabla h(\bar{x}) \neq 0$ folgt $\nabla h(x_i)^T d_i \to \nabla h(\bar{x})^T G(\bar{x})^{-1} \nabla h(\bar{x}) > 0$ und offenbar ist $\varlimsup_{k \to \infty} \|d_k\| < \infty$.

Mit 6.5 Satz folgt $\lim_{k \to \infty} x_k = x^*$. Sei nun $F(x^*) = 0$.

Mit 8.4 Folgerung 2 wird ab einem $k_o \in \mathbb{N}$ die Schrittweite $\alpha_k = 1$ akzeptiert. Denn mit den Bezeichnungen aus 8.4 Lemma 2 gilt hier sogar für alle $k \in \mathbb{N}$ $b_k' = 0$. Aus 3.7 Satz 1 folgt die Q-quadratische Konvergenz von $(x_k)_0^\infty$ gegen x^*. $\qquad \blacksquare$

Mit 6.2 Satz 1 kann man im Falle $F'(x^*)^T F(x^*) = 0$ und $F(x^*) \neq 0$ wenigstens R-lineare Konvergenz garantieren, wenn $h''(x^*)$ invertierbar ist.
Es gilt der

Satz 3:

Bei gegebenem $x_o \in \mathbb{R}^n$ erfülle ein $F \in C^2(\mathbb{R}^n, \mathbb{R}^m)$ die Voraussetzung (V). Sei die durch den Algorithmus G-N erzeugte Folge $(x_k)_0^\infty$ gegen die lokale Minimallösung x^* von h konvergent und sei $h''(x^*)$ invertierbar.
Dann ist die Konvergenz mindestens R-linear.

Beweis: Die Matrix $h''(x^*)$ ist positiv semi-definit, weil x^* eine lokale Minimallösung von h ist (s. 0.8.3 Bemerkung). Als invertierbare Matrix ist $h''(x^*)$ positiv definit (s. 0.7.1 Satz 4). Aus der Stetigkeit von h'' folgt die gleichmäßige positive Definitheit (s. 0.7.1 Def.) von h'' in einer kompakten Kugel $K = \overline{K}(x^*, r)$ mit $r > 0$. Nach 0.8.6 Satz 5 ist h in K stark konvex. Mit 4) ist $(d_k)_0^\infty$ gradientenorientiert. Mit 0.6.4) gilt für $x, y \in K$

$$\|h'(x) - h'(y)\| \leq \|\int_0^1 h''(y + t(x - y))dt\| \, \|x - y\|.$$

Da h'' auf K beschränkt ist, folgt die Lipschitz-Stetigkeit von h' auf K. Mit 6.3 Satz 1 folgt die R-lineare Konvergenz von $(x_k)_0^\infty$ gegen x^*. ∎

9.5 GEDÄMPFTES NEWTON-VERFAHREN FÜR NICHTKONVEXE FUNKTIONEN

Für nichtkonvexe Funktionen $f \in C^2(\mathbb{R}^n)$ (bzw. konvexe Funktionen, für die f'' nicht in allen Punkten positiv definit ist), wird durch $d_k = f''(x_k)^{-1} \nabla f(x_k)$ in 9.1 (bzw. $A_k^{-1} \nabla f(x_k)$ in 9.2 N1) nicht unbedingt eine Abstiegsrichtung erklärt (eventuell ist $f''(x_k)$ bzw. A_k nicht einmal invertierbar).
Die einfachste Art eine Ersatz-Abstiegsrichtung zu bestimmen, ist die Gradientenrichtung als Suchrichtung zu benutzen. Die Konvergenz für das daraus resultierende Verfahren kann man dann mit einer Abfrage an den Cosinus des Winkels zwischen dem Gradienten und der Suchrichtung erzwingen. Ist die Iterationsfolge gegen eine reguläre lokale Minimallösung x^* konvergent, so haben wir es dann lokal um x^* mit einer stark konvexen Funktion zu tun (s. Beweis von 9.4 Satz 2) und das vorliegende Verfahren geht in das eigentliche Newton-Verfahren über.
Wir erhalten das folgende

<u>Verfahren</u> N 2

1° Wähle $x_o \in \mathbb{R}^n$, $C \in (0,1)$, $k := 0$ und berechne $g_o = \nabla f(x_o)$.

2° Falls $g_k = 0$, setze $N := k$ und stoppe.

3° Wähle $A_k \in L(\mathbb{R}^n)$.

4° Falls A_k invertierbar, setze $p_k := A_k^{-1} g_k$, sonst gehe nach 6°.

5° Falls $\beta_k := \dfrac{g_k^T p_k}{\|g_k\| \|p_k\|} \geq C \min\{1, \|g_k\|\}$

       setze $d_k := p_k$ und gehe nach 7°.

6° Setze $d_k := g_k$.

7° Bestimme α_k mit einer effizienten Schrittweitenregel.

8° Setze $x_{k+1} = x_k - \alpha_k d_k$ und berechne $g_{k+1} := \nabla f(x_{k+1})$.

9° Setze $k := k + 1$ und gehe nach 2°.

Dann gilt der folgende

<u>Satz</u>:

Sei $f \in C^2(\mathbb{R}^n)$ und nach unten beschränkt.

Dann besitzt die nach dem Verfahren N 2 erzeugte Folge $(x_k)_0^\infty$ eine Teilfolge $(x_j)_{j \in J}$ $(J \subset \mathbb{N}, |J| = \infty)$ mit

$$f'(x_j) \xrightarrow[j \in J, j \to \infty]{} 0.$$

Ist $(x_k)_0^\infty$ gegen eine nichtsinguläre Minimallösung (d.h. $f''(x^*)$ ist positiv definit) konvergent und $\|A_k - f''(x_k)\| \to 0$, so konvergiert $(x_k)_0^\infty$ mindestens Q-superlinear und die Ungleichung in 5° ist für große k erfüllt. Bei der Benutzung einer der Regeln (G), (PW), (ARA mit $\beta \leq \frac{1}{2}$) wird für $f \in V_1(x_o)$ und große k die Schrittweite 1 akzeptiert.

Beweis: Wäre für ein $\varepsilon > 0$ und alle $k \in \mathbb{N}$ $\|f'(x_k)\| > \varepsilon$, so wäre für alle $k \in \mathbb{N}$: $\beta_k \geq \min\{1, C \min\{1, \varepsilon\}\} > 0$. Mit 6.1 Satz 1 folgt ein Widerspruch zur Annahme. Sei nun $x_k \xrightarrow[k \to \infty]{} x^*$ und $f''(x^*)$ positiv definit. Mit $\|A_k - f''(x_k)\| \xrightarrow[k \to \infty]{} 0$, folgt $A_k \xrightarrow[k \to \infty]{} f''(x^*)$. Damit existiert ein k_o, so daß für alle $k \geq k_o$ A_k invertierbar ist.

Da $(f''(x^*))^{-1}$ positiv definit ist, existiert ein $m > 0$ mit

$$\frac{\langle A_k^{-1} g_k, g_k \rangle}{\|A_k^{-1} g_k\| \|g_k\|} \geq \frac{\langle A_k^{-1} g_k, g_k \rangle}{\|A_k^{-1}\| \|g_k\|^2} \geq \frac{\langle (A_k^{-1} - f''(x^*)^{-1}) g_k, g_k \rangle}{\|A_k^{-1}\| \|g_k\|^2} + \frac{m}{\|A_k^{-1}\|}$$

Da der erste Summand auf der rechten Seite gegen 0 konvergiert und $m \cdot \|A_k^{-1}\|^{-1} \xrightarrow[k \to \infty]{} m \cdot \|f''(x^*)^{-1}\|^{-1} > 0$ gilt, ist für große k die Ungleichung 5° erfüllt.

Der Rest der Behauptung folgt mit 8.1 Satz.   ■

Ein Nachteil dieses Vorgehens ist die Tatsache, daß die in A_k enthaltene Information über f nicht berücksichtigt wird, wenn bei der Abfrage S^o p_k zurückgewiesen wird (ein abrupter Wechsel).

Als naheliegender Kompromiß kann hier das Ersetzen von A_k durch eine konvexe Kombination von A_k und I (ein Element der Verbindungsstrecke zwischen A_k und I) angesehen werden. Dies erscheint aus der Sicht des im nächsten Abschnitt folgenden Satz 1 besonders empfehlenswert.

9.6 SCHRITTWEITENABHÄNGIGE SUCHRICHTUNGEN

Das Newton-Verfahren resultiert aus der Idee der Linearisierung der vorgegebenen nichtlinearen Abbildung $F : \mathbb{R}^n \to \mathbb{R}^n$ an der aktuellen Stelle x_k ($k \in \mathbb{N}$). Bei der Minimierung einer Funktion $f \in C^2(\mathbb{R}^n)$ ist $F = f'$ und die Linearisierung in x_k bedeutet, daß die vorliegende Minimierungsaufgabe durch die quadratische Aufgabe

$$\text{Minimiere } \mathcal{F}_k(x) := f(x_k) + g_k^T(x - x_k) + \tfrac{1}{2}(x - x_k)^\tau H(x_k)(x - x_k)$$

($g_k := \nabla f(x_k)$ und $H(x_k)$ - Hesse-Matrix von f in x_k) ersetzt wird.

Ist $H(x_k)$ positiv definit, so ist $\mathcal{F}_k$ strikt konvex und der Newton-Nachfolger $x_{k+1} := x_k - H_k^{-1}g_k$ ist die eindeutige globale Minimallösung von $\mathcal{F}_k$. Damit ist natürlich x_{k+1} auch die Minimallösung von $\mathcal{F}_k$ auf jeder abgeschlossenen Kugel $K(x_k, r) := \{ y \in \mathbb{R}^n \mid \|x_k - y\| \le r \}$ um x_k mit einem Radius $r \ge r_k := \|H_k^{-1}g_k\|$. Aber für $r < r_k$ ist die Minimallösung von $\mathcal{F}_k$ auf $K(x_k, r)$ von der Gestalt

$$1)\qquad\qquad x_k - (\lambda I + H(x_k))^{-1}g_k$$

mit einem $\lambda \in (0, \infty)$. Mit der Transformation $\sigma := \frac{1}{\lambda + 1}$ kann 1) als

$$2)\qquad\qquad x_k - \sigma[(1 - \sigma)I + \sigma H(x_k)]^{-1}g_k$$

mit $\sigma \in (0, 1)$ geschrieben werden.

Denn es gilt der

Satz 1 (Morrison [Mo]):

Sei $A \in L(\mathbb{R}^n)$ positiv definit und symmetrisch, seien $a \in \mathbb{R}$, b, $\overline{x} \in \mathbb{R}^n$ und

$$3)\qquad\qquad q(x) := a + b^T(x - \overline{x}) + \tfrac{1}{2}(x - \overline{x})^\tau A(x - \overline{x})$$

Dann ist für jedes $r < \|A^{-1}b\|$ die eindeutige Minimallösung x^* von q auf der Kugel $K(\overline{x}, r)$ von der Gestalt

$$x^* = \overline{x} - (\lambda I + A)^{-1}b \ ,$$

wobei $\lambda \in (0, \infty)$ die eindeutige Lösung der eindimensionalen nichtlinearen Gleichung

$$4)\qquad\qquad \varphi(\lambda) := \|(\lambda I + A)^{-1}b\| = r$$

ist.

Beweis: Die Behauptung folgt direkt aus dem Lagrange-Lemma (s. 0.9.2). Die Nebenbedingung $\|x - \overline{x}\|^2 \le r^2$ liefert die folgende Lagrange-Funktion

$$L_\lambda(x) := q(x) + \frac{1}{2}\lambda(\|x - \overline{x}\|^2 - r^2) \ .$$

Für $\lambda \ge 0$ ist L_λ konvex ($q''(x) = A$ ist pos. def., s. 0.8.6 Satz 5). Damit ist x^* genau dann eine Minimallösung von L_λ auf $\mathbb{R}^n$, wenn gilt:

$$L_\lambda'(x) = q'(x^*) + \lambda(x^* - \overline{x}) = b + A(x^* - \overline{x}) + \lambda(x^* - \overline{x}) = 0 \ ,$$

bzw. $\qquad x^* = \overline{x} - (\lambda I + A)^{-1} b \ .$

Da $\varphi(\lambda) \underset{\lambda \to 0}{\to} \|A^{-1} b\|$ und mit der Transformation $\sigma := \frac{1}{\lambda + 1}$ (s. 2)) $\varphi(\lambda) \underset{\lambda \to \infty}{\to} 0$ folgt, besitzt die Gleichung 4) eine Lösung in $(0, \infty)$.

Diese ist eindeutig, denn es gibt eine orthogonale Matrix U (s. 0.7.1 Satz 1), so daß $U^T A U$ eine Diagonalmatrix $D = \mathrm{diag}(d_1, ..., d_n)$ ist, wobei für $i \in \{1, ..., n\}$ $d_i > 0$ gilt. Für $v := U\,b$ gilt mit 4)

$$\varphi^2(\lambda) = \|U^T (U^T)^{-1}(\lambda I + A)^{-1} U^{-1} U\,b\,\|^2 = \|U\,(U)^{-1}(U(\lambda I + A))^{-1} U\,b\,\|^2 =$$
$$\|U^T (U(\lambda I + A)U^T)^{-1} U\,b\,\|^2 = \|U^T(\lambda I + D)^{-1} U b\,\|^2 = b^T U^T(\lambda I + D)^{-2} U\,b =$$
$$= v^T[(\lambda I + D)^2]^{-1} v = \sum_{i=1}^n (\lambda + d_i)^{-2} v_i^2 \ .$$

Damit ist φ eine streng monoton wachsende Funktion, also injektiv. ∎

Mit der Transformation $\sigma := \frac{1}{\lambda + 1}$ kann man die konvexe Kombination von I und der Hesse-Matrix $H(x_k)$ (bzw. deren Approximation A_k) direkt an die Schrittweite α_k koppeln. Für eine derartige Variante zeigt Schwetlick (s. [Schw] S. 248), daß sie in der Nähe einer lokalen nichtsingulären Minimallösung in das ungedämpfte Verfahren übergeht und damit Q-superlinear konvergiert.

Aber die Koppelung der Schrittweite an das Bilden der konvexen Kombination von I und $H(x_k)$ besitzt den sichtbaren Nachteil, daß immer beim Zurückweisen der Schrittweite ein neues lineares Gleichungssystem gelöst werden muß, was hohe algebraische Berechnungskosten (in der Ordnung n^3) verursacht. Die nachfolgenden zwei Algorithmen versuchen dies zu beheben. Bei dem folgenden Verfahren wird im Gegensatz zu dem Verfahren N 2, im Falle einer Suchrichtung, die keine Abstiegsrichtung ist, nicht sofort der Gradient genommen. Hier wird eine geeignete konvexe Kombination dieser Vektoren gesucht.

Verfahren N 3

0° Wähle $x_o \in \mathbb{R}^n$, $\gamma \in (0,1)$, $\beta \in (0,\frac{1}{2})$, $\delta \in (0,1)$, setze $\alpha_{-1} := 1$,
  $k := 0$ und berechne $g_o := \nabla f(x_o)$.

1° Falls $g_k = 0$, setze $N := k$ und stoppe.

2° Setze $\alpha_k := \min\{\frac{\alpha_{k-1}}{\gamma}, 1\}$.

3° Wähle $A_k \in L(\mathbb{R}^n)$ mit $A_k = A_k^T$.

4° Falls $C_k := (1-\alpha_k)I + \alpha_k A_k$ invertierbar und $\beta_k := \dfrac{g_k^T C_k^{-1} g_k}{\|g_k\|\,\|C_k^{-1}g_k\|} \geq$

  $\geq \min\{\delta, \|g_k\|^2\}$, setze $d_k := C_k^{-1}g_k$, andernfalls gehe zu 6°.

5° Bestimme eine Schrittweite $\overline{\alpha}_k$ zu (x_k, d_k) mit einer der Regeln
  (G), (PW), (ARA mit $\beta \leq \frac{1}{2}$) und gehe zu 7°.

6° Setze $\alpha_k := \gamma\alpha_k$ und gehe zu 4°.

7° Setze $x_{k+1} := x_k - \overline{\alpha}_k d_k$, berechne $g_{k+1} := \nabla f(x_{k+1})$.

8° Setze $k := k+1$ und gehe zu 1°.

Dann gilt der

Satz 2:

Sei $x_o \in \mathbb{R}^n$, $f \in C^2(\mathbb{R}^n) \cap V_1(x_o)$ und $(A_k)_0^\infty$ eine konsistente Approximation an $(H(x_k))_0^\infty$.

Dann besitzt die nach N 3 erzeugte Folge der Gradienten $(g_k)_0^\infty$ eine gegen 0 konvergente Teilfolge.

Ist $(x_k)_0^\infty$ gegen eine nichtsinguläre lokale Minimallösung x^* konvergent, so ist ab einem Index k_o $\alpha_k = \overline{\alpha}_k = 1$ und die Konvergenz ist mindestens Q-superlinear. Ist also A_k die Hesse-Matrix $H(x_k)$, so geht das Verfahren N 3 in das (ungedämpfte) Newton-Verfahren über.

Beweis: Aus $\alpha_k \xrightarrow{k\to\infty} 0$, $C_k \xrightarrow{k\to\infty} I$, folgt mit 4.3.3 die Realisierbarkeit von N 3. Wäre für ein $\varepsilon > 0$ und alle $k \in \mathbb{N}$ $\|g_k\| > \varepsilon$, so würde

$$\sum_{k=o}^\infty \beta_k^2 = \infty$$

folgen, was im Widerspruch zu 6.1 Satz 1 steht. Ist $(x_k)_0^\infty$ gegen die nichtsinguläre lokale Minimallösung x^* konvergent (und damit $f''(x^*)$ positiv definit), so ist ab einem Index $k \in \mathbb{N}$ die Ungleichung in 4° erfüllt und damit die Aufweitung in 2° im Falle $\alpha_{k-1} < 1$ vollzogen. Damit ist für große k $\alpha_k = 1$. Der Rest der Behauptung folgt aus 8.1 Satz. $\blacksquare$

9.7 POSITIV DEFINITE STÖRUNGEN DER HESSE-MATRIX

Die folgende Variante des Newton-Verfahrens erlaubt die positive Definitheit der Hesse-Matrix zu erhöhen und dabei die quadratische Konvergenz des Newton-Verfahrens zu erhalten. Wir beginnen mit dem Fall konvexer Funktionen und geben anschließend eine Änderung, die auch den nichtkonvexen Fall einschließt, an.

Bezeichne H_k die Hesse-Matrix von f in x_k und $g_k := \nabla f(x_k)$. Die Iterationsvorschrift 1) in 9.1 Satz wird durch

*)
$$x_{k+1} := x_k - \alpha_k (H_k + \|g_k\| I)^{-1} g_k$$

(bzw. für ein $C > 0$ $\quad x_{k+1} := x_k - \alpha_k (H_k + C \|g_k\| I)^{-1} g_k$) ersetzt.

Das hieraus resultierende Verfahren bezeichnen wir mit **N 4**.

Satz :

Sei $f \in C^2(\mathbb{R}^n)$ konvex und $x_0 \in \mathbb{R}^n$ ein Startpunkt mit beschränkter Niveaumenge $S_f(x_0)$. Sei die Schrittweitenfolge $(\alpha_k)_0^\infty$ mit einer semi-effizienten Schrittweitenregel bestimmt.

Dann ist die durch N 4 erzeugte Folge $(x_k)_0^\infty$ eine minimierende Folge und jeder Häufungspunkt von $(x_k)_0^\infty$ ist eine Minimallösung von f.

Ist $(x_k)_0^\infty$ gegen eine nichtsinguläre Minimallösung konvergent und f'' in x^* lokal Lipschitz-stetig, so ist die Konvergenz mindestens Q-quadratisch.

Bei der Benutzung einer der Regeln (G), (PW), (AR mit s = 1), (ARA mit $\beta \leq \frac{1}{2}$) wird dann für große k die Schrittweite 1 akzeptiert.

Beweis: Für den ersten Teil der Behauptung genügt es nach 6.5 für die Folge $(x_k, d_k)_0^\infty$ mit $d_k := (H_k + \|g_k\| I)^{-1} g_k$ die Eigenschaft (G) zu zeigen. Sei $\overline{x}$ mit $\nabla f(\overline{x}) \neq 0$ und $(x_i)_{i \in K}$ ($K \subset \mathbb{N}$ mit $|K| = \infty$) eine gegen $\overline{x}$ konvergente Teilfolge von $(x_k)_0^\infty$. Aus 0.7.1 Satz 7 d) folgt

1)
$$g_i^T d_i = g_i^T (H_i + \|g_i\| I)^{-1} g_i \geq \frac{\|g_i\|^2}{\|H_i + \|g_i\| \cdot I \|} \quad .$$

Mit $g_k \to \nabla f(\overline{x}) \neq 0$ und $H_i \to H(\overline{x})$ folgt $\lim_{i \in K} g_i^T d_i > 0$.

Mit 0.7.1 Satz 7 c) ist

2)
$$\varlimsup_{i \in K} \|d_i\| = \varlimsup_{i \in K} \|(H_i + \|g_i\| I)^{-1} g_i\| \leq \varlimsup_{i \in K} \|(H_i + \|g_i\| I)^{-1}\| \|g_i\| \leq$$

$$\leq \varlimsup_{i \in K} \frac{1}{\|g_i\|} \|g_i\| = 1 < \infty,$$

d.h. die Eigenschaft (G). Damit ist $(\|g_k\|)_0^\infty$ eine Nullfolge. Sei nun $(x_k)_0^\infty$ gegen ein x^* konvergent und $f''(x^*)$ positiv definit. Wegen $\|g_k\| \to 0$ ist dann (s. 3.4) $(H_k + \|g_k\| I)_0^\infty$ eine konsistente Approximation für $(H_k)_0^\infty$.

Aus 3.4 Satz folgt zunächst die Q-superlineare Konvergenz von $(x_k)_0^\infty$. f'' ist auf der kompakten Menge $S_f(x_0)$ stetig. Damit ist für ein $L > 0$ und alle $k \in \mathbb{N}$

$$\|\nabla f(x_k)\| = \|\nabla f(x_k) - \nabla f(x^*)\| \leq L \|x_k - x^*\| .$$

Mit 2.7 Lemma und der Q-superlinearen Konvergenz von $(x_k)_0^\infty$ gegen x^* folgt dann

$$\frac{\|f''(x_k) + \|g_k\| I - f''(x_k)\|}{\|x_{k+1} - x_k\|} \leq \frac{L \|x_k - x^*\|}{\|x_{k+1} - x_k\|} \xrightarrow[k \to \infty]{} L .$$

Aus 3.4 Bemerkung folgt die mindestens Q-quadratische Konvergenz von $(x_k)_0^\infty$. Den Rest der Behauptung erhält man mit 8.1 Satz. ∎

Bemerkung 1:

Für $F \in C^1(\mathbb{R}^n, \mathbb{R}^m)$ und $h(x) := \frac{1}{2} \|F(x)\|^2$, $g := (F')^T F$ kann man *) durch

*') $\qquad x_{k+1} := x_k - \alpha_k\left(((F')^T F')(x_k) + \|g(x_k)\| I \right)^{-1} g(x_k)$

ersetzen und eine zur Behauptung des Satzes analoge Aussage erhalten.

Bemerkung 2:

Für nichtkonvexe Funktionen $f \in C^2(\mathbb{R}^n)$ kann man *) ersetzen durch:

**) $\qquad x_{k+1} := x_k - \alpha_k(\delta_k H_k + \|g(x_k)\| I)^{-1} g(x_k)$,

wobei $\delta_k = 1$ ist, falls H_k positiv definit ist und 0 sonst.

Damit erhält man eine zur Behauptung des Satzes analoge Aussage.

Die Behauptung des Satzes und der Beweis lassen sich dann direkt übertragen. Da **) für alle $f \in C^2(\mathbb{R}^n)$ realisierbar ist, bekommen wir einen Algorithmus für nichtkonvexe Funktionen.

9.8 VERFAHREN VON LEVENBERG / MARQUARDT

Der 9.6 Satz 1 und die Transformation $\sigma = \frac{1}{1+\lambda}$ (s. 2)) legt die folgende Strategie nahe. "Eine Änderung (Verkleinerung) der Schrittweite hat als Konsequenz eine Änderung der Suchrichtung (Abstiegsrichtung)." Nach 9.6 Satz 1 wird die "verbesserte" Richtung in der Form

$$(\lambda I + H(x_k))^{-1} g_k$$

gewählt. Leider ist hier die optimale Konstante λ nur als Lösung einer eindimensionalen nichtlinearen Gleichung gegeben. Für Algorithmen, die diese Lösung durch Approximation ersetzen , siehe [D-S].

Die folgende Simultan-Strategie geht auf Levenberg [Le] und Marquardt [Ma] zurück und wird zur Minimierung einer Summe von Quadraten benutzt. Hier wird die Regularisierung durch ein Vielfaches von I und die Schrittweite simultan mit σ (bzw. λ) gesteuert. Die Vergrößerung von λ

entspricht einer Verkleinerung von σ. Durch geeignete Abfrage (Verkleinerung von λ) soll dieses Verfahren das Gauß-Newton-Verfahren (s. 3.7) approximieren.

Aber das Gauß-Newton-Verfahren besitzt im allgemeinen (s. 3.7 Satz 2) nicht die hohe Konvergenzgeschwindigkeit des Newton-Verfahrens.

Für ein $F \in C^1(\mathbb{R}^n, \mathbb{R}^m)$ sei $h(x) := \frac{1}{2} \|F(x)\|^2$. Mit der Ableitung $g = h' = (F')^T F$ ist die Gauß-Newton-Richtung durch $[((F')^T F')(x)]^{-1} g(x)$ (falls $((F')^T F')(x)$ invertierbar) gegeben.

Bezeichne $P := (F')^T F'$. Offenbar ist für alle $x \in \mathbb{R}^n$ $P(x)$ positiv semi-definit und symmetrisch. Damit ist die Abbildung $u : \mathbb{R}^n \times (0, \infty) \rightarrow \mathbb{R}^n$ mit $u(x, \lambda) := (P(x) + \lambda I)^{-1} g(x)$ erklärt. Denn $(P(x) + \lambda I)$ ist positiv definit und damit invertierbar. Aber besonders wichtig ist in diesem Zusammenhang, daß zu jedem x mit $g(x) \neq 0$ ein $\lambda_0 \in \mathbb{R}_+$ existiert, so daß für $\lambda \geq \lambda_0$ gilt:
$$h(x - u(x, \lambda)) < h(x) .$$
Dies sieht man mit der folgenden Bemerkung, es ist die Grundlage für die Realisierbarkeit des nachfolgenden Algorithmus.

<u>Bemerkung</u> :

Sei $f \in C^1(\mathbb{R}^n), A \in L(\mathbb{R}^n), x \in \mathbb{R}^n$ mit $g(x) := \nabla f(x) \neq 0$.

Dann ist für große λ $Z_\lambda := A + \lambda I$ invertierbar und es gilt
$$\lambda[f(x) - f(x - Z_\lambda^{-1} g(x))] \xrightarrow[\lambda \to \infty]{} \|g(x)\|^2 .$$
Insbesondere ist für große λ die linke Seite positiv.

<u>Beweis:</u> Für große λ ist Z_λ positiv definit und damit invertierbar. Für $\rho = \frac{1}{1 + \lambda}$ ist $Z_\lambda^{-1} = \rho[(1 - \rho) I + \rho A]^{-1}$. Mit $Z_\rho := (1 - \rho) I + \rho A$ ist
$$(1 + \lambda)[f(x) - f(x - Z_\lambda^{-1} g(x))] = \frac{f(x) - f(x - \rho Z_\rho^{-1} g(x))}{\rho} =$$
$$= \frac{f(x) - f(x - \rho g(x))}{\rho} + \frac{f(x - \rho g(x)) - f(x - \rho Z_\rho^{-1} g(x))}{\rho}$$

Weiter gilt
$$\frac{|f(x - \rho g(x)) - f(x - \rho Z_\rho^{-1} g(x))|}{\rho} \leq \frac{L\rho \|g(x) - Z_\rho^{-1} g(x)\|}{\rho} \xrightarrow[\rho \to 0]{} 0,$$

da $Z_\rho^{-1} \xrightarrow[\rho \to 0]{} I$ und $f \in C^1(\mathbb{R}^n)$ auf beschränkten Mengen Lipschitzstetig ist. Damit und mit
$$\frac{f(x) - f(x - \rho g(x))}{\rho} \xrightarrow[\rho \to 0]{} f'(x, g(x)) = \langle g(x), g(x) \rangle = \|g(x)\|^2$$

folgt die Behauptung. ∎

Marquardt-Algorithmus (s. [Ma])

0° Wähle $x_o \in \mathbb{R}^n$, $\gamma > 1$ und $\lambda_{-1} \in \mathbb{R}_+$ (z.B. 10^{-2}) und berechne $g_o := g(x_o)$. Setze $k := 0$.

1° Falls $g(x_k) = 0$ setze $N := k$ und stoppe.

2° Berechne $r_1 := h(x_k - u(x_k, \lambda_{k-1}))$ und $r_2 := h(x_k - u(x_k, \frac{\lambda_{k-1}}{\gamma}))$ und $r := h(x_k)$.

3° i)   Falls $r_2 \leq r$, setze $\lambda_k := \frac{\lambda_{k-1}}{\gamma}$.

         ii)   Falls $r_2 > r$ und $r_1 \leq r$, setze $\lambda_k := \lambda_{k-1}$.

         iii)   Falls $r_1 > r$ und $r_2 > r$, berechne

             $\overline{m} := \min \{ m \in \mathbb{N} \mid h(x_k - u(x_k, \lambda_{k-1}\gamma^m)) \leq r \}$

             und setze $\lambda_k := \lambda_{k-1} \cdot \gamma^{\overline{m}}$.

4° Setze $x_{k+1} = x_k - u(x_k, \lambda_k)$.

5° Setze $k := k + 1$ und gehe nach 1°.

Übungsaufgaben :

9.1   Sei $f \in C^2 (\mathbb{R}^n)$ konvex, $x_0 \in \mathbb{R}^n$ und f'' auf $S_f(x_0)$ gleichmäßig positiv definit. Zeigen Sie für das gedämpfte Newtonverfahren

$$x^{k+1} = x^k - \lambda_k f''(x_k)^{-1} \nabla f(x_k) \qquad\qquad (k = 0, 1, \dots)$$

mit optimaler Schrittweite λ_k :

a)   die Konvergenz gegen eine Minimallösung.

b) $\lim\limits_{k \to \infty} \lambda_k = 1$

c)   Diskutieren Sie auch die Konvergenzordnung.

9.2   Zeigen Sie, daß für eine konvexe Funktion $f : \mathbb{R}^n \to \mathbb{R}$ gilt :

Ist für ein $x_0 \in \mathbb{R}^n$ $S_f(x_0)$ beschränkt, so sind alle Niveaumengen von f beschränkt.

9.3   Berechnen Sie mit einem modifizierten Newtonverfahren eine Nullstelle der Gleichung

a) $F(x) = \begin{pmatrix} x_1^2 + x_2^2 - 2 \\ e^{x_1 - 1} + x_2^3 - 2 \end{pmatrix}$

b) $F(x) = \begin{pmatrix} e^{x_2} \sin x_1 + 3 x_1 x_2 + 3\pi x_2^2 \cos x_1 \\ x_2^3 \cos^2 x_1 + x_1 x_2^2 - x_2 - \pi \end{pmatrix}$

10 QUASI-NEWTON-VERFAHREN

10.1 QUASI-NEWTON-GLEICHUNG UND AUFDATIERUNGSMATRIZEN

In diesem Abschnitt soll ein mathematisch besonders interessanter Weg
der Nullstellenbestimmung beschrieben werden. Wir haben bereits in 3.2
gesehen, daß die Q-superlinear konvergenten Iterationsverfahren Newton-
ähnlich sind. Mit dem gedämpften Newtonverfahren haben wir ein global
und schnell konvergentes Minimierungsverfahren kennengelernt, bei dem
aber die Hesse-Matrix (bzw. Jacobi-Matrix) berechnet werden muß. Die
nahe liegenden Approximationen der Jacobi-Matrix durch Differenzenquotienten erfordern die Berechnung der Funktionswerte an vielen Stellen
(hohe Funktionswertkosten).

Es wird nun eine Klasse von Verfahren beschrieben, bei der mit wenig
Aufwand ein guter Ersatz für die Jacobi- bzw. Hesse-Matrix erreicht
wird.

Es soll zunächst die Grundidee des Newtonverfahrens wiederholt werden.
Im gesamten Kapitel sei $F : \mathbb{R}^n \to \mathbb{R}^n$ eine stetig differenzierbare Abbildung . Gesucht wird eine Lösung der Gleichung $F(x) = 0$.

Bei der Newtonmethode wird bei einer Näherung $x_k \in X$ der Nachfolger
als eine Lösung der linearisierten Gleichung

$$F(x_k) + F'(x_k)(x - x_k) = 0$$

gewählt. Ist $F'(x_k)$ invertierbar, so gilt

1) $\qquad x_{k+1} = x_k - F'(x_k)^{-1} F(x_k)$ für $k \in \mathbb{N}_o$.

Nach dem Mittelwertsatz gilt:

2) $\qquad F(x_{k+1}) - F(x_k) = \left(\int_0^1 F'(x_k + t(x_{k+1} - x_k)) \, dt \right)(x_{k+1} - x_k).$

Bei den Sekantenverfahren (Quasi-Newtonverfahren) starten wir mit
einem Punkt x_o und einer regulären $n \times n$-Matrix B_o und erzeugen simultan
eine Folge $(x_k)_o^\infty$ in $\mathbb{R}^n$ und eine Folge $(B_k)_o^\infty$ von $n \times n$-Matrizen derart,
daß

3) $\qquad x_{k+1} = x_k - B_k^{-1} F(x_k) \qquad$ gilt.

Von der nächsten Matrix B_{k+1} verlangen wir, daß sie die folgende Bedingung erfüllt:

4) $\qquad B_{k+1}(x_{k+1} - x_k) = F(x_{k+1}) - F(x_k).$

Die Gleichung (4) wird als die ***Quasi-Newton-Gleichung*** bezeichnet.
Mit den Abkürzungen $s_k := x_{k+1} - x_k$, $y_k := F(x_{k+1}) - F(x_k)$ wird die
Menge der Lösungen der Quasi-Newton-Gleichung (4) mit (s. [D-S])

$$Q(s_k, y_k) = \{ B \in \mathbb{R}^{n \times n} \mid B s_k = y_k \}$$

bezeichnet.

Bemerkung 1:

Mit 2) bekommen wir ein Beispiel eines Elementes von $Q(s_k, y_k)$, daß für die folgenden theoretischen Untersuchungen eine zentrale Rolle spielen wird.

$$5) \qquad Y_{k+1} = \int_0^1 F'(x_k + t s_k)\, dt \ .$$

Bemerkung 2:

Sei $(x_k)_0^\infty$ eine Folge in $\mathbb{R}^n$, die gegen ein x^* konvergiert und F' in einer Umgebung von x^* Lipschitz-stetig.

Dann existiert ein $k_0 \in \mathbb{N}$ und ein $L > 0$, so daß für alle $k \geq k_0$ gilt

$$\|Y_{k+1} - F'(x_k)\|_F \leq \frac{1}{2} L \, \|x_{k+1} - x_k\| \ .$$

Beweis: Dies folgt aus der lokalen Lipschitz-Stetigkeit von F' mit

$$\|Y_{k+1} - F'(x_k)\|_F = \|\int_0^1 [F'(x_k + t(x_{k+1} - x_k)) - F'(x_k)]\,dt\|_F \leq$$

$$\leq \int_0^1 \|F'(x_k + t(x_{k+1} - x_k)) - F'(x_k)\|_F\, dt \leq$$

$$\leq L \|x_{k+1} - x_k\| \int_0^1 t\, dt = \frac{L}{2} \|x_{k+1} - x_k\| \ . \qquad \blacksquare$$

Außer der Bedingung 4) wird noch verlangt, daß bei der Bestimmung von B_{k+1} nur B_k und die Vektoren s_k, y_k benutzt werden sollen.

Wir suchen B_{k+1} von der Gestalt

$$6) \qquad B_{k+1} := \Phi(B_k, s_k, y_k)$$

mit einem $\Phi : D_\Phi \subset L(\mathbb{R}^n) \times \mathbb{R}^n \times \mathbb{R}^n \longrightarrow L(\mathbb{R}^n)$.

Die Vorschrift 6) heißt dann *Aufdatierungsformel* (bzw. B_{k+1} die *(k+1)-te Aufdatierungsmatrix*).

Hat man sich für eine Aufdatierungsformel Φ entschieden, so führt das zu dem folgenden

Algorithmus A1

1° Wähle $x_0 \in \mathbb{R}^n$ und $B_0 \in L(\mathbb{R}^n)$, setze $k := 0$.

2° Falls $F(x_k) = 0$, stoppe mit der Lösung x_k.

3° Berechne x_{k+1} als eine Nullstelle der Gleichung

       $B_k(x - x_k) + F(x_k) = 0$ (bzw. $x_{k+1} = x_k - B_k^{-1} F(x_k)$).

4° Bestimme $B_{k+1} := \Phi(B_k, s_k, y_k)$

5° Setze $k := k+1$ und fahre bei 2° fort.

Aber besonders bei Optimierungsaufgaben ist es ratsam nicht immer die volle Schrittweite $x_{k+1} - x_k = -B_k^{-1} F(x_k)$ zu wählen, sondern in Abhängigkeit vom erreichten Abstieg die gedämpfte Form (s. verallgemeinerte Gradientenverfahren)

$$3') \qquad x_{k+1} := x_k - \alpha_k B_k^{-1} F(x_k)$$

zu benutzen, wobei $\alpha_k \in \mathbb{R}_+ \backslash \{0\}$ eine geeignet zu bestimmende Schrittweite ist. Der Punkt 3^0 wird also durch den folgenden ersetzt:

$3^{0'}$ Bestimme x_{k+1} nach $3'$).

Dieser Algorithmus soll mit **A2** bezeichnet werden. In beiden Fällen sprechen wir von einem Quasi-Newton-Verfahren: Beim Algorithmus A1 sagen wir manchmal zur Verdeutlichung:

"Ein Quasi-Newton-Verfahren mit voller Schrittweite."

Allein die Forderungen 4) und 6) können noch nicht zu einem konkreten effektiven Verfahren führen. Die Entstehung der verschiedenen Aufdatierungsformeln ist mit einem faszinierenden Austausch von Erfahrung (numerischer Experimente) und den daraus resultierenden theoretischen Untersuchungen verbunden.

Es wurde bald beobachtet, daß die erfolgreichsten Aufdatierungsformeln die $(k+1)$-te Aufdatierungsmatrix B_{k+1} als die beste Approximation von B_k bzgl. $Q(s_k, y_k)$ (bzw. einer Teilmenge von $Q(s_k, y_k)$) in einer geeigneten Matrix-Norm zu wählen ist (s. [Gol], [Gre], [D-M]).

Die beste Illustration dafür liefert bereits das erfolgreichste Quasi-Newton-Verfahren zur Nullstellenbestimmung einer Abbildung $F \in C^1(\mathbb{R}^n, \mathbb{R}^n)$, wenn über die Jakobi Matrix der Nullstelle keine zusätzlichen Informationen vorliegen. Dieses Verfahren geht auf Broyden zurück und ist durch die Aufdatierungsformel (s. [B1])

$$7) \qquad A_{k+1} := A_k + \frac{(y_k - A_k s_k) s_k^T}{s_k^T s_k}$$

gegeben. Denn hier ist A_{k+1} die beste Approximation von A_k bzgl. $Q(s_k, y_k)$ in der Frobenius-Norm. Dies kann man unmittelbar mit dem folgenden Lemma sehen.

Lemma:

Seien $u, v \in \mathbb{R}^n$. Dann gilt $\|u v^T\|_F = \|u\| \cdot \|v\|$.

Beweis : Mit 0.7.3.1) und 0.7.2.4) folgt:

$$\|u v^T\|_F = (\mathrm{Tr}((u v^T)^T u v))^{\frac{1}{2}} = (\mathrm{Tr}(v u^T u v^T))^{\frac{1}{2}} = \left(\langle u, u \rangle \, \mathrm{Tr}\langle v, v^T \rangle \right)^{\frac{1}{2}}$$
$$= (\langle u, u \rangle \langle v, v \rangle)^{\frac{1}{2}} = \|u\| \|v\| . \qquad \blacksquare$$

Dieses Lemma ergibt den

Satz 1:

Sei $A \in L(\mathbb{R}^n)$, $s, y \in \mathbb{R}^n$, $s \neq 0$. Die Aufgabe

$$\min_{B \in Q(s,y)} \|B - A\|_F$$

besitzt die eindeutige Lösung

$$\overline{A} := A + \frac{(y - A s) s^T}{s^T s}$$

Beweis: Offenbar ist $\overline{A}s = y$, d.h. $\overline{A} \in Q(s,y)$.

Sei $B \in Q(s,y)$. Dann gilt mit 0.7.3 Bem. 1) und Lemma

$$\|\overline{A} - A\|_F = \left\| \frac{(y - As)s^T}{s^T s} \right\|_F = \left\| \frac{(B - A)s s^T}{s^T s} \right\|_F \leq \|B - A\|_F \left\| \frac{s s^T}{s^T s} \right\|_F = \|B - A\|_F$$

Da die Frobenius-Norm strikt konvex ist (Euklidische Norm in $\mathbb{R}^{n \times n}$), ist die Lösung eindeutig. ∎

Für die praktische Realisierung kann auch die "inverse" Aufdatierungs-formel

$$A_{k+1}^{-1} := A_k^{-1} + \frac{(s_k - A_k^{-1} y_k)s_k^T A_k^{-1}}{s_k^T A_k^{-1} y_k}$$

benutzt werden, die die Berechnung von A_{k+1}^{-1} aus A_k^{-1} erlaubt (s. aber [D-S], S. 188). Dies folgt aus dem allgemeinen

Sherman-Morrison-Woodbury-Lemma:

Seien $u, v \in \mathbb{R}^n$ und $A \in L(\mathbb{R}^n)$ sei invertierbar.

Dann ist $A + u v^T$ genau dann invertierbar, wenn

$$1 + v^T A^{-1} u =: \sigma \neq 0$$

gilt. Ferner ist

8) $$(A + u v^T)^{-1} = A^{-1} - \frac{A^{-1} u v^T A^{-1}}{1 + v^T A^{-1} u} \; .$$

Aber wieso ist die Bestapproximation-Selektion-Strategie für die Aufdatie-rungsmatrizen gut?

Der folgende Satz liefert eine der möglichen Antworten auf diese Frage.

Satz 2:

Ein gegen ein $x^* \in \mathbb{R}^n$ konvergentes Quasi-Newton-Verfahren (s. A1 oder A2) mit invertierbarer Matrix $F'(x^*)$ und

$$B_{k+1} - B_k \xrightarrow{k \to \infty} 0$$

konvergiert Q-superlinear und es gilt $F(x^*) = 0$.

Beweis: Sei $s_k = x_{k+1} - x_k \neq 0$ für $k \in \mathbb{N}$. Aus 4) und 5) folgt
$$B_k s_k = (B_k - B_{k+1})s_k + B_{k+1} s_k = (B_k - B_{k+1})s_k + Y_{k+1} s_k \; .$$
Aus der Bemerkung 1 und 0.6.9 folgt:

$$\frac{\|(B_k - F'(x_k))s_k\|}{\|s_k\|} \leq \|B_k - B_{k+1}\|_F + \|Y_{k+1} - F'(x_k)\|_F \xrightarrow{k \to \infty} 0$$

Mit 3.4 folgt die Behauptung. ∎

Den Satz 2 kann man auch folgendermaßen aussprechen:

"Ein konvergentes Quasi-Newton-Verfahren mit asymptotisch konvergen-ten Aufdatierungsmatrizen ist Newton-ähnlich und damit Q-superlinear konvergent."

Zusatz:

Ist zusätzlich F' in einer Umgebung von x^* Lipschitz-stetig und die Folge

9)
$$\left(\frac{B_{k+1} - B_k}{\|s_k\|} \right)_{k \in \mathbb{N}}$$

beschränkt, so ist die Konvergenz Q-quadratisch.

Beweis: Es gilt

$$\frac{\|(B_k - F'(x_k))\,s_k\|}{\|s_k\|^2} \leq \frac{\|B_k - B_{k+1}\|_F}{\|s_k\|} + \frac{\|Y_{k+1} - F'(x_k)\|_F}{\|s_k\|} .$$

Mit 9), Bemerkung 2 und 3.4 Bemerkung 1 folgt die Behauptung. ∎

Ein ähnliches Resultat bekommt man bei der asymptotischen Konvergenz der inversen Aufdatierungsmatrizen. Es gilt der

Satz 3:

Sei F' lokal Lipschitz-stetig.

Ein gegen ein $x^* \in \mathbb{R}^n$ konvergentes Quasi-Newton-Verfahren mit $\det(F'(x^*)) \neq 0$ und einer Folge invertierbarer Aufdatierungsmatrizen $(B_k)_0^\infty$ für die

$$B_{k+1}^{-1} - B_k^{-1} \underset{k \to \infty}{\longrightarrow} 0 \quad \text{und} \quad (B_k)_0^\infty \text{ beschränkt}$$

gilt, konvergiert Q-superlinear und es ist $F(x^*) = 0$.

Beweis: Für große k ist Y_{k+1} invertierbar und es gilt mit 4) und 5) und einer Lipschitz-Konstante L

$$\frac{\|(B_k - F'(x^*))\,s_k\|}{\|s_k\|} = \frac{\|B_k B_{k+1}^{-1} y_k - F'(x^*) Y_{k+1}^{-1} y_k\|}{\|s_k\|} \leq$$

$$\leq \frac{\|B_k(B_{k+1}^{-1} - B_k^{-1} + B_k^{-1}) - F'(x^*) Y_{k+1}^{-1}\| L \|s_k\|}{\|s_k\|} =$$

$$= L \|I - F'(x^*) Y_{k+1}^{-1} + B_k(B_{k+1}^{-1} - B_k^{-1})\| \leq$$

$$= L(\|I - F'(x^*) Y_{k+1}^{-1}\| + \|B_k\| \|B_{k+1}^{-1} - B_k^{-1}\|) \underset{k \to \infty}{\longrightarrow} 0$$

Mit 3.4 folgt die Behauptung. ∎

10.2 SEKANTENVERFAHREN MINIMALER ÄNDERUNG UND IHRE GEOMETRIE

Die Bestapproximation-Selektion-Strategie für die Aufdatierungmatrizen führt nun zu der folgenden

Definition: Ein Quasi-Newton-Verfahren heißt *Sekantenverfahren minimaler Änderung* (least change secant method, s. [D-S]), wenn folgendes gilt:

a) In $L(\mathbb{R}^n)$ ist eine Skalarprodukt-Norm vorgegeben und für alle $k \in \mathbb{N}_0$ ist die Aufdatierungsmatrix B_{k+1} die beste Approximation in dieser Norm von B_k bzgl. eines affinen Teilraumes S_k von $Q(s_k, y_k)$.

b) Es gilt $Y_{k+1} \in S_k$.

Mit dem Broyden-Verfahren haben wir in 10.1 ein wichtiges Beispiel für ein Sekantenverfahren minimaler Änderung kennengelernt.

Die Sekantenverfahren minimaler Änderung besitzen die folgende geometrische Interpretation:

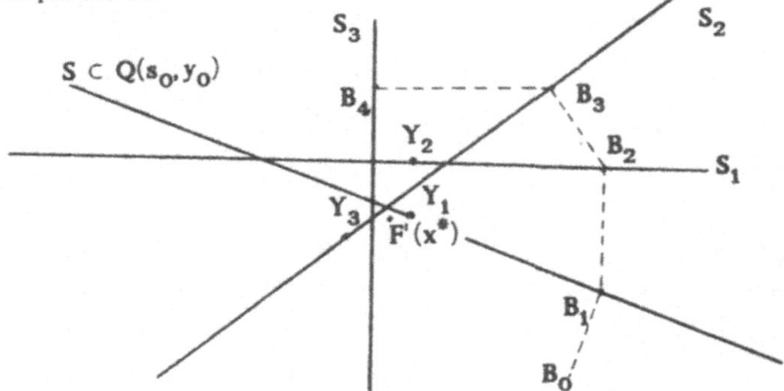

Nach einem Satz von John von Neumann (s. [vN]) weiß man, daß bei endlich vielen Teilräumen eines Hilbert-Raumes die sukzessiven Projektionen (Bestapproximationen) gegen die Projektion des Startelementes auf den Durchschnitt dieser Teilräume konvergieren.

In unserem Fall sind es einerseits nur affine Teilräume (der Durchschnitt kann leer sein) und andererseits unendlich viele.

Um einheitliche Konvergenzbeweise für die Klasse der Sekantenverfahren minimaler Änderung zu erhalten, wird zunächst ein allgemeiner Satz über sukzessive Projektionen in Hilbert-Räumen bewiesen (s. [K5]).

Wir betrachten nun eine unendliche Folge von affinen Teilräumen, die keinen gemeinsamen Punkt zu haben brauchen, und ausgehend von einem Startpunkt die sukzessiven Projektionen auf diese Teilräume.

Auch wenn die Teilräume gegen einen festen Teilraum konvergieren (z.B. im Sinne der Kuratowski-Konvergenz, s. [K 4]), braucht die Folge der sukzessiven Projektionen nicht beschränkt zu sein. Man wähle z.B. die folgenden konvexen Mengen in $\mathbb{R}^2$: $A := \{(x,y) \mid y \geq \frac{1}{x},\ x > 0\}$ und $B := \{(x,y) \mid y = 0\}$.

Dann sind die sukzessiven Projektionen auf A und B unbeschränkt. Nimmt man in jedem Punkt, der als Projektion auf A oder B vorkommt, die dazugehörigen Tangenten, so kann man diese Punkte auch als Projektionen auf diese Tangenten interpretieren. Die Tangenten konvergieren gegen die x-Achse.

Aber eine einfache Bedingung, die man als einen Ersatz für einen gemeinsamen Punkt ansehen kann, erlaubt einen kurzen Beweis der Beschränktheit und der asymptotischen Konvergenz der Folge der sukzessiven Projektionen.

<u>Satz</u>:

Sei $(V_k)_0^\infty$ eine Folge abgeschlossener affiner Teilräume eines Hilbert-Raumes X derart, daß es für alle $k \in \mathbb{N}_0$ ein $H_k \in V_k$ gibt mit

1)
$$\sum_{k=0}^{\infty} \|H_{k+1} - H_k\| < \infty .$$

Dann ist für jeden Startpunkt $B_0 \in X$ die durch die folgende Iteration
"B_{k+1} ist die beste Approximaton von B_k bzgl. V_k"
bestimmte Folge beschränkt und asymptotisch konvergent, d.h.
$$\|B_{k+1} - B_k\| \xrightarrow[k \to \infty]{} 0 .$$

Beweis: Da B_k die Projektion von B_{k-1} auf V_k ist, gilt (s. 0.8.5)
$$B_k - B_{k-1} \perp B_k - H_k.$$
Mit dem Satz von Pythagoras gilt also für alle $k \in \mathbb{N}$
$$\|B_{k-1} - H_k\|^2 = \|B_k - H_k\|^2 + \|B_k - B_{k-1}\|^2$$
Durch Quadrieren stellt man fest, daß in $\mathbb{R}$ für alle $0 \le a \le b$ die folgende Ungleichung gilt:
$$\sqrt{b^2 - a^2} \le b - \frac{a^2}{2b} \qquad (\frac{a^2}{2b} := 0 \text{ für } a = b = 0).$$

Damit ist:
$$\|B_k - H_k\| \le \|B_{k-1} - H_k\| - \frac{\|B_{k-1} - B_k\|^2}{2\|B_{k-1} - H_k\|} \le$$
$$\le \|B_{k-1} - H_{k-1}\| + \|H_k - H_{k-1}\| - \frac{\|B_k - B_{k-1}\|^2}{2\|B_{k-1} - H_k\|}$$

Summation von 1 bis m ergibt:

2)
$$\|B_m - H_m\| \le \|B_0 - H_0\| + \sum_{k=1}^{m} \|H_k - H_{k-1}\| - \sum_{k=1}^{m} \frac{\|B_k - B_{k-1}\|^2}{2\|B_{k-1} - H_k\|}$$

Mit der Dreiecksungleichung und 1) ist $(H_k)_0^\infty$ eine Cauchy-Folge, die in dem Hilbert-Raum X konvergiert. Nach 1) und 2) ist $(\|B_m - H_m\|)_{m \in \mathbb{N}}$ beschränkt. Damit ist auch $(B_m)_{m \in \mathbb{N}}$ beschränkt und
$$\sum_{k=1}^{\infty} \frac{\|B_k - B_{k-1}\|^2}{2\|B_{k-1} - H_k\|} < \infty .$$

Dies impliziert $\|B_{k+1} - B_k\| \xrightarrow[k\to\infty]{} 0$.

10.3   Q-SUPERLINEARE KONVERGENZ LINEAR KONVERGENTER SEKANTENVERFAHREN MINIMALER ÄNDERUNG

Um eine Anwendung von 10.2 Satz auf Quasi-Newton-Verfahren zu bekommen, kann man hier für $k \in \mathbb{N}$ $V_k := S_k \subset Q(s_k, y_k)$, $V_o = \{B_o\}$ und H_k als die Mittelwertsatz-Matrix Y_{k+1} (s. 10.1.5)) nehmen. Mit beliebigem Y_o entspricht 10.2.1) der Bedingung

1) $$\sum_{k=0}^{\infty} \|Y_{k+1} - Y_k\| < \infty \quad ,$$

die in einer unmittelbaren Beziehung zu der Endlichkeit der Reihe
$$\sum_{k=0}^{\infty} \|x_{k+1} - x_k\|$$
steht.

Da diese Bedingung bei der Behandlung der Quasi-Newton-Verfahren eine zentrale Rolle spielen soll, erfolgt jetzt die Begriffsbildung:

Definition:

Sei X ein Banachraum. Eine Folge $(u_k)_0^{\infty}$ heißt **Σ-konvergent**, wenn

2) $$\sum_{k=0}^{\infty} \|u_{k+1} - u_k\| < \infty$$

gilt.

Bemerkung 1:

Da eine Σ-konvergente Folge eine Cauchy-Folge ist, ist sie nach Definition eines Banachraumes konvergent.

Bemerkung 2:

Ist $(u_k)_0^{\infty}$ gegen ein u^* konvergent, so impliziert

3) $$\sum_{k=0}^{\infty} \|u_k - u^*\| < \infty$$

die Bedingung 2). Die Umkehrung ist nicht wahr, was mit dem Beispiel $X := \mathbb{R}$, $u_k := 1/k$ zu sehen ist. Ferner ist jede Q-linear und R-linear konvergente Folge $(u_k)_0^{\infty}$ Σ-konvergent. Das eine impliziert das Erfüllen des Quotientenkriteriums und das andere des Wurzelkriteriums für die Reihe in 3).

Das folgende Lemma wird erlauben, die asymptotische Konvergenz der Aufdatierungsmatrizen eines Quasi-Newton-Verfahrens mit der Konvergenz der von dem Verfahren erzeugten Iterationsfolge von Vektoren zu verbinden.

Lemma:

Sei $U \subset \mathbb{R}^n$ offen und konvex, $F \in C^1(\mathbb{R}^n, \mathbb{R}^n)$ und F' sei lokal Lipschitz-stetig. Sei $(x_k)_0^\infty$ eine Σ-konvergente Folge in U.

Dann ist auch $(Y_k)_0^\infty$ (s. 10.1.5)) Σ-konvergent. Ist zusätzlich $x^* := \lim_{k \to \infty} x_k \in U$ und $F'(x^*)$ invertierbar, so ist für $k \geq k_0$ Y_k invertierbar und $(Y_k^{-1})_{k_0}^\infty$ Σ-konvergent.

Beweis: Mit $s_k := x_{k+1} - x_k$ gilt ab einem Index $\bar{k} \in \mathbb{N}$ und für ein $L > 0$

$$\|Y_{k+1} - Y_k\|_F = \|\int_0^1 [F'(x_k + ts_k) - F'(x_{k-1} + ts_{k-1})]\,dt\|_F \leq$$

$$\leq L \int_0^1 \|x_k + ts_k - x_{k-1} - ts_{k-1}\|\,dt \leq L[\|s_{k-1}\| \int_0^1 (1-t)\,dt + \|s_k\| \int_0^1 t\,dt] =$$

$$= \frac{L}{2}\,[\|s_k\| + \|s_{k-1}\|]$$

Die Σ-Konvergenz von $(x_k)_0^\infty$ bedeutet nach Definition $\sum_{k=0}^\infty \|s_k\| < \infty$, woraus

$$\sum_{k=0}^\infty \|Y_{k+1} - Y_k\|_F < \infty$$

folgt. Da Y_k gegen $F'(x^*)$ konvergiert, ist nach dem Störungslemma 0.7.5 ab einem $k_0 \in \mathbb{N}$ Y_k invertierbar und es gilt $Y_k^{-1} \xrightarrow[k \to \infty]{} F'(x^*)^{-1}$. Insbesondere ist für $\alpha := \sup_{k \geq k_0} \|Y_k^{-1}\| < \infty$ und für $k \geq k_1$

$$\|Y_{k+1} - Y_k\| \cdot \alpha < 1/2\,.$$

Wieder mit dem Störungslemma folgt:

$$\|Y_{k+1}^{-1} - Y_k^{-1}\| \leq 2\,\alpha^2\,\|Y_{k+1} - Y_k\|$$

und damit die Σ-Konvergenz von $(Y_k^{-1})_{k_0}^\infty$. ∎

Mit dem Lemma und den Sätzen folgt jetzt für Abbildungen mit lokal Lipschitz-stetiger Ableitung die zentrale und überraschende Aussage dieses Abschnitts.

Satz:

Jedes Σ-konvergente Sekantenverfahren minimaler Änderung ist Q-superlinear konvergent.

Insbesondere ist also jedes Q-linear (bzw. R-linear) konvergente Sekantenverfahren minimaler Änderung Q-superlinear konvergent.

Bemerkung 3:

Es sei vermerkt, daß bereits die Anwendung einer Schrittweitenregel mit der schwachen Forderung 2) aus 4.2.3

4) $$\exists\, \beta \in (0,1) \text{ mit } f(x_k) - f(x_{k+1}) \geq \beta \langle -f'(x_k), x_{k+1} - x_k \rangle$$

auf eine 1-stark konvexe Funktion im Rahmen eines verallgemeinerten Gradientenverfahrens stets (unabhängig von der Folge der Richtungen) zu

5) $$\sum_{k=0}^{\infty} \|x_{k+1} - x_k\|^2 < \infty$$

führt, wobei $(x_k)_0^{\infty}$ die dazugehörige Iterationsfolge ist.

Beweis: Da eine 1-stark konvexe Funktion nach unten beschränkt ist, folgt durch Summation von 4) mit einem $C \in \mathbb{R}$ für alle $m \in \mathbb{N}$

6) $$C \geq f(x_o) - f(x_{m+1}) = \sum_{i=0}^{m} (f(x_i) - f(x_{i+1})) \geq \beta \sum_{i=0}^{m} <-f'(x_i), x_{i+1} - x_i>$$

Andererseits folgt aus der 1-starken Konvexität die Existenz eines $C_1 > 0$, so daß für alle $i \in \mathbb{N}$ (s. 0.8.6 Satz 4) gilt:

7) $$f(x_{i+1}) - f(x_i) \geq f'(x_i)(x_{i+1} - x_i) + C_1 \|x_{i+1} - x_i\|^2$$

Die Summationen in 6) und 7) ergeben

$$C_1 \sum_{i=0}^{\infty} \|x_{i+1} - x_i\|^2 \leq \sum_{i=0}^{\infty} (f(x_{i+1}) - f(x_i)) + \sum_{i=0}^{\infty} -f'(x_i)(x_{i+1} - x_i) \leq$$

$$\leq \sum_{i=0}^{m} -f(x_i)(x_{i+1} - x_i) \leq \frac{C}{\beta} . \qquad \blacksquare$$

Mit den Bezeichnungen aus Lemma gilt die

Bemerkung 4 :

Wird im Lemma statt $\sum_{k=0}^{\infty} \|x_{k+1} - x_k\| < \infty$ die Bedingung $\sum_{k=0}^{\infty} \|x_k - x^*\| < \infty$ gefordert, so folgt für $F \in C^1(\mathbb{R}^n, \mathbb{R}^n)$, deren Ableitung in x^* Lipschitz-stetig ist,

8) $$\sum_{k=0}^{\infty} \|Y_k - F'(x^*)\| < \infty$$

Ist zusätzlich $F'(x^*)$ invertierbar, so ist ab einem Index k_o auch Y_k invertierbar und es gilt

9) $$\sum_{k=0}^{\infty} \|Y_k^{-1} - F'(x^*)^{-1}\| < \infty$$

Beweis : Für ein $L > 0$ gilt

$$\|Y_k - F'(x^*)\| = \| \int_0^1 [F'(x_{k-1} + t(x_k - x_{k-1})) - F'(x^*)]dt\| \leq$$

$$\leq L\int_0^1 \|x_{k-1} + t(x_k - x_{k-1}) - x^*\| \, dt \leq L\int_0^1 \|(1-t)(x_{k-1} - x^*) + t(x_k - x^*)\| dt$$

$$\leq \frac{1}{2} L \left(\|x_{k-1} - x^*\| + \|x_k - x^*\| \right)$$

woraus 8) folgt. Mit dem Störungslemma 0.7.5 und 8) folgt 9). $\qquad \blacksquare$

10.4 SYMMETRISCHE AUFDATIERUNGEN. PSB-FORMEL.

Nun wollen wir ein weiteres Beispiel für Sekantenverfahren minimaler Änderung betrachten. Die natürliche Zusatzforderung der Symmetrie der Aufdatierungsmatrizen führt zu der PSB-Formel (Powells symmetrische Broyden-Formel).

Wir haben jetzt die folgende Minimierungsaufgabe zu lösen. Für eine vorgegebene symmetrische Matrix $A \in L(\mathbb{R}^n)$ und $y, s \in \mathbb{R}^n$ mit $s \neq 0$ betrachte die Aufgabe:

P) $\qquad$ Minimiere $\|B - A\|_F$

unter den Nebenbedingungen

i) $\qquad B s = y \qquad$ und

ii) $\qquad B^T = B$.

Dies soll mit dem folgenden allgemeinen Lagrange-Ansatz gelöst werden. Seien X, Y beliebige Mengen, $y_0 \in Y$ und $f : X \to \mathbb{R}$, $g : X \to Y$ beliebige Abbildungen. Die Funktion f ist auf der Restriktionsmenge

$$S := \{ x \in X \mid g(x) = y_0 \}$$

zu minimieren.

Satz:

Mit $r := y - A s$ ist die Lösung der Aufgabe P) durch

$$\overline{B} := A + \frac{r s^T + s r^T}{\langle s, s \rangle} - \frac{\langle r, s \rangle \, s s^T}{\langle s, s \rangle^2}$$

gegeben.

Beweis: Für eine n×n-Matrix $A = (a_{ij})$ bezeichne $\operatorname{Tr} A := \sum_{i=1}^{n} a_{ii}$ die Spur von A. Mit der Bezeichnung $E := B - A$ gilt es die Funktion $f(E) := \frac{1}{2} \|E\|_F^2$ auf der Restriktionsmenge

1) $\qquad S := \{ E \in L(\mathbb{R}^n) \mid E s = y - A s := r, \; E^T - E = 0 \}$

zu minimieren. Mit der Ergänzungsmethode aus 0.9.1 genügt es, ein $(\Gamma, \lambda) \in L(\mathbb{R}^n) \times \mathbb{R}^n$ und ein $\overline{E} \in S$ zu finden, so daß $\overline{E}$ eine Minimallösung von

$$E \longmapsto f_\Lambda(E) := \frac{1}{2} \|E\|_F^2 + \langle \lambda, E s - r \rangle + \operatorname{Tr}(\Gamma(E - E^T))$$

ist.

Beim festen (Γ, λ) sind die letzten beiden Summanden linear in E und folglich ist f_Λ konvex. Damit ist ein $\overline{E} \in L(\mathbb{R}^n)$ genau dann eine Lösung der gestellten Aufgabe, wenn $f_\Lambda'(\overline{E}) = 0$ gilt.

Es ist $\frac{1}{2} \|E\|_F^2 = \frac{1}{2} \operatorname{Tr}(E E^T) = \frac{1}{2} \sum_{i,j=1}^{n} E_{ij}^2$ und damit

$$\frac{\partial}{\partial E_{ij}} \left(\frac{1}{2} \|E\|_F^2 \right) = E_{ij}$$

Für jede Matrix $D \in L(\mathbb{R}^n)$ gilt

$$\frac{\partial}{\partial E} (\operatorname{Tr}(ED)) = \left\{ \frac{\partial}{\partial E_{km}} \sum_{ij} E_{ij} D_{ji} \right\} = \{ D_{mk} \} = D^T \quad \text{und}$$

$$\frac{\partial}{\partial E} (\operatorname{Tr}(E^T D)) = D \quad .$$

Mit $\langle \lambda, E s - r \rangle = \operatorname{Tr}((E s - r) \lambda^T)$ erhalten wir die Gleichung

2) $\qquad f_\Lambda'(\overline{E}) = \overline{E} + (s \lambda^T)^T + \Gamma^T - \Gamma = 0, \quad \text{d.h.}$

3) $\qquad E = \Gamma - \Gamma^T - \lambda s^T$

Mit $\overline{E} = \overline{E}^T$ folgt dann: $\Gamma - \Gamma^T - \lambda s^T = \Gamma^T - \Gamma - s \lambda^T$, d.h.

4) $\qquad \Gamma - \Gamma^T = \frac{1}{2} (\lambda s^T - s \lambda^T)$

Eingesetzt in 3) folgt:

5)
$$\overline{E} = \tfrac{1}{2}(\lambda\, s^T - s\,\lambda^T) - \lambda\, s^T = -\tfrac{1}{2}(\lambda\, s^T + s\,\lambda^T).$$

Mit der Quasi-Newton-Gleichung $E\,s = r$ und 5) gilt

6)
$$-\tfrac{1}{2}(\lambda\, s^T + s\,\lambda^T)\, s = -\tfrac{1}{2}(\lambda\, \langle s,s\rangle + s\,\langle\lambda,s\rangle) = r$$

Das Bilden des Skalarproduktes mit s in 6) ergibt

7)
$$\langle\lambda,s\rangle\,\langle s,s\rangle + \langle s,s\rangle\,\langle\lambda,s\rangle = -2\,\langle r,s\rangle, \qquad \text{d.h.}$$

8)
$$\langle\lambda,s\rangle = -\frac{\langle r,s\rangle}{\langle s,s\rangle}\,.$$

Dies eingesetzt in 6) liefert

9)
$$\lambda = \frac{-2r + \langle s,s\rangle^{-1}\langle r,s\rangle\, s}{\langle s,s\rangle}$$

was mit 5) zu

10)
$$\overline{E} = \frac{r\,s^T + s\,r^T}{\langle s,s\rangle} - \frac{\langle r,s\rangle\, s\, s^T}{\langle s,s\rangle^2}$$

führt.

Mit λ aus 9) und $\Gamma = \dfrac{s\,r^T}{\langle s,s\rangle}$ erfüllt die Matrix $\overline{E}$ aus 10) die Gleichung 3) und ist damit eine Minimallösung von f_Λ auf ganz $L(\mathbb{R}^n)$. Da $\overline{E}$ ein Element aus S ist, folgt mit der Ergänzungsmethode die Behauptung.

Bemerkung:

Mit dem Satz bekommen wir die **PSB-Formel** (Powell-symmetrische-Broyden-Aufdatierung)

$$A_{k+1} := A_k + \frac{(y_k - A_k s_k)\, s_k^T + s_k\,(y_k - A_k s_k)^T}{s_k^T s_k} - \frac{\langle y_k - A_k s_k, s_k\rangle\, s_k\, s_k^T}{(s_k^T s_k)^2}$$

Diese wurde von Powell durch die sukzessive Hintereinanderausführung der Projektionen (in der Frobeniusnorm) auf dem affinen Teilraum $Q(s_k,y_k)$ der Quasi-Newton-Matrizen und dem Teilraum der symmetrischen Matrizen erhalten (Powells Symmetrisierung). Die Projektion einer Matrix A auf den Teilraum der symmetrischen Matrizen ist durch $(A + A^T)/2$ gegeben und die Broyden-Formel liefert die Projektion auf $Q(s_k,y_k)$. Die Konvergenz gegen die Projektion auf den Durchschnitt ist nach dem in 10.2 erwähnten Satz von J.v.Neumann garantiert.

10.5 QUASI-NEWTON-METHODEN FÜR SCHWACH-BESETZTE MATRIZEN

Sei $F \in C^1(\mathbb{R}^n,\mathbb{R}^n)$ und $(x_k)_0^\infty$ eine durch das Broyden-Verfahren erzeugte Folge. Sind die Jakobi-Matrizen $F'(x_k)$ schwach besetzt, so trifft dies für die Broyden-Approximationen A_k im allgemeinen nicht mehr zu. Hier kann die Aufdatierungsformel (10.1.7) so abgeändert werden, daß die

Besetztheitsstruktur von A_k der von $F'(x_k)$ entspricht. Eine natürliche Vorgehensweise ist die folgende:

Die Aufdatierungsmatrix A_{k+1} wird nicht als beste Approximation (in der Frobenius-Norm) von A_k bzgl. der gesamten Menge $Q(s_k,y_k)$ genommen, sondern nur bzgl. der Teilmenge von $Q(s_k,y_k)$, die die gewünschte Vorzeichenstruktur besitzt (Sparse Methods). Sei also für $1 \le i,j \le n$

1) $$Z_{ij} := \begin{cases} 0 & \text{falls } F'(x)_{i,j} = 0 \text{ für alle } x \in \mathbb{R}^n \\ 1 & \text{sonst.} \end{cases}$$

und $Z := (Z_{ij})_{1 \le i,j \le n}$. Weiter bezeichne

2) $$SP(Z) := \{M \in L(\mathbb{R}^n) \mid M_{ij} = 0 \text{ falls } Z_{ij} = 0, 1 \le i,j \le n\} .$$

Die beste Approximation von A_k bzgl. $Q(s_k,y_k) \cap SP(Z)$ in der Frobenius-Norm führt dann zu dem Verfahren von Schubert, Broyden, Marwill (s. [S], [M], [B4]). Sind die Jakobi-Matrizen symmetrisch, so kann man auch die Projektion von A_k auf den affinen Teilraum

$$S_3 := \{D \in Q(s_k,y_k) \cap SP(Z) \mid D \text{ symmetrisch}\}$$

nehmen. Dies führt zu der Methode von Toint (s. [T1], [T2]). Da die Mittelwertmatrizen $Y_{k+1} = \int_0^1 F'(x_k + t\,s_k)\,dt$ dann zu $Q(s_k,y_k) \cap SP(Z)$ (bzw. S_3, wenn F' symmetrisch ist) gehören, gehören diese Methoden zu der Klasse der Sekantenverfahren minimaler Änderung.

Insbesondere kann man für diese Verfahren den 10.6 Satz 1 anwenden.

Das Verfahren von Schubert

Die Idee von Schubert kann folgendermaßen beschrieben werden. Die Broyden-Aufdatierungsmatrix 10.1.7) wird zeilenweise so geändert, daß die neue Besetztheitsstruktur der von $F'(x_k)$ entspricht.

Seien also $y,s \in \mathbb{R}^n \setminus \{0\}$ und die Matrix sei bereits aus $SP(Z)$.

Für $i \in \{1, \ldots, n\}$ wird dann die Anpassung $s(i)$ des Vektors $s = (s_1, \ldots, s_n)$ an die i-te Zeile der Matrix Z (Besetztheitsstruktur der Jacobi-Matrix) vollzogen, indem die j-te Komponente von s Null gesetzt wird, falls $z_{ij} = 0$ gilt, d.h.

3) $$s(i)_j := z_{ij}\, s_j$$

Für den folgenden Teilraum

4) $$V_i := \{x \in \mathbb{R}^n \mid x_j = 0 \text{ falls } z_{ij} = 0 , 1 \le j \le n\},$$

ist $s(i)$ die Projektion von s auf V_i.

Um die neue Aufdatierungsmatrix $\bar{A}$ zu bekommen, wird zu der i-ten Zeile a_i der Matrix A, im Falle $s(i) \ne 0$, die i-te Zeile der Matrix $(y - As)s(i)^T \|s(i)\|^{-2}$ dazu addiert, d.h. bezeichnet $r = (r_1, \ldots, r_n) := y - As$, so erfolgt die Korrektur durch den Vektor $w^{(i)} = (w_1^{(i)}, \ldots, w_n^{(i)})$ mit

5) $$w_j^{(i)} := \frac{r_i\, s(i)_j}{\|s(i)\|^2} \quad \text{für } j = 1, \ldots, n.$$

Die i-te Zeile $\bar{a}_i$ von $\bar{A}$ ist also durch $\bar{a}_i := a_i + w^{(i)}$ definiert.

Im Falle $s^{(i)} = 0$ wird $\bar{a}_i = a_i$ gesetzt (bzw. $w^{(i)} = 0$).

Bemerkung 1 :

Bei dem Verfahren von Schubert können die Komponenten der obigen Matrix Z auch dann Null gesetzt werden, wenn die korrespondierenden Komponenten von F' bekannte Konstanten sind. In der Startmatrix sind die entsprechenden Komponenten mit diesen Konstanten zu besetzen. Die folgenden Betrachtungen können für diese Variante des Verfahrens von Schubert direkt übernommen werden.

Bemerkung 2 :

Für $i \in \{1, \ldots, n\}$ bezeichne e_i den i-ten Einheitsvektor in $\mathbb{R}^n$.
Für den Vektor $w^{(i)}$ gilt dann

6) $$w^{(i)} = \frac{e_j^\tau \, [(y - As)s(i)^\tau]}{\|s_i\|^2}$$

Mit der Funktion $\varphi : \mathbb{R}_+ \to \mathbb{R}$, $\alpha \mapsto \varphi(\alpha) := \begin{cases} 1/\alpha & \text{für } \alpha > 0 \\ 0 & \text{für } \alpha = 0 \end{cases}$

bekommen wir für $\overline{A}$ die folgende einheitliche Darstellung (s. [M])

7) $$\overline{A} = A + \sum_{j=1}^n \varphi(\|s(j)\|^2) e_j \, e_j^\tau \, (y - Bs)s(j)^\tau$$

Es gilt der

Satz 1 :

Sei $F \in C^1(\mathbb{R}^n, \mathbb{R}^n)$, $\overline{x}, x \in \mathbb{R}^n$, $y = F(\overline{x}) - F(x)$ und $s = \overline{x} - x \neq 0$.
Ferner sei $A \in SP(Z)$ (s. 2)).
Dann ist die durch 5) (bzw. 7)) bestimmte Matrix $\overline{A}$ die beste Approximation von A bzgl. des affinen Teilraumes $Q(s,y) \cap SP(Z)$ in der Frobenius-Norm.

Beweis : Es gilt $A \in SP(Z)$. Die gewünschte Besetztheitsstruktur entspricht der Bedingung $\overline{a}_i \in V_i$ (s. 4)). Mit 5) ist für $i \in \{1, \ldots, n\}$ offenbar $w^{(i)} \in V_i$ und damit auch $\overline{a}_i = a_i + w^{(i)} \in V$, da nach Voraussetzung $(A \in SP(Z))$ a_i (i-te Zeile von A) ein Element des Teilraumes V_i ist. Die Quasi-Newton-Gleichung $As = y$ wird jetzt komponentenweise gezeigt.
Sei $j \in I := \{i \in \{1, \ldots, n\} | \ s(j) \neq 0\}$. Dann gilt

$$e_j^\tau \, \overline{A}s = (e_j^\tau \overline{A})s = \overline{a}_j s = (a_j + w^{(j)})s = (a_j + e_j^\tau(y - As)s(j)^\tau/\|s(j)\|^2)s$$

$$= a_j s + e_j^\tau y - a_j s = e_j^\tau y = y_j$$

da mit 3) $s(j)^\tau s = \|s^{(j)}\|^2$ folgt.
Sei nun $j \in \{1, \ldots, n\}$ mit $s(j) = 0$. Wegen $A \in SP(Z)$ und

$$\overline{Y} := \int_0^1 F'(x + tz) \, dt \in SP(Z) \text{ folgt mit } y = \overline{Y} s \text{ (s. 0.6.4)):}$$

$$e_j^\tau \, \overline{A}s = (e_j^\tau \overline{A})s(j) = 0 = (e_j^\tau Y)s(j) = (e_j^\tau Y) s = e_j^\tau y = y_j$$

Sei nun $B \in Q(s,y) \cap SP(Z)$. Mit der Definition der Frobenius-Norm und 6) folgt

8) $\quad \| \bar{A} - A \|_F^2 = \sum_{i=1}^{n} \| e_i^{\mathsf{T}}(\bar{A} - A) \|^2 = \sum_{i=1}^{n} \| \bar{a}_i - a_i \|^2 = \sum_{i \in I} \| \frac{e^{\mathsf{T}}(y_i - As)s(i)^{\mathsf{T}}}{s(i)^{\mathsf{T}}s(i)} \|^2$

Wegen $Bs = y$ und $B - A \in SP(Z)$ ist $e_i^{\mathsf{T}}(y-As) = e_i^{\mathsf{T}}(B-A)s = e_i^{\mathsf{T}}(B-A)s(i)$

Daraus und 8) folgt mit 0.7.3 Bemerkung 1, 10.1 Lemma

$$\| A - A \|_F^2 = \sum_{i \in I} \| \frac{e_i^{\mathsf{T}}(B - A)s(i)s(i)^{\mathsf{T}}}{s(i)^{\mathsf{T}}s(i)} \|^2 \leq \sum_{i \in I} \| e_i^{\mathsf{T}}(B - A) \|^2 \| \frac{s(i)s(i)^{\mathsf{T}}}{s(i)^{\mathsf{T}}s(i)} \|_F^2 =$$

$$\sum_{i \in I} \| e_i^{\mathsf{T}}(B - A) \|^2 \leq \sum_{i=1}^{n} \| e_i^{\mathsf{T}}(B - A) \|^2 = \| B - A \|_F^2 \qquad \blacksquare$$

<u>Folgerung</u> :
Wird im Algorithmus A1 (bzw. A2) die durch 5) (bzw.7)) definierte Schubert-Aufdatierungsformel benutzt, so entsteht ein Sekantenverfahren minimaler Änderung.

Beweis : Da $Y \in Q(s,y) \cap SP(Z)$ ist, folgt aus Satz 1 die Behauptung. $\qquad \blacksquare$

Das Verfahren von Toint

Die folgende Darstellung orientiert sich an der Arbeit [T1] von Toint.

Sei $A \in L(\mathbb{R}^n)$ eine symmetrische sparse-Matrix (d.h. $A \in SP(Z)$ für eine gegebene 0-1 Matrix Z, s. 1)). Die Nullstellen-Forderung wird aber nicht für die Diagonalelemente erhoben, d.h. $z_{ii} = 1$ für $i \in \{1, \ldots ,n\}$. Weiterhin sei Z symmetrisch (Verträglichkeit der Symmetrie-Forderung mit der Besetztheitsstruktur).

Gesucht wird eine Korrektur-Matrix $E = (E_{ij}) \in L(\mathbb{R}^n)$ derart, daß $\bar{A} = A + E$ die neue Aufdatierungsmatrix liefert.

Zu gegebenen Vektoren $y, s \in \mathbb{R}^n$, $s \neq 0$ soll E eine Minimallösung der folgenden Optimierungsaufgabe sein :

9) $\quad$ minimiere $\frac{1}{2} \| E \|_F^2$

unter den Nebenbedingungen

10) $\quad Es = y - As \qquad$ (d.h. $\bar{A} \in Q(s,y)$)

11) $\quad E_{ij} = 0 \qquad\qquad (i,j) \in I := \{ (k,l) \in \mathbb{N} \times \mathbb{N} \mid z_{kl} = 0, \text{ für } 1 \leq k,l \leq n \}$

12) $\quad E = E^{\mathsf{T}}$

Zunächst wird das gesuchte Verfahren zur Bestimmung von E (bzw. zur Bestimmung der direkten Aufdatierungsformel Φ) beschrieben. Die dazugehörige Herleitung mittels Lagrange-Multiplikatoren erfolgt anschließend. Dabei wollen wir die folgenden Bezeichnungen benutzen.

Sei J das Komplement von I in $\{1, \ldots , n\}^2$ und für $i \in \{1, \ldots , n\}$ sei

13) $\quad s(i)_j = \begin{cases} s_j & (i,j) \in J \\ 0 & (i,j) \in I. \end{cases}$

Unter der Annahme, daß für alle $i \in \{1, \ldots , n\}$ $s(i) \neq 0$ gilt, sei die

Matrix $D = (D_{ij}) \in L(\mathbb{R}^n)$ durch

14) $\qquad D_{ij} := s(i)_j \, s(j)_i + \|s(i)\|^2 \, \delta_{ij} \qquad\qquad i,j \in \{1, \ldots ,n\}$

gegeben, wobei δ_{ij} das Kronecker-Symbol ist. Wir sehen, daß $D \in SP(Z)$ und symmetrisch ist. Wir bestimmen jetzt ein $\lambda \in \mathbb{R}^n$ als Lösung des linearen Gleichungssystems

15) $\qquad D\lambda = y - As \qquad\qquad$ d.h. $\lambda := D^{-1} (y - As)$.

Die gesuchte Korrektur-Matrix E ist dann gegeben durch

16) $\qquad E_{ij} = \begin{cases} 0 & (i,j) \in I \\ \lambda_i x_j + \lambda_j x_i & (i,j) \in J \end{cases}$

Reduktion : In dem ausgearteten Fall, daß einige der Vektoren $s(i)$ Null sind, kann man die folgende Reduktion durchführen.

Sei $K := \{i \in \{1, \ldots , n\} \mid s(i) = 0 \}$. Für $i \in K$ wird die i-te Zeile und Spalte von E gleich Null gesetzt und die Formel 16) wird nur für solche i und j benutzt, die nicht in K sind.

Es gilt der

Satz 2 :

Sei für alle $i \in \{1, \ldots , n\}$ $s(i) \neq 0$.

Dann ist D positiv definit.

Beweis : Sei $z \in \mathbb{R}^n \backslash \{0\}$. Mit 14) gilt

$$z^\mathsf{T} D z = \sum_{i=1}^{n} \sum_{j=1}^{n} z_i D_{ij} z_j = \sum_{i=1}^{n} \sum_{j=1}^{n} z_i \, s(i)_j s(j)_i \, z_j + \sum_{i=1}^{n} \sum_{k=1}^{n} [s(i)_k]^2 \, z_i^2$$

$$= \sum_{(i,j) \in J} [z_i s_i s_j z_j + z_i^2 s_j^2] = \frac{1}{2} \sum_{(i,j) \in J} [s_i z_j + s_j z_i]^2 =$$

$$= 2 \sum_{i=1}^{n} z_i^2 s_i^2 + \frac{1}{2} \sum_{\substack{(i,j) \in J \\ i \neq j}} (z_i s_j + z_j s_i)^2 \geq 0.$$

Angenommen für ein $z = (z_1 , \ldots , z_n) \neq 0$ gilt $z^\mathsf{T} D z = 0$.

Sei für $k \in \{1, \ldots , n\}$ $z_k \neq 0$. Wegen

$$z_k s_k = 0 \qquad \text{und} \qquad z_k s_j + z_j s_k = 0 \qquad \text{für alle } (k,j) \in J,\ j \neq k$$

folgt $s_k = 0$ und damit $s_j = 0$ für alle $(k,j) \in J$. Dies bedeutet $s(k) = 0$, was ein Widerspruch zur Voraussetzung ist. $\qquad\blacksquare$

Folgerung 2 :

Das Gleichungssystem 15) ist genau dann singulär, wenn einer der Vektoren $s(i)$, $i \in \{ 1, \ldots , n\}$ Null ist.

Beweis : Die eine Richtung folgt aus Satz 2. Andererseits sei $x(k) = 0$. Für $z := e_k$ (k-ter Einheitsvektor) folgt aus 17) $z^\mathsf{T} D z = 0$. $\qquad\blacksquare$

Nun wird gezeigt, daß 16) die Lösung der Ausgangsaufgabe 9) - 12), im Falle $s(i) \neq 0$ für alle $i \in \{1, \ldots , n\}$, beschreibt.

Bezeichne

17) $\qquad r := y - As.$

Mit 11) und 13) kann die Bedingung 6) in der Form

18) $\qquad \sum_{j=1}^{n} E_{ij} s(i)_j = r_i$ für $i \in \{1, \ldots, n\}$

geschrieben werden. Die Symmetrie-Forderung 12) umgehen wir dadurch, daß wir nach einer nichtnotwendig symmetrischen Matrix B suchen, für die

19) $\qquad E = \frac{1}{2}(B + B^T)$

gilt. Das führt zu der erweiterten Aufgabe.

20) $\qquad$ minimiere $f(B) := \frac{1}{8} \| B + B^T \|_F^2 = \frac{1}{8} \sum_{i=1}^{n} \sum_{j=1}^{n} (B_{ij} + B_{ji})^2$

unter den Nebenbedingungen

21) $\qquad \sum_{j=1}^{n} (B_{ij} + B_{ji})^2 s(i)_j = 2 r_i$ $\qquad$ für $i \in \{1, \ldots, n\}$.

Beachte dabei, daß die Nebenbedingungen 11) weggelassen werden können. Denn die Forderung der Minimalität 20) erzwingt den Wert 0 für $(B_{ij} + B_{ji})$ mit $(i, j) \in I$ (bzw. $(j, i) \in I$). Denn diese Variablen kommen in den Nebenbedingungen 21) nicht vor.

Die dazugehörige Lagrange - Funktion $\Phi : L(\mathbb{R}^n) \times \mathbb{R}^n \rightarrow \mathbb{R}$ lautet hier

$$\Phi(B, \lambda) = \frac{1}{8} \sum_{i=1}^{n} \sum_{j=1}^{n} (B_{ij} + B_{ji})^2 - \sum_{i=1}^{n} \lambda_i \left(\sum_{j=1}^{n} (B_{ij} + B_{ji}) s(i)_j - 2 r_i \right)$$

Nach Lagrange-Lemma (s. 0.9.2) genügt es ein $\lambda \in \mathbb{R}^n$ und ein $B \in L(\mathbb{R}^n)$ so zu finden, daß B die Bedingungen 21) erfüllt und eine Minimallösung der Funktion $\Phi(\cdot, \lambda) : L(\mathbb{R}^n) \rightarrow \mathbb{R}$ ist. Für jedes $\lambda \in \mathbb{R}^n$ ist die Funktion $\Phi(\cdot, \lambda)$ konvex. Nach 0.8.4 ist ein $B \in L(\mathbb{R}^n)$ genau dann die gesuchte Minimallösung, wenn gilt:

22) $\qquad \dfrac{\partial \Phi(B, \lambda)}{\partial B_{ij}} = (1/2)(B_{ij} + B_{ji}) - \lambda_i s(i)_j - \lambda_j s(j)_i = 0$

für $i, j \in \{1, \ldots, n\}$. Mit 21) erhalten wir

23) $\qquad \sum_{j=1}^{n} \left(\lambda_i s(i)_j + \lambda_j s(j)_i \right) s(i)_j = r_i$ für $i \in \{1, \ldots, n\}$

bzw.

24) $\qquad \lambda_i \sum_{j=1}^{n} (s(i)_j)^2 + \sum_{j=1}^{n} \lambda_j s(j)_i s(i)_j = r_i$ für $i \in \{1, \ldots, n\}$

Mit D aus 14) kann man 24) folgendermaßen schreiben

25) $\qquad D \lambda = r.$

Nach Satz 1 ist Q positiv definit und damit invertierbar. Es gilt

26) $\qquad \lambda = D^{-1} r.$

Mit diesem λ ist für $B = (B_{ij})$ mit

27) $\qquad B_{ij} = \lambda_i s(i)_j - \lambda_j s(j)_i$

die Gleichung 22) erfüllt und damit ist B eine Minimallösung von $\Phi(\cdot, \lambda)$ auf $L(\mathbb{R}^n)$. Da B auch die Nebenbedingungen 21) erfüllt, ist B nach dem Lagrange-Lemma eine Minimallösung von f unter den Nebenbedingungen 21).

Reduziert auf den Teilraum S der symmetrischen Matrizen von $L(\mathbb{R}^n)$ ist f durch $\frac{1}{2}\|\cdot\|_F^2$ gegeben. Die durch 27) bestimmte Matrix B genügt den Nebenbedingungen 10), 11), 12). Die Funktion $\frac{1}{2}\|\cdot\|_F^2$ ist strikt konvex. Damit ist B die eindeutige Lösung der Ausgangsaufgabe 9) - 12).

Minimalität bei Reduktion

Sei nun für alle $x \in \mathbb{R}$ $F'(x)$ symmetrisch, $\bar{x}$, $x \in \mathbb{R}^n$ und $s := \bar{x} - x \neq 0$, $y := F(\bar{x}) - F(x)$.

Wird im ausgearteten Fall die Reduktion durchgeführt, so folgt, wie im Satz 1, für die auf diese Weise erhaltene Matrix E, daß E den Nebenbedingungen 10), 11), 12) genügt. Wegen der Minimalität der reduzierten Lösung muß die Null-Spalten und Zeilenerweiterung minimal in 9) sein. Zusammengefaßt erhalten wir den

__Satz__ 3 (Toint):

Sei für alle $x \in \mathbb{R}$ $F'(x)$ symmetrisch, $\bar{x}$, $x \in \mathbb{R}^n$ und $s := \bar{x} - x \neq 0$, $y := F(\bar{x}) - F(x)$.

Dann ist die durch das Verfahren von Toint bestimmte Matrix $\bar{A}$ die beste Approximation von A bzgl. des affinen Teilraumes $Q(s, y) \cap SP(Z) \cap S$ in der Frobenius-Norm. Die daraus resultierende Aufdatierungsformel Φ bestimmt durch den Algorithmus A1, wie auch A2, ein Sekantenverfahren minimaler Änderung.

__Bemerkung__ 2:

Im Satz 1 und bei dem Nachweis der Minimalität bei Reduktion im Verfahren von Toint, kann man statt der Forderung $s := \bar{x} - x$, $y := F(\bar{x}) - F(x)$ beliebige y, $s \in \mathbb{R}^n$ mit $s \neq 0$ nehmen und die Existenz eines Elementes $A_0 \in Q(s, y) \cap SP(Z)$ (bzw. $A_0 \in Q(s, y) \cap SP(Z) \cap S$) verlangen. Im Beweis wird $\bar{Y}$ durch A_0 ersetzt.

Ergänzend 'sei vermerkt, daß Aufdatierungsformeln mit positiv definiten sparse-Matrizen in [T2] behandelt werden.

10.6 LOKALE UND Q-SUPERLINEARE KONVERGENZ VON SEKANTENVERFAHREN MINIMALER ÄNDERUNG

Als Vorbereitung beweisen wir zunächst ein allgemeines (s. auch [Schw] S. 119).

__Lemma__ 1:

Sei $\varepsilon > 0$, U eine offene Teilmenge des $\mathbb{R}^n$, und $F \in C^1(U, \mathbb{R}^n)$ besitze die reguläre Nullstelle x^*. Dann existieren Kugeln K, M (bzw. M') um x^* und um $F'(x^*)^{-1}$ (bzw. um $F'(x^*)$), so daß für alle $x \in K$ und $A \in M$ (bzw. $A^{-1} \in M'$) gilt:

$$\|x - A\,F(x) - x^*\| \leq \varepsilon \|x - x^*\|.$$

Beweis: Mit den Abkürzungen $G(x) := F'(x)^{-1}$, $\alpha := \|G(x^*)\| > 0$, $\beta := \|F'(x^*)\| > 0$ sei die Kugel M so gewählt , daß für alle $A \in M$ gilt

   i)   A ist invertierbar

   ii) $\|A\| \leq 2\alpha$

   iii) $\|A - G(x^*)\| \leq \dfrac{\varepsilon}{8\beta}$.

Die Kugel K wird so gewählt, daß für alle $x \in K$ gilt:

   iv) $\dfrac{\|F(x) - F(x^*) - F'(x^*)(x - x^*)\|}{\|x - x^*\|} + \|F'(x) - F'(x^*)\| \leq \dfrac{\varepsilon}{4\alpha}$

und (mit der Stetigkeit von G in x^*, s. Satz über die Umkehrfunktion [Fo II] S. 75)

   v) $\|G(x) - G(x^*)\| \leq \dfrac{\varepsilon}{8\beta}$ und

   vi) $\|F'(x)\| \leq 2\beta$.

Dann folgt für alle $x \in K$ und $A \in M$

$$x - A F(x) - x^* = A(F'(x^*)(x - x^*) - F(x) + F(x^*)) +$$
$$A(F'(x) - F'(x^*))(x - x^*) + (G(x) - A)F'(x)(x - x^*)$$

und damit für $x \neq x^*$

$$\frac{\|x - AF(x) - x^*\|}{\|x - x^*\|} \leq \|A\| \left[\frac{\|F(x) - F(x^*) - F'(x^*)(x - x^*)\|}{\|x - x^*\|} + \|F'(x) - F'(x^*)\| \right] +$$

$$+ \Big[\|G(x) - G(x^*)\| + \|G(x^*) - A\| \Big] \|F'(x)\| \leq$$

$$\leq 2\alpha \cdot \frac{\varepsilon}{4\alpha} + \left(\frac{\varepsilon}{8\beta} + \frac{\varepsilon}{8\beta} \right) \cdot 2\beta = \varepsilon .$$

Die Kugel M' braucht man jetzt nur so zu wählen, daß für alle $B \in M'$ gilt: B ist invertierbar und $B^{-1} \in M$. ∎

Nun können wir einen einheitlichen Beweis der lokalen superlinearen Konvergenz für die gesamte Klasse der Sekantenverfahren minimaler Änderung führen (s. auch [D-S], [D-M], [M]).

Satz 1:

Sei $U \subset \mathbb{R}^n$ offen und $F \in C^1(U, \mathbb{R}^n)$. Sei $F(x^*) = 0$, $H^* := F'(x^*)$ invertierbar und F' in x^* Lipschitz-stetig. Dann ist jedes Sekantenverfahren minimaler Änderung bei voller Schrittweite bzgl. $(x^*, F'(x^*))$ lokal konvergent und die Konvergenz ist superlinear.

Beweis: Bezeichne $\|\cdot\|$ die in $L(\mathbb{R}^n)$ vorgegebene Skalarprodukt-Norm. Da alle Normen in $L(\mathbb{R}^n)$ äquivalent sind, gibt es ein $C > 0$ mit $\|\cdot\| \leq C \|\cdot\|_F$. Da F' in einer Kugel U_0 um x^* ($U_0 \subset U$) Lipschitz-stetig ist, gilt für ein $L > 0$ und alle $x, y \in U_0$

$$\|F'(x) - F'(y)\|_F \leq L \|x - y\| .$$

Sei nun ein $0 < \varepsilon < 1$ vorgegeben und seien K, M' wie in Lemma 1 gewählt. Dann existiert ein $\alpha > 0$, so daß gilt:

$$K(H^*, \tfrac{\alpha}{1-\varepsilon}) \subset M' \cap U_o \quad \text{und} \quad K(x^*, \tfrac{\alpha}{4LC}) \subset K \cap U_o .$$

(*) Ist die Startmatrix B_o aus $K(H^*, \alpha)$ und der Startvektor $x_o \in K(x^*, \tfrac{\varepsilon \alpha}{4LC})$, so gilt für alle $k \in \mathbb{N}$:

1)
$$\|x_{k+1} - x^*\| \leq \varepsilon \|x_k - x^*\| \quad \text{und}$$

2)
$$\|B_k - H^*\| \leq \alpha \sum_{i=0}^{k} \varepsilon^i \leq \frac{\alpha}{1-\varepsilon} .$$

Die Aussagen 1) und 2) sollen jetzt mit vollständiger Induktion bewiesen werden.

Induktionsanfang für $k = 0$: Nach der Wahl von B_o ist $\|B_o - H^*\| \leq \alpha$. Aus Lemma 1 folgt dann $\|x_1 - x^*\| \leq \varepsilon \|x - x^*\|$.

Induktionsschluß: Die Behauptung gelte für alle $j \leq k$. Sei B_{k+1} die beste Approximation von B_k bzgl. $S_k \subset Q(s_k, y_k)$.

Für $Y_{k+1} = \int_0^1 F'(x_k + t s_k) \, dt \in S_k$ erhalten wir wegen

3)
$$\|B_{k+1} - Y_{k+1}\| \leq \|B_k - Y_{k+1}\|$$

die Abschätzung

4)
$$\|B_{k+1} - H^*\| \leq \|B_{k+1} - Y_{k+1}\| + \|Y_{k+1} - H^*\| \leq \|B_k - Y_{k+1}\| + \|Y_{k+1} - H^*\| \leq$$
$$\leq \|B_k - H^*\| + 2\|Y_{k+1} - H^*\|.$$

Ferner gilt

5)
$$\|Y_{k+1} - H^*\| \leq C \|Y_{k+1} - H^*\|_F = C \|\int_0^1 (F'(x_k + t s_k) - H^*) dt\|_F \leq$$
$$\leq C \int_0^1 \|F'(x_k + t s_k) - H^*\| \, dt \leq LC \int_0^1 \|x_k - x^* + t s_k\| \, dt \leq$$
$$\leq LC \int_0^1 (\|x_k - x^*\| + t \|x_{k+1} - x^* + x^* - x_k\|) \, dt \leq$$
$$\leq LC \left(\tfrac{3}{2} \|x_k - x^*\| + \tfrac{1}{2} \|x_{k+1} - x^*\|\right) .$$

Nach Induktionsvoraussetzung 1) ist $\|x_{j+1} - x^*\| \leq \varepsilon \|x_j - x^*\|$ für alle $j \leq k$. Damit und mit 5) ist

6)
$$2\|Y_{k+1} - H^*\| \leq 2LC \left[\tfrac{3}{2} \varepsilon^k \|x_o - x^*\| + \tfrac{1}{2} \varepsilon^{k+1} \|x_o - x^*\|\right] \leq$$
$$4LC \varepsilon^k \|x_o - x^*\| \leq \alpha \varepsilon^{k+1} .$$

Mit Induktionsvoraussetzung und 4), 6) folgt

$$\|B_{k+1} - H^*\| \leq \alpha \sum_{i=0}^{k} \varepsilon^i + \varepsilon^{k+1} \alpha = \alpha \sum_{i=0}^{k+1} \varepsilon^i .$$

Mit Lemma 1 ist

$$\|x_{k+2} - x^*\| \leq \varepsilon \|x_{k+1} - x^*\| .$$

Damit ist $(x_k)_0^\infty$ lokal konvergent gegen x^* und die Konvergenz ist mindestens Q-linear. Mit 10.3 Satz ist die Konvergenz Q-superlinear. $\blacksquare$

Satz 2:

Sei $F(x^*) = 0$ und $F'(x^*)$ invertierbar. Dann sind die Verfahren von Broyden, Schubert, Toint und das PSB-Verfahren bzgl. $(x^*, F'(x^*))$ lokal konvergent und die Konvergenz ist superlinear, wenn für alle $x \in \mathbb{R}^n$ $F'(x)$ bei dem PSB- und Toint-Verfahren symmetrisch ist.

Angewandt auf lineare Gleichungssysteme gilt sogar der folgende (s. [B2] und [Schw] S. 141)

Satz 3:

Die Funktion $F : \mathbb{R}^n \rightarrow \mathbb{R}^n$ sei mit $a \in \mathbb{R}^n$ und einer invertierbaren Matrix $A \in L(\mathbb{R}^n)$ durch $x \mapsto F(x) := a + Ax$ definiert.

Dann ist das Broyden-Verfahren für jeden Startwert $x_0 \in \mathbb{R}^n$ und jede Matrix $A_0 \in L(\mathbb{R}^n)$, die der Bedingung

$$\| I - A^{-1} A_0 \| < 1$$

genügt, durchführbar und endet nach N Schritten, $0 \leq N \leq 2n$, mit $x_N = x^* := - A^{-1} a$.

10.7 VARIABLE SEKANTENVERFAHREN MINIMALER ÄNDERUNG

Die folgende Verallgemeinerung der Aufgabe P) aus 10.4 soll im weiteren eine wichtige Rolle spielen. Auch hier sei $y, s \in \mathbb{R}^n$ und $s \neq 0$.

Für eine symmetrische und invertierbare Matrix $W \in L(\mathbb{R}^n)$ und eine vorgegebene symmetrische Matrix $A \in L(\mathbb{R}^n)$ betrachte:

$P_W)$ $\qquad$ Minimiere $\| W(B - A)W \|_F$

$\qquad$ auf der Menge

$\qquad$ $S := \{ B \in L(\mathbb{R}^n) \mid B s = y , B \text{ symmetrisch} \}$

Diese Aufgabe läßt sich auf die Aufgabe P) aus 10.4 zurückführen, mit der folgenden allgemeinen Beziehung für transformierte Aufgaben.

Bemerkung 1:

Sei (f, S) eine Minimierungsaufgabe und $T : S \rightarrow \bar{S}$ eine Bijektion. Dann gilt:

Genau dann ist ein s_0 eine Minimallösung von f auf S, wenn $T s_0$ eine Minimallösung der Funktion

$$\bar{s} \mapsto \bar{f}(\bar{s}) := f(T^{-1}\bar{s})$$

auf $\bar{S}$ ist.

Beweis: Sei $s_0 \in M(f, S)$ und $\bar{s} \in \bar{S}$. Sei $s \in S$, so daß $\bar{s} = T s$ gilt.
Es gilt:

$$\bar{f}(T s_0) = f(T^{-1} T s_0) = f(s_0) \leq f(s) = f(T^{-1} T s) = f(T^{-1}\bar{s}) = \bar{f}(\bar{s}) .$$

Die Umkehrung folgt analog. $\qquad\qquad$ ■

Sei nun $B = WAW$, $f(D) := \| D - B \|_F$ und $S := \{ D \in L(\mathbb{R}^n) \mid D W^{-1} s = W y , D^T = D \}$.
Die Transformation $T : L(\mathbb{R}^n) \rightarrow L(\mathbb{R}^n)$ sei durch $T(D) := W^{-1}DW^{-1}$ erklärt.
Für $\bar{S} := \{ B \in L(\mathbb{R}^n) \mid B s = y , B \text{ symmetrisch} \}$ ist T eine Bijektion von S auf $\bar{S}$ und für $\bar{f} = f \circ T^{-1} : L(\mathbb{R}^n) \rightarrow \mathbb{R})$ gilt:

$$C \mapsto \bar{f}(C) = \| WCW - B \|_F .$$

Nach 10.4 Satz ist die Minimallösung von f auf S mit den Abkürzungen
$u = Wy - BW^{-1}$ und $v = W^{-1}s$ durch

$$\overline{D} = B + \frac{u\,v^T + v\,u^T}{\langle v,v\rangle} - \frac{\langle v,u\rangle\,v\,v^T}{\langle v,v\rangle^2}$$

gegeben. Nach Bemerkung 1 genügt es, $\overline{D}$ von beiden Seiten mit W zu
multiplizieren, um die Lösung von P_W) zu erhalten.
Damit gilt der

Satz 1:

Die Minimallösung der Aufgabe P_W) ist gegeben durch

$$\overline{A} = A + \frac{r_A v^T + v\,r_A^T}{\langle v,s\rangle} - \frac{\langle s,r_A\rangle\,v\,v^T}{\langle v,s\rangle^2} \quad,$$

wobei $v = W^{-2}s$ und $r_A = y - As$ ist.

Die DFP- (Davidon-Fletcher-Powell 1959) und BFGS- (Broyden-Fletcher-
Goldforb-Shanno) Aufdatierungsmatrizen, die das älteste bzw. das erfolgreichste Quasi-Newton-Verfahren für Optimierungsaufgaben bestimmen,
genügen auch dem Prinzip der kleinsten Änderung.
Hier wird aber bei jedem Schritt zur Berechnung der Quasi-Newton-Matrix
kleinster Änderung eine neue Norm gewählt (Variable-Metrik-Methoden).
Denn für die (n+1)-te DFP-Aufdatierungsmatrix gilt mit $r_k := y_k - A_k s_k$:

$$A_{k+1}^{DFP} = A_k + \frac{r_k y_k^T + y_k r_k^T}{y_k^T s_k} - \frac{\langle r_k,s_k\rangle y_k y_k^T}{(y_k^T s_k)^2}$$

Die (k+1)-inverse BFG-Aufdatierungsmatrix $(A_{k+1}^{BFGS})^{-1}$ ist mit
$v_k = s_k - A_k^{-1} y_k$ durch

$$(A_{k+1}^{BFGS})^{-1} = A_k^{-1} + \frac{v_k s_k^T + s_k v_k^T}{s_k^T y_k} - \frac{\langle v_k,y_k\rangle s_k s_k^T}{(s_k^T y_k)^2}$$

gegeben.
Durch das Einsetzen von $W_k := Y_{k+1}^{-\frac{1}{2}}$ (bzw. $Y_{k+1}^{\frac{1}{2}}$) im Satz 1
erhalten wir den (s. [D-M], [D-S])

Satz 2:

Sei $f \in C^2(\mathbb{R}^n)$ und f'' positiv definit. Die (n+1)-te DFP-Aufdatierungsmatrix A_{k+1}^{DFP} ist die beste Approximation von A_k bzgl.
$S_k := \{ A \in L(\mathbb{R}^n) \mid A s_k = y_k, A \text{ symmetrisch} \}$ in der Norm

$$D \mapsto \|D\|_{DFP} := \|Y_{k+1}^{-\frac{1}{2}} D\, Y_{k+1}^{-\frac{1}{2}}\|_F \ .$$

Die (n+1)-te inverse BFGS-Aufdatierungsmatrix $(A_{k+1}^{BFGS})^{-1}$ ist die
beste Approximation von A_k^{-1} bzgl.
$S_k := \{ B \in L(\mathbb{R}^n) \mid s_k = B y_k , B \text{ symmetrisch} \}$ in der Norm

$$D \mapsto \|D\|_{BFGS} := \|Y_{k+1}^{\frac{1}{2}} D\, Y_{k+1}^{\frac{1}{2}}\|_F \ .$$

Bemerkung 2:

Die Matrix Y_{k+1} kann man im vorigen Satz offenbar durch eine beliebige symmetrische und positiv definite Matrix aus $Q(s_k, y_k)$ ersetzen.

Die Entstehung dieser Formeln ist aber nicht mit dem obigen Minimalitätsprinzip verbunden. Dies wurde erst später erkannt (s. [Gre], [Gol]). Die besondere Eigenschaft dieser Formeln ist das Erhalten der positiven Definitheit. Dies wird im Kapitel 11 behandelt.

Die folgende Erweiterung des Satzes in 10.2 erlaubt die Behandlung auch dieser Verfahren.

Satz 3:

Sei $(V_k)_0^\infty$ eine Folge abgeschlossener affiner Teilräume eines Hilbert-Raumes $(X, \|\cdot\|)$. Weiter sei $(\|\cdot\|_k)_0^\infty$ eine Folge von Skalarprodukt-Normen auf X derart, daß $c, C \in \mathbb{R}_+ \setminus \{0\}$ und eine Folge $(\alpha_k)_0^\infty$ in $\mathbb{R}_+$ mit $\sum_{k=0}^\infty \alpha_k < \infty$ existieren mit

1) $\qquad c\,\|\cdot\| \leq \|\cdot\|_{k+1} \leq (1 + \alpha_k)\,\|\cdot\|_k \leq C\,\|\cdot\|$ für alle $k \in \mathbb{N}$

Zu jedem $k \in \mathbb{N}$ existiere ein $y_k \in V_k$, so daß gilt:

2) $\qquad \sum_{k=0}^\infty \|y_k - y_{k+1}\| < \infty$

Dann ist für jeden Startpunkt $b_0 \in X$ die durch die folgende Iteration

3) "b_{k+1} ist die beste Approximation von b_k bzgl. V_k in der Norm $\|\cdot\|_k$" bestimmte Folge beschränkt und asymptotisch konvergent, d.h.

$$\|b_{k+1} - b_k\| \xrightarrow[k\to\infty]{} 0 \;.$$

Beweis: Mit der vollständigen Induktion wird zunächst die folgende Ungleichung bewiesen. Für alle $m \in \mathbb{N}$ gilt:

4) $\qquad \|b_{m+1} - y_{m+1}\|_{m+1} \leq \left(\prod_{k=1}^m (1 + \alpha_k)\right)\left(\|b_1 - y_1\|_1 + \sum_{k=1}^m \|y_{k+1} - y_k\|_k\right)\;.$

Für $m = 1$ ist

$$\|b_2 - y_2\|_2 \leq \|b_1 - y_2\|_2 \leq \|b_1 - y_1\|_2 + \|y_2 - y_1\|_2 \leq (1 + \alpha_1)(\|b_1 - y_1\| + \|y_1 - y_2\|_1)\;.$$

Die Ungleichung 4) gelte für $m-1$.

Aus der Definition von b_{m+1} und der Induktionsvoraussetzung folgt

$$\|b_{m+1} - y_{m+1}\|_{m+1} \leq \|b_m - y_{m+1}\|_{m+1} \leq \|b_m - y_m\|_{m+1} + \|y_m - y_{m+1}\|_{m+1} \leq$$

$$\leq (1 + \alpha_m)(\|b_m - y_m\|_m + \|y_m - y_{m+1}\|_m) \leq$$

$$(1 + \alpha_m)\left[\prod_{k=1}^{m-1}(1 + \alpha_k)(\|b_1 - y_1\|_1 + \sum_{k=1}^{m-1}\|y_{k+1} - y_k\|_k) + \|y_m - y_{m+1}\|_m\right] \leq$$

$$\leq \left(\prod_{k=1}^m(1 + \alpha_k)\right)(\|b_1 - y_1\| + \sum_{k=1}^m \|y_{k+1} - y_k\|_k)\;.$$

Aus $\sum_{k=0}^\infty \alpha_k < \infty$ folgt $\prod_{k=0}^\infty (1 + \alpha_k) < \infty$ und mit 1), 2) und 4) die Beschränktheit von $(b_k)_0^\infty$. Mit 3) und dem Projektionssatz (Satz von Pythagoras) (s. 0.8.5) ist

$$\|b_m - y_{m+1}\|_{m+1}^2 = \|b_{m+1} - y_{m+1}\|_{m+1}^2 + \|b_{m+1} - b_m\|_{m+1}^2$$

und der Ungleichung in $\mathbb{R}$:

$$(u^2 - v^2)^{\frac{1}{2}} \leq u - \frac{v^2}{2u} \quad \text{für } u \geq v \geq 0 \ (\text{mit } \frac{v^2}{2u} = 0 \text{ für } u = v = 0)$$

$$\|b_{m+1} - y_{m+1}\|_{m+1} \leq \|b_m - y_{m+1}\|_{m+1} - \frac{\|b_m - b_{m+1}\|_{m+1}^2}{2\|b_m - y_{m+1}\|_{m+1}} \leq$$

$$\leq (1 + \alpha_m)\|b_m - y_m\|_m + \|y_m - y_{m+1}\|_{m+1} - \frac{\|b_m - b_{m+1}\|_{m+1}^2}{2\|b_m - y_{m+1}\|_{m+1}} \ .$$

Summation und 4) liefert für $k > 1$:

5) $\qquad \|b_k - y_k\|_k - \|b_1 - y_1\|_1 \leq$

$$\leq \sum_{m=1}^{k-1} \alpha_m \|b_m - y_m\|_m + \sum_{m=1}^{k-1} \|y_m - y_{m+1}\|_{m+1} - \sum_{m=1}^{k-1} \frac{\|b_m - b_{m+1}\|_{m+1}^2}{2\|b_m - y_{m+1}\|_{m+1}}$$

Für alle $m \in \mathbb{N}$ gilt $\|\cdot\|_m \leq C \|\cdot\|$. Mit 2), $\sum_{k=0}^{\infty} \alpha_k < \infty$ und der Beschränktheit von $(b_k)_0^{\infty}$ folgt die Konvergenz der ersten zwei Reihen auf der rechten Seite von 5). Dies impliziert die Konvergenz der dritten Reihe und damit

$$\|b_{k+1} - b_k\| \leq c^{-1} \|b_{k+1} - b_k\|_{k+1} \xrightarrow[k \to \infty]{} 0 \ . \qquad\blacksquare$$

Dies führt zu der folgenden

Definition:

Ein Quasi-Newton-Verfahren heißt **variables Sekantenverfahren minimaler Änderung** (bzw. **variables Sekantenverfahren minimaler Inversen-Änderung**), wenn folgendes gilt:

a) In $L(\mathbb{R}^n)$ gibt es eine Folge von Skalarprodukt-Normen $(\|\cdot\|_k)_0^{\infty}$, die die Eigenschaft 1) erfüllt, und für alle $k \in \mathbb{N}$ ist die Aufdatierungsmatrix A_{k+1} (bzw. A_{k+1}^{-1}) die Projektion von A_k (bzw. A_k^{-1}) auf einen affinen Teilraum S_k von $Q(s_k, y_k)$ in der Norm $\|\cdot\|_k$.

b) Die Mittelwertsatz-Matrix Y_{k+1} (s. 10.1.5)) liegt in S_k.

Da alle Normen auf $L(\mathbb{R}^n)$ äquivalent sind, folgt mit 10.1 Satz 2 und 3, 10.3 Lemma und Satz 3 für Funktionen $F \in C^1(\mathbb{R}^n, \mathbb{R}^n)$ mit lokal Lipschitz-stetiger Ableitung

Satz 4:

Jedes Σ- (bzw. Q-linear- oder R-linear-) konvergente variable Sekantenverfahren minimaler Änderung ist Q-superlinear konvergent.

Als eine weitere Folgerung ergibt sich auch der

Satz S:

Jedes Σ- (bzw. Q-linear- oder R-linear-) konvergente variable Sekantenverfahren minimaler Inversen-Änderung mit einer beschränkten Folge $(A_k)_0^\infty$ der direkten Aufdatierungsmatrizen ist Q-superlinear konvergent.

Jetzt kommen wir zu dem DFP- und BFGS-Verfahren zurück. Nach Satz 2 gilt für $k \in \mathbb{N}$ und Y_k aus Satz 2

"$(A_{k+1})_{DFP}$ ist die Minimallösung der Aufgabe:

Minimiere $\|Y_{k+1}^{-\frac{1}{2}} (A - A_k) Y_{k+1}^{-\frac{1}{2}}\|$ auf

$$S_k := \{A \in Q(s_k, y_k) \mid A \text{ symmetrisch}\}.\text{"}$$

und für $(B_k)_{BFGS} := (A_k^{BFGS})^{-1}$

"$(B_{k+1})_{BFGS}$ ist die Minimallösung der Aufgabe:

Minimiere $\|Y_{k+1}^{\frac{1}{2}}(B - B_k)Y_{k+1}^{\frac{1}{2}}\|$ auf

$$S_k' := \{B \in L(\mathbb{R}^n) \mid s_k = B y_k, B \text{ symmetrisch}\}.\text{"}$$

Um die Sätze auf BFGS- und DFP-Verfahren anzuwenden, brauchen wir das

Lemma:

Sei $x_0 \in \mathbb{R}^n$, $f \in C^2(\mathbb{R}^n)$, f'' in $S_f(x_0)$ positiv definit und Lipschitz-stetig. Für $(x_k)_0^\infty$ in $S_f(x_0)$ gelte

$$\sum_{k=0}^\infty \|x_{k+1} - x_k\| < \infty .$$

Dann gilt für die nachfolgenden Folgen von Normen (Y_k wie in Satz 2)

$$\text{a)} \quad D \longmapsto \|D\|_k := \|Y_k^{-\frac{1}{2}} D Y_k^{-\frac{1}{2}}\|_F$$

und

$$\text{b)} \quad D \longmapsto \|D\|_k' := \|Y_k^{\frac{1}{2}} D Y_k^{\frac{1}{2}}\|_F$$

die Eigenschaft 1).

Beweis: a) Sei $D \in L(\mathbb{R}^n)$. Dann gilt mit 0.2, 0.7.3 und 0.7.1 Satz 6

$$\|Y_{k+1}^{-\frac{1}{2}} D Y_{k+1}^{-\frac{1}{2}}\|_F = \|Y_{k+1}^{-\frac{1}{2}} Y_k^{\frac{1}{2}} Y_k^{-\frac{1}{2}} D Y_k^{-\frac{1}{2}} Y_k^{\frac{1}{2}} Y_{k+1}^{-\frac{1}{2}}\|_F \leq$$

$$\leq \|Y_{k+1}^{-\frac{1}{2}} Y_k^{\frac{1}{2}}\|^2 \|Y_k^{-\frac{1}{2}} D Y_k^{-\frac{1}{2}}\|_F \quad\quad \text{und}$$

$$\|Y_{k+1}^{-\frac{1}{2}} Y_k^{\frac{1}{2}}\|^2 = \|Y_{k+1}^{-\frac{1}{2}} Y_k^{\frac{1}{2}} (Y_{k+1}^{-\frac{1}{2}} Y_k^{\frac{1}{2}})^T\| = \|Y_{k+1}^{-\frac{1}{2}}(Y_k - Y_{k+1} + Y_{k+1}) Y_{k+1}^{-\frac{1}{2}}\| =$$

$$\|Y_{k+1}^{-\frac{1}{2}} (Y_k - Y_{k+1}) Y_{k+1}^{-\frac{1}{2}} + I\| \leq \|Y_{k+1}^{-\frac{1}{2}}\|^2 \|Y_{k+1} - Y_k\| + 1.$$

Sei nun $\gamma := \sup_{k \in \mathbb{N}} \|Y_k^{-\frac{1}{2}}\|^2 < \infty$, $\alpha_k := \gamma \|Y_{k+1} - Y_k\|$.

Mit den Konstanten $\quad c := \inf_{k \in \mathbb{N}} (\|Y_k^{\frac{1}{2}}\|^2)^{-1}$ und $\quad C := \sup_{k \in \mathbb{N}} \gamma(1 + \alpha_k)$

gilt dann 1). Denn die linke Ungleichung von 1) folgt mit

$$c \|D\|_F = c \|Y_{k+1}^{\frac{1}{2}} Y_{k+1}^{-\frac{1}{2}} D Y_{k+1}^{-\frac{1}{2}} Y_{k+1}^{\frac{1}{2}}\|_F \leq$$

$$c \, \|Y_{k+1}^{\frac{1}{2}}\|^2 \, \|Y_{k+1}^{-\frac{1}{2}} \, D \, Y_{k+1}^{-\frac{1}{2}} \|_F \leq \|D\|_{k+1}$$

und   10.3 Lemma impliziert $\sum\limits_{k=0}^{\infty} \alpha_k < \infty$.

Ganz analog folgt die Eigenschaft 1) für $(\|\cdot\|_k')$. ∎

10.8   GLOBAL KONVERGENTE METHODEN FÜR GLEICHUNGEN. MAN-VERFAHREN.

Die Forderung der Quasi-Newton-Gleichung besitzt den Nachteil, daß das reine Newton-Verfahren und dessen gedämpfte Versionen keine Quasi-Newton-Verfahren sind. Auf der Suche nach global konvergenten Sekanten-Verfahren erweist sich die folgende Mischform als gut geeignet: Für den Fall, daß die Sekantenrichtung keine Abstiegsrichtung bzgl. $h(x) = \frac{1}{2}\|F(x)\|^2$ ist, wird ein Aufdatierungs-Neustart (restart) mit der Jacobi-Matrix gemacht und die dazugehörige Newton-Richtung als aktuelle Abstiegsrichtung bzgl. h genommen. Das daraus resultierende Verfahren gehört nicht mehr zu der Klasse der Quasi-Newton-Verfahren. Man kann hierfür die folgende algorithmische Version wählen:

Das SJN-Verfahren : (Sekantenverfahren mit Jacobi-Matrix-Neustart)

1° Wähle eine reguläre n×n-Matrix B_0, $x_0 \in \mathbb{R}$, $\beta \in (0,1)$, $\sigma \in (0,1/4)$ und eine inverse Formel Ψ (bzw. direkte Formel Φ) eines Sekantenverfahrens minimaler Änderung. Setze k = 0 und wähle eine Abbruchgenauigkeit $\varepsilon > 0$.

2° Falls $\|F(x_k)\| < \varepsilon$, dann STOP.

3° Setze $d_k := B_k^{-1}F(x_k)$ und suche nach einem $\alpha_k \in \mathbb{R}$ mit $h(x_k - \alpha_k d_k) \leq (1-\sigma)\, h(x_k)$, wobei zuerst $\alpha_k = 1$ getestet wird. Ist die Suche erfolgreich, so setze $x_{k+1} = x_k - \alpha_k d_k$ und gehe zu 5°.

4° Berechne $F'(x_k)^{-1}$, setze $B_k^{-1} = F'(x_k)^{-1}$ und $d_k = B_k^{-1} F(x_k)$. Finde das kleinste $m \in \mathbb{N}_0$ (Armijo-Regel) mit
$$h(x_k - \beta^m d_k) \leq (1 - \beta^m \sigma) h(x_k)$$
und setze $x_{k+1} = x_k - \beta^m d_k$.

5° Setze $s_k = x_{k+1} - x_k$ und $y_k = F(x_{k+1}) - F(x_k)$. Berechne $B_{k+1}^{-1} = \Psi(B_k^{-1}, s_k, y_k)$ (bzw. $B_{k+1} = \Phi(B_k, s_k, y_k)$).

6° Setze k = k+1 und gehe zu 2°.

Die folgende Erweiterung der Klasse der Sekantenverfahren minimaler Änderung erlaubt eine einheitliche Behandlung derartiger Erweiterungen der Sekantenverfahren und ermöglicht es, erfolgreiche Algorithmen zu konstruieren. Sie beruht auf der folgenden Tatsache. Für schnell konvergente Verfahren werden Approximationen der Newton-Richtung $F'(x)^{-1}F(x)$ gebraucht, aber nicht die Kenntnis der Jacobi-Matrix $F'(x)$ selbst. Denn die Newton-Richtung kann durch die Multiplikation $AF(x)$ mit Matrizen A erreicht werden, die von der inversen Jacobi-Matrix $F'(x)^{-1}$ weit entfernt aber leicht zu berechnen sind (ohne Differentiation und Matrix-Inversion). Die dadurch angestrebte Newton-Ähnlichkeit sorgt in der Nähe der Lösung für schnelle (Q-superlineare) Konvergenz. Die globale (meist R-lineare) Konvergenz wird mit Techniken erzwungen, die auf den verallgemeinerten Gradientenverfahren beruhen. Bei der folgenden Definition steht die Newton-Ähnlichkeit im Vordergrund und nicht die globale Konvergenz.

Definition:

Sei $U \subset \mathbb{R}^n$ und $F \in C^1(U, \mathbb{R}^n)$. Sei $(x_k)_0^\infty$ eine beliebige Folge in U, $(B_k)_0^\infty$ eine Folge invertierbarer Matrizen in $L(\mathbb{R}^n)$ und für $k \in \mathbb{N}_0$ sei $d_k := B_k^{-1}F(x_k)$. Die Folge $(B_k)_0^\infty$ besitzt bzgl. $(x_k)_0^\infty$ die Eigenschaft **Matrix minimaler Anpassung der Newton-Richtung** - kurz **MAN-Eigenschaft** -, wenn für alle $k \in \mathbb{N}$ eine Näherung $Z_{k+1} \in L(\mathbb{R}^n)$ der Jacobi-Matrix $F'(x_{k+1})$ und ein affiner Teilraum S_k von
$$N(Z_{k+1}, d_k) := \{ B \in L(\mathbb{R}^n) \mid Bd_k = Z_{k+1}d_k \}$$
existiert, so daß die folgenden Bedingungen gelten:

a) In einer gegebenen Skalarproduktnorm und für alle $k \in \mathbb{N}_0$ ist B_{k+1} die beste Approximation von B_k bzgl. S_k.

b) Es gibt ein $C \in \mathbb{R}_{>0}$ und $m, k_0 \in \mathbb{N}$, so daß für alle $k \geq k_0$ gilt:
$$\|Z_{k+1} - F'(x_{k+1})\| \leq C(\|x_{k+1} - x_k\| + \dots + \|x_{k-m+1} - x_{k-m}\|).$$

Die Folge $(B_k)_{k \in \mathbb{N}}$ wird auch hier als die Folge der Aufdatierungsmatrizen bezeichnet.

Bemerkung 1 :

Ist in der Definition $(x_k)_0^\infty$ Σ-konvergent, so gilt
$$\sum_{k=0}^\infty \|Z_k - F'(x_k)\| < \infty.$$

Beispiele :

(1) Sekantenverfahren minimaler Änderung (bzw. gedämpfte Versionen), wenn F' in einer konvexen und $(x_k)_0^\infty$ enthaltenden Menge Lipschitz-stetig ist.

Hier kann man $Z_{k+1} = Y_{k+1}$ und $N(Z_{k+1}, d_k) = Q(s_k, y_k)$ wählen. Mit einer Konstanten $L > 0$ gilt dann
$$\|Z_{k+1} - F'(x_{k+1})\| - \|Y_{k+1} - F'(x_{k+1})\| \leq \int_0^1 \|F'(x_k + ts_k) - F'(x_{k+1})\| dt$$
$$\leq \int_0^1 L(1-t) \|s_k\| dt = \frac{L}{2} \|s_k\|.$$

(2) Das Newton-Verfahren.

Sei $Z_{k+1} = F'(x_{k+1})$, $S_k = \{F'(x_{k+1})\}$ (S_k einelementig). Hier ist sowohl a) als auch b) offensichtlich.

(3) Aus (1) und (2) folgt, daß auch eine gemischte Version der Aufdatierungen (F' wie in (1)) die MAN-Eigenschaft besitzt. Bei jedem $k \in \mathbb{N}$ wird entweder $B_{k+1} = \Phi(B_k, s_k, y_k)$ (mit $Z_{k+1} = Y_{k+1}$) bzgl. einer Aufdatierungsformel Φ eines Sekantenverfahrens minimaler Änderung oder $B_{k+1} = F'(x_{k+1})$ (mit $Z_{k+1} = F'(x_{k+1})$) berechnet.

Es gilt der folgende

Satz 1 :

Sei $U \subset \mathbb{R}^n$, $F \in C^1(U, \mathbb{R}^n)$ und F' lokal Lipschitz— stetig . Sei $(x_k)_{k \in \mathbb{N}_0}$ eine in U $\sum$-konvergente Folge und $(B_k)_0^\infty$ besitze die MAN-Eigenschaft bzgl. $(x_k)_0^\infty$. Dann gilt

1) $$B_{k+1} - B_k \to 0,$$

und die Folge der Richtungen $(B_k^{-1} F(x_k))_0^\infty$ ist F-Newton-ähnlich.

Beweis : Mit der Lipschitz-Stetigkeit von F' gilt für ein $L > 0$

$$\|Z_{k+1} - Z_k\| \le \|Z_{k+1} - F'(x_{k+1})\| + \|F'(x_{k+1}) - F'(x_k)\| + \|F'(x_k) - Z_k\|$$

$$\le \|Z_{k+1} - F'(x_{k+1})\| + L\|s_k\| + \|F'(x_k) - Z_k\|.$$

Mit $\sum_{k=0}^\infty \|s_k\| < \infty$, Bemerkung 1 und 10.2 Satz folgt 1).

Sei für $k \in \mathbb{N}_0$ $d_k = B_k^{-1} F(x_k)$, $J_k = F'(x_k)$. Mit $F(x_k) = B_k d_k$ ist

$$\|F(x_k) - J_k d_k\| / \|d_k\| = \|B_k d_k - J_k d_k\| / \|d_k\| \le \|B_k - J_k + Z_{k+1} - B_{k+1}\|$$

$$\le \|B_k - B_{k+1}\| + \|J_{k+1} - J_k\| + \|Z_{k+1} - J_{k+1}\| \quad \underset{k \to \infty}{\longrightarrow} 0. \qquad \blacksquare$$

Als Folgerung erhalten wir den

Satz 2 :

Sei F wie in Satz 1 , $(x_k)_0^\infty$ eine gegen ein $x^* \in U$ $\sum$-konvergente Folge und für $k \in \mathbb{N}$ gelte $x_{k+1} = x_k - B_k^{-1} F(x_k)$, wobei $(B_k)_0^\infty$ bzgl. $(x_k)_0^\infty$ der MAN-Eigenschaft genügt. Dann gilt $F(x^*) = 0$ und die Konvergenz ist bereits Q-superlinear.

Beweis: Hier ist $d_k = -s_k$ und mit Satz 1 folgt die F-Newton-Ähnlichkeit der Folge $(x_k)_0^\infty$. Mit dem Charakterisierungssatz 3.2 folgt die Behauptung. $\qquad \blacksquare$

Um global konvergente MAN-Verfahren zu betrachten, wollen wir jetzt eine geeignete Funktionen-Klasse einführen und die folgenden vorbereitenden Aussagen beweisen.

Das folgende Lemma erlaubt uns, für eine Folge $(x_k)_0^\infty$ in U aus der Konvergenz (bzw. linearen Konvergenz) der Folge der Werte $(h(x_k))_0^\infty$ auf die Konvergenz (bzw. lineare Konvergenz) der Folge $(x_k)_0^\infty$ zu schließen.

Lemma 1:
Sei $U \subset \mathbb{R}^n$ offen, $F \in C^1(\mathbb{R}, \mathbb{R})$, $x^* \in U$, F' lokal Lipschitz-stetig und $F'(x^*)$ regulär. Dann ist $h := \frac{1}{2}\|F(\cdot)\|^2$ in einer nichtleeren Kugel $K(x^*, r) \subset U$ stark konvex.

Beweis: Sei K eine Kugel um x^* und seien $x, y \in K$, $z := y - x$, $Y := \int_0^1 F'(x + tz)dt$. Mit 0.6.4) ist $2(h(x+z) - h(x) - h'(x)z) =$

$$F(x+z)^T F(x+z) - F(x)^T F(x) - 2z^T F'(x)^T F(x) =$$

1)
$$(F(x) + Yz)^T(F(x) + Yz) - F(x)^T F(x) - 2z^T F'(x)^T F(x) =$$
$$z^T Y^T Yz + 2z^T Y^T F(x) - 2z^T F'(x)^T F(x) =$$
$$2z^T(Y^T - F'(x)^T)F(x) + \|Yz\|^2.$$

Mit 0.6.9) und $\|F'(x^*)z\| \geq m\|z\|$ für $m := (\|F'(x^*)^{-1}\|)^{-1}$ (s. 3.1 Bemerkung 1) existiert eine Kugel K um x^*, so daß für alle $x, y \in K$ mit obigen Bezeichnungen

2)
$$\|F(x)\| < \frac{m^2}{8L} \quad \text{und} \quad \|Yz\| \geq \frac{m}{2}\|z\|$$

gilt. Wegen $\|Y - F'(x)\| \leq \int_0^1 \|F'(x+tz) - F'(x)\|dt \leq L\|z\|\int_0^1 t\,dt = \frac{1}{2}L\|z\|$ folgt mit 1) und 2) (s. auch 0.5.9)

$$2(h(x+z) - h(x) - h'(x)z) \geq \frac{m^2}{4}\|z\|^2 - L\|z\|^2\|F(x)\| \geq \frac{m^2}{8}\|z\|^2.$$

Aus 0.8.6 Satz 4 folgt die starke Konvexität von h in $K(x^*, r)$. ∎

Lemma 2 :
Seien die Voraussetzungen von Lemma 1 erfüllt. Sei $x^* \in \mathbb{R}^n$ die einzige Nullstelle von F, $S_h(x_0)$ beschränkt und sei $(x_k)_0^\infty$ eine Folge in U derart, daß für ein $C \in (0,1)$ und alle $k \in \mathbb{N}$

3)
$$h(x_{k+1}) \leq C h(x_k)$$

gilt. Dann konvergiert $(x_k)_0^\infty$ R-linear gegen die Nullstelle x^* von F.

Beweis: Aus 3) folgt für alle $k \in \mathbb{N}$

$$h(x_k) \leq C^k h(x_0),$$

und damit $h(x_k) \xrightarrow{k \to \infty} 0$. Da S kompakt und x^* die einzige Nullstelle von h ist, folgt $x_k \xrightarrow{k \to \infty} x^*$. Nach Lemma 1 ist h in einer Kugel K um x^* stark konvex. Nach 0.8.6.8) existiert ein $m > 0$ und ein $k_0 \in \mathbb{N}$, so daß für alle $k \geq k_0$ gilt

$$\|x_k - x^*\| \leq \sqrt{m\,h(x_k)} \leq \sqrt{m\,h(x_0)}\,\sqrt{C}^k,$$

d.h. $(x_k)_0^\infty$ konvergiert mindestens R-linear gegen x^*. ∎

Damit erhalten wir den folgenden

Satz 3 :

Seien die Voraussetzungen von Lemma 2 erfüllt und sei $(x_k)_0^\infty$ durch
das folgenden Schema erzeugt. Zu einem vorgegebenem $C \in (0,1)$
wird bei jedem $k \in \mathbb{N}_0$ eine invertierbare Matrix B_k bestimmt und für
$d_k = B_k^{-1} F(x_k)$ die Abfrage

4)
$$h(x_k - d_k) \leq C\, h(x_k)$$

gemacht, wobei $x_{k+1} = x_k - d_k$ gesetzt wird, falls 4) erfüllt ist.
Andernfalls wird für ein implizit (z.B. durch die Vorgabe einer effizienten Schrittweitenregel) oder explizit gegebenes $C_1 \in (0,1)$ (unabh.
von $k \in \mathbb{N}$) ein $\alpha_k \in \mathbb{R}\setminus\{0\}$ gesucht, so daß

5)
$$h(x_k - \alpha_k d_k) \leq C_1 h(x_k)$$

gilt und $x_{k+1} = x_k - \alpha_k d_k$ gesetzt.
Besitzt $(B_k)_0^\infty$ bzgl. $(x_k)_0^\infty$ die MAN-Eigenschaft, so konvergiert $(x_k)_0^\infty$
Q-superlinear gegen die Nullstelle x^* von F.
Außerdem ist ab einem $k_0 \in \mathbb{N}$ die Ungleichung 4) stets erfüllt, d.h.
das gedämpfte Verfahren geht in das ungedämpfte über.

Beweis: Nach Lemma 2) konvergiert $(x_k)_0^\infty$ mindestens R-linear gegen
die Lösung x^* und ist damit Σ-konvergent. Nach Satz 1 ist die Folge
der Richtungen $(d_k)_0^\infty$ F-Newton-ähnlich. Mit 8.4 Folgerung 1 folgt
die Behauptung. ∎

Folgerung 1 : (globale Q-superlineare Konvergenz des SJN-Verfahrens)
Sei F wie im Lemma 2 und für alle $x \in S_h(x_0)$ sei $F'(x)$ invertierbar.
Dann ist die von dem SJN-Verfahren erzeugte Folge $(x_k)_0^\infty$ konvergent und die Konvergenz ist Q-superlinear. Außerdem geht das gedämpfte Verfahren in das ungedämpfte über und ab einem Index
$k_0 \in \mathbb{N}_0$ braucht $F'(x_k)^{-1}$ nicht mehr berechnet zu werden.

Beweis: Es bleibt nur die Existenz eines $C_1 \in (0,1)$ mit 5) zu zeigen.
Da die Armijo-Regel semi-effizient ist, gibt es Konstanten C_3, C_4, so daß
$$h(x_k) - h(x_{k+1}) \geq \min\left\{ C_3 (h'(x_k) d_k)^2 / \|d_k\|^2,\ C_4 h'(x_k) d_k \right\}.$$
gilt. Für die Newton-Richtung d_k ist $h'(x_k) d_k = \|F(x_k)\|^2$. Da $S_h(x_0)$
kompakt und F' stetig ist (Satz über Umkehrfunktion), ist für ein
$M > 0$ $\|d_k\| = \|F'(x_k)^{-1} F(x_k)\| \leq M \|F(x_k)\|$ und damit
$$h(x_k) - h(x_{k+1}) \geq \min\left\{ \frac{C_3}{M^2}, C_4 \right\} 2 h(x_k) \qquad ∎$$

Bemerkung 2 :

Wird im Satz 3 zur Bestimmung von B_k eine Vorschrift benutzt, die

die MAN-Eigenschaft erzeugt (z. B. eine Aufdatierungsformel eines Sekantenverfahrens minimaler Änderung), aber die aktuelle Richtung führt zu keinem Abstieg im Sinne von 5), so kann eine Neubestimmung von B_{k+1} im Sinne der MAN-Eigenschaft erfolgen (z.B. wie in 4° von SJN $B_{k+1} = F'(x_{k+1})$). Für die Sekantenverfahren minimaler Änderung kann z.B. (s_k, y_k) durch ein neues Paar $(\bar{s}_k, \bar{y}_k)$ ersetzt werden und das neue B_{k+1} als die beste Approximation von B_k bzgl. $Q(\bar{s}_k, \bar{y}_k)$ berechnet werden. Aus dieser Möglichkeit resultieren die folgenden Verfahren, die in der Praxis gute Resultate liefern, d.h. sie liefern schnelle und globale Konvergenz für eine breite Klasse von Problemen. Mit der geometrischen Anschauung (s. Titelbild) lassen sich leicht eigene Varianten entwickeln, die für spezielle Klassen von Gleichungen zu noch höherer Effizienz führen.

Das Verfahren der orthogonalen Sekantenrichtungen

Schaut man auf das Titelbild dieses Buches, so wird man für ein MAN-Verfahren eine besonders günstige Konvergenz der Aufdatierungsmatrizen gegen die Jacobi-Matrix erwarten, wenn die aufeinander folgenden Teilräume S_i und S_{i+1} orthogonal sind. Die Klasse der MAN-Verfahren erlaubt die Geometrie der Aufdatierungen zu beeinflussen. Bei dem Broyden-Verfahren wird für jedes $k \in \mathbb{N}$ die Matrix $B_{k+1}^{-1} = \Psi(B_k^{-1}, s_k, y_k)$ durch $s_k = x_{k+1} - x_k$ und $y_k = F(x_{k+1}) - F(x_k)$ bestimmt. Bei dem jetzt folgenden Verfahren wird für $k \in \mathbb{N}$ der Vektor s_k durch $\tilde{s}_k$ ersetzt, so daß $\tilde{s}_k$ orthogonal zu $\tilde{s}_{k-1}$ ist.

<u>Das OS-Verfahren</u>

0° Wähle $x_0 \in \mathbb{R}^n$, C, $\tilde{C} \in (0,1)$, $\delta > 0$ und $B_0 \in L(\mathbb{R}^n)$ regulär, setze $k := 0$.

1° Setze $N=0$. Falls $\|F(x_k)\| < \delta$, stoppe mit der Näherungslösung x_k.

2° Berechne $p_k := -B_k^{-1} F(x_k)$,

3° Falls $h(x_k + p_k) \leq C\, h(x_k)$, so setze $x_{k+1} := x_k + p_k$, $\tilde{s}_k := p_k$, $\tilde{y}_k := F(x_{k+1}) - F(x_k)$ und gehe zu 6°.

4° Falls für ein $\alpha_k \in \mathbb{R}$ $h(x_k + \alpha_k p_k) \leq \tilde{C}\, h(x_k)$ ist, so setze $x_{k+1} := x_k + \alpha_k p_k$, $\tilde{s}_k := \alpha_k p_k$, $\tilde{y}_k := F(x_{k+1}) - F(x_k)$ und gehe zu 6°.

5° Setze $x_{k+1} := x_k$ und $N = N + 1$. Sei α die zuletzt in 4° getestete Schrittweite und $p := \frac{\alpha}{N^2} p_k$.

Ist $k = 0$, so setzen wir $\tilde{y}_k := F(x_k + p) - F(x_k)$.

Sonst berechne $t = p^T \tilde{s}_{k-1} / \tilde{s}_{k-1}^T (p - \tilde{s}_{k-1})$ und setze

$\tilde{s}_k := t\, \tilde{s}_{k-1} + (1-t)\, p$, $\tilde{y}_k := F(x_k + \tilde{s}_k) - F(x_k)$.

6° Berechne $B_{k+1}^{-1} = \Psi(B_k^{-1}, \tilde{s}_k, \tilde{y}_k)$ mit der "inversen" Broyden-Aufdatierungsformel (s. 10.1)

7° Setze $k = k+1$.

Falls 5° benutzt wurde, dann gehe zu 2°, sonst zu 1°.

Bei Testberechnungen wurden z.B. die folgenden Parameter benutzt:
$\delta = 10^{-5}$ (d.h. es wird die Abfrage $\|F(x_k)\|^2 < 10^{-10}$ durchgeführt), B_o = Einheitsmatrix, $C = 0.9999$, $\tilde{C} = 0.98$ und in 4° wurden lediglich sukzessive die Schrittweiten $1/4$, $1/16$, $-1/40$ getestet.

Die unterschiedliche Ausgestaltung von 5° führt jetzt zu verschiedenen algorithmischen Varianten.

Das Verfahren der partiellen Ableitungen (PA)

In 0° aus OS wird $N = 0$ (dafür nicht mehr in 1°) und $Z = 0$ gesetzt, danach wird 5° ersetzt durch

$5'$ a) $N = N+1$, $Z = Z+1$.

Falls $N > n$ (Dimension der Aufgabe), so setze $N = 1$.

b) Falls $Z > n$, dann Stop. Der Punkt x_k ist bzgl. h singulär.

c) Für ein $\varepsilon > 0$ berechne $D(x_k, e_N) := (h(x_k + \varepsilon e_N) - h(x_k))/\varepsilon$.
Falls $|D(x_k, e_N)| < \delta$ für ein $\delta > 0$ (z.B. halbe Rechengenauigkeit), so gehe zu a).

d) Falls $D(x_k, e_N) < 0$, so setze $\tilde{s}_k := \varepsilon e_N$, $\tilde{y}_k := F(x_k + \varepsilon e_N) - F(x_k)$, andernfalls setze $\tilde{s}_k := -\varepsilon e_N$, $\tilde{y}_k := F(x_k - \varepsilon e_N) - F(x_k)$.

e) Setze $x_{k+1} := x_k$, $Z = 0$ und gehe zu 6°.

Bei $D(x_k, e_N) > 0$ in d) braucht nicht $h(x_k - \varepsilon e_N) < h(x_k)$ zu gelten. Will man einen reinen Abstiegsalgorithmus haben, so kann man in diesem Falle wieder zu $5'$a) gehen. Erweist sich ein Einheitsvektor e_N (bzw. $-e_N$) als Abstiegsrichtung, so kann man anschließend in dieser Richtung eine Aufweitung der Schrittweite testen, was oft zu guten Resultaten führt (s. auch [H], [Ri], [Th]).

Eine weitere Möglichkeit global konvergente Verfahren mit Satz 3 zu konstruieren, ensteht dadurch, daß man Zwischenschritte erlaubt, bei denen die Berechnung des Nachfolgers x_{k+1} von x_k unabhängig von der aktuellen Aufdatierungsmatrix erfolgt (z.B. mit einer geeigneten Abstiegsrichtung), aber die nachfolgende Aufdatierungsmatrix B_{k+1} weiterhin als sukzessive Projektion von B_k im Sinne der MAN-Eigenschaft berechnet wird.

Verfahren GQN :

0^0 Wähle $x_o \in \mathbb{R}^n$, $C \in (0,1)$ und $B_0 \in L(\mathbb{R}^n)$ regulär, setze $k := 0$.

1^0 Falls $F(x_k) = 0$, so stoppe mit der Lösung x_k.

2^0 Berechne $p'_k := -B_k^{-1} F(x_k)$,

3^0 Falls $h(x_k + p'_k) \leq C\, h(x_k)$, so setze $x_{k+1} := x_k + p'_k$, $p_k := p'_k$ und gehe zu 7^0.

4^0 Falls für ein $\alpha_k \in \mathbb{R}$ $h(x_k + \alpha_k p'_k) \leq Ch(x_k)$ ist, so setze
$x_{k+1} = x_k + \alpha_k p'_k$, $p_k := \alpha_k p'_k$ und gehe zu 7^0.

5^0 Berechne eine Abstiegsrichtung d_k (bzgl. h) und bestimme mit einer bzgl. h effizienten Schrittweitenregel (bzgl. der Richtungsableitung)
$$x_{k+1} := x_k - \alpha_k d_k .$$

6^0 Setze $\quad p_k := \dfrac{\| x_{k+1} - x_k \|}{\| p'_k \|}\, p'_k .$

7^0 Setze $w_k := F(x_k + p_k) - F(x_k)$. Falls berechenbar, so bestimme $B_{k+1}^{-1} := \Psi(B_k^{-1}, p_k, w_k)$ (bzw. $B_{k+1} := \Phi(B_k, p_k, w_k)$) mit einer inversen Aufdatierungsformel eines Sekantenverfahrens (bzw. variablen Sekantenverfahrens) minimaler Änderung. Sonst berechne B_{k+1}^{-1} wie in der Bemerkung 1.

8^0 Setze $k := k+1$ und gehe zu 1^0.

Satz 4 :

Sei $x_o \in \mathbb{R}^n$, $F \in C^1(\mathbb{R}^n, \mathbb{R}^n)$, $h := \frac{1}{2} \| F(\cdot) \|^2$, F besitze in $S_h(x_o)$ eine eindeutige Nullstelle x^* und für alle $x \in S_h(x_o)$ sei $F'(x)$ invertierbar. Sei $J := \{ j \in \mathbb{N} \mid h(x_j + p_j) > C\, h(x_j) \}$. Ist $S_h(x_o)$ beschränkt und in einer konvexen Obermenge U von $S_h(x_o)$ $F' \in Lip_L(U)$, so ist die von dem Verfahren GQN erzeugte Folge $(x_k)_0^\infty$ gegen x^* konvergent, wenn die durch 5^0 erzeugte Folge $(d_k)_{k \in J}$ gradientenorientiert ist. Ferner geht das Verfahren GQN in das dazugehörige ungedämpfte Quasi-Newton-Verfahren über und die Konvergenz ist mindestens Q-superlinear.

Beweis: Sei $k \in J$, d.h. im k-ten Schritt wird 5^0 durchgeführt. Aus der Effizienz der Schrittweitenregel bzgl. h und der Gradientenorientiertheit folgt für ein $C_0 > 0$ (unabh. von k)

1) $$h(x_k) - h(x_{k+1}) \geq C_o \, \| h'(x_k) \|^2 .$$

Sei $S := S_h(x_o)$. Für $x \in S$ ist

2) $$2\, h(x) = \| F(x) \|^2 = \| (F'(x)^T)^{-1} F'(x)^T F(x) \|^2 \leq$$
$$\leq \| (F'(x)^T)^{-1} \|^2 \, \| F'(x)^T F(x) \|^2 .$$

Da S kompakt und die Umkehrfunktion $((F')^T)^{-1}$ in S stetig ist, folgt

3) $$M := \max \{ \| (F'(x)^T)^{-1} \| \mid x \in S \} < \infty .$$

Mit 2) ist

4) $$\| h'(x_k) \|^2 = \| F'(x_k)^T F(x_k) \|^2 \geq \frac{2}{M^2}\, h(x_k) .$$

Damit und mit 1) folgt für $D := 2C_0 / M^2$

5)
$$h(x_k) - h(x_{k+1}) \geq D\,h(x_k).$$

Aus $h \geq 0$ folgt $D \leq 1$ und

6)
$$h(x_{k+1}) \leq (1 - D)\,h(x_k).$$

Andererseits ist für $k \in \mathbb{N}\setminus J$ $h(x_{k+1}) \leq C\,h(x_k)$.

Für $C_1 := \max\{C, (1-D)\} \in (0,1)$ gilt also

7)
$$h(x_{k+1}) \leq C_1\,h(x_k).$$

Mit Satz 3 bleibt noch die MAN-Eigenschaft der Folge der Aufdatierungsmatrizen $(B_k)_0^\infty$ bzgl. $(x_k)_0^\infty$ zu zeigen.

Wegen

9)
$$\|p_k\| = \|x_{k+1} - x_k\|$$

erhalten wir, wie im Beispiel (1), für $Z_{k+1} := \int_0^1 F'(x_k + t\,p_k)\,dt$,

10)
$$\|Z_{k+1} - F'(x_{k+1})\| \leq \tfrac{L}{2}\|p\| = \tfrac{L}{2}\|s_k\|. \qquad \blacksquare$$

Bemerkung 3 :

Ist für alle $x \in \mathbb{R}^n$ die Matrix $F'(x)$ symmetrisch, (z.B. $F = f'$ für ein $f \in C^2(\mathbb{R}^n, \mathbb{R})$), so kann man in 5° eine Näherung für $d_k := \nabla h(x_k)$ mit nur einer zusätzlichen Funktionsauswertung (bzgl. F) berechnen. Dies erreicht man mit dem Differenzenquotienten der Richtungsableitung

$$(F(x_k + \varepsilon F(x_k)) - F(x_k))/\varepsilon \approx$$
$$F'(x_k, F(x_k)) = F'(x_k)F(x_k) = F'(x_k)^T F(x_k) = h'(x_k).$$

Ein GQN-Verfahren für monotone Abbildungen (M)

Bei dem Ausweichschritt 5° (bzw. $5'$) geht es im wesentlichen um eine ableitungsfreie Bestimmung einer Ersatz-Abstiegsrichtung. Dies ist besonders einfach, wenn $F: \mathbb{R}^n \to \mathbb{R}^n$ eine differenzierbare **monotone Abbildung** ist, d.h. für alle $x, y \in \mathbb{R}^n$ mit $x \neq y$ gilt:

$$\langle F(x) - F(y), x-y \rangle > 0.$$

Dann ist bereits $F(x_k)$ für alle $k \in \mathbb{N}$ eine Abstiegsrichtung bzgl. h, wenn $F'(x_k)$ invertierbar ist. Denn nach dem folgenden Lemma ist mit $F(x_k) \neq 0$

$$h'(x_k)^T F(x_k) = F(x_k)^T F'(x_k)\, F(x_k) > 0.$$

Lemma :

Sei $F: \mathbb{R}^n \to \mathbb{R}^n$ differenzierbar und monoton. Dann ist für alle $x \in \mathbb{R}^n$ $F'(x)$ positiv semi-definit.

Beweis: Sei $z \in \mathbb{R}^n\setminus\{0\}$ und $\varphi : \mathbb{R} \to \mathbb{R}$ durch $t \mapsto \varphi(t) := \langle F(x+tz), z \rangle$ erklärt. Aus der Monotonie folgt für alle $t > 0$

$$\varphi(t) - \varphi(0) = \langle F(x+tz) - F(x), tz \rangle / t \geq 0$$

und damit $z^T F'(x)\, z = \varphi'(0) \geq 0.$ $\qquad \blacksquare$

Damit können wir in 5° von GQN $d_k := F(x_k)$ setzen und den daraus resultierenden Algorithmus mit **(M)** bezeichnen. Wir erhalten die

Folgerung 2 :

Sei $x_0 \in \mathbb{R}^n$, $F \in C^1(\mathbb{R}^n, \mathbb{R}^n)$ monoton, $h := \frac{1}{2} \|F(\cdot)\|^2$, F besitze in $S_h(x_0)$ eine eindeutige Nullstelle x^* und für alle $x \in S_h(x_0)$ sei $F'(x)$ invertierbar. Ist $S_h(x_0)$ beschränkt und in einer konvexen Obermenge U von $S_h(x_0)$ $F' \in \text{Lip}_L(U)$, so ist die von dem Verfahren (M) erzeugte Folge gegen x^* konvergent und die Konvergenz ist mindestens Q-super-linear. Ferner geht das gedämpfte Verfahren in das ungedämpfte über.

Beweis: Nach Lemma ist $F'(x)$ für alle x positiv semidefinit. Für $x \in S_h(x_0)$ ist $F'(x)$ auch invertierbar und damit positiv definit. Es ist sogar in $S_h(x_0)$ gleichmäßig positiv definit, da $S_h(x_0)$ beschränkt ist. Damit ist die Folge der Richtungen $(F(x_k))_0^\infty$ gradientenorientiert.   ∎

Das Verfahren GQN1

Ein Nachteil des GQN-Verfahrens besteht darin, daß bei der Ablehnung in 3° und 4° eine zusätzliche Funktionsberechnung in 6° erfolgt. Die folgende Änderung beseitigt diesen Nachteil und läßt den GQN-Algorithmus natürlicher erscheinen. In 6° wird $p_k := p_k'$ gesetzt (und damit w_k bereits in 3° berechnet). Der daraus resultierende Algorithmus wird mit **GQN1** bezeichnet. Für den Beweis dessen Q-superlinearer Konvergenz wird aber zusätzlich die Beschränktheit der Folge der inversen Aufdatierungen verlangt.

Satz 5 :

Sei x_0 und F wie im Satz 4. Ferner sei die von GQN1 bzgl. (x_0, B_0) erzeugte Folge $(B_k^{-1})_0^\infty$ beschränkt. Dann gilt die Behauptung von Satz 4.

Beweis : Die R-lineare Konvergenz von $(x_k)_0^\infty$ folgt wie im Beweis von Satz 4 und die MAN-Eigenschaft ergibt sich folgendermaßen:

Wie im Beispiel (1) ist für $Z_{k+1} := \int_0^1 F'(x_k + t p_k)\, dt$

11) $$\|Z_{k+1} - F'(x_{k+1})\| \le \frac{L}{2} \|p_k\|.$$

Nach Voraussetzung existiert ein $M > 0$, so daß $\|p_k\| = \|B_k^{-1} F(x_k)\| = \|B_k^{-1}(F(x_k) - F(x^*))\| \le M \|(F(x_k) - F(x^*))\| \le LM \|x_k - x^*\|$ mit einer Lipschitz-Konstanten L gilt. Aus der R-linearen Konvergenz von $(x_k)_0^\infty$ folgt $\sum_{k=0}^\infty \|Z_k - F'(x_k)\| < \infty$ und damit die Behauptung.   ∎

Bemerkung 4 :

Eine analoge Aussage zu Folgerung 2 bekommt man für das (M)-Verfahren in der GQN1-Form.

Wir wollen jetzt eine weitere Klasse von Quasi-Newton-Aufdatierungen kennenlernen und damit auch die Anwendbarkeit der MAN-Verfahren vergrößern.

Eine Klasse von Quasi-Newton-Aufdatierungen

Seien s_k, $y_k \in \mathbb{R}^n$ wie oben. Wir sind an Quasi-Newton-Aufdatierungen interessiert, d.h. an n×n-Matrizen B_{k+1}, für die die Quasi-Newton-Gleichung $B_{k+1}s_k = y_k$ (d.h. $B_{k+1} \in Q(s_k, y_k)$) gilt. Durch eine einfache Änderung der Broyden-Formel bekommen wir für jedes $v_k \in \mathbb{R}^n$ mit $v_k^T s_k \neq 0$ die Aufdatierungsformel

$$12) \qquad B_{k+1} = B_k + \frac{(y_k - B_k s_k) v_k^T}{v_k^T s_k} .$$

Dieses B_{k+1} erfüllt die Quasi-Newton Gleichung, was mit der Multiplikation beider Seiten mit s_k zu sehen ist. Für $k \in \mathbb{N}_0$ sei $H_k := B_k^{-1}$ und $v_k^T H_k y_k \neq 0$. Dann gilt mit dem Sherman-Morrison-Woodbury Lemma für die Inverse

$$13) \qquad H_{k+1} = H_k + \frac{(s_k - H_k y_k) v_k^T H_k}{v_k^T H_k y_k} .$$

Man kann hier $w_k := H_k^T v_k$ als einen neuen Parameter einführen und dann für die Inverse H_{k+1} von B_{k+1} die einfachere Form

$$14) \qquad H_{k+1} = H_k + \frac{(s_k - H_k y_k) w_k^T}{w_k^T y_k}$$

bekommen. Für $v_k = s_k$ erhalten wir in 12) die Broyden-Formel, die bekanntlich (s. 10.1) die beste Approximation von B_k bzgl. $Q(s_k, y_k)$ in der Frobenius-Norm darstellt. Setzt man in 14) $w_k = y_k$, so bekommen wir die beste Approximation der Inversen von B_k bzgl. des affinen Teilraumes

$$W_k := \{ H \in L(\mathbb{R}^n) \mid H y_k = s_k \}.$$

Denn diese Formel entsteht aus der Broyden-Formel durch formales Vertauschen von s_k und y_k. Sie wird **bad-Broyden-Aufdatierungsformel** genannt, da sie gewöhnlich schlechtere Resultate als die Broyden-Formel liefert.

Die m-Punkte Formel von Gay und Schnabel

Nach Gay und Schnabel (s. [GS]) kann man für $1 \leq m \leq k+1$ die Vektoren v_k bzw. w_k so wählen, daß B_{k+1} bzw. H_{k+1} die beste Approximation von B_k bzw. H_k bzgl. des Durchschnitts

$$S_k := \bigcap_{j=k-m+1}^{k} Q(s_j, y_j) \quad \text{bzw.} \quad \bigcap_{j=k-m+1}^{k} W_j$$

ist. Dies erreicht man, wenn $s_k, \ldots, s_{k-m+1}$ linear unabhängig sind, indem die Vektoren v_k bzw. w_k mit Hilfe des Gram-Schmidt-Verfahrens (s. [K4] S. 91) berechnet werden. Sei $v_0 := s_0$ bzw. $w_0 := y_0$ und für $k \geq m-1$

$$\tilde{v}_k = s_k - \sum_{j=k-m+1}^{k-1} (s_k^T v_j) v_j \qquad\qquad v_k := \frac{\tilde{v}_k}{\|\tilde{v}_k\|} \quad \text{bzw.}$$

$$\tilde{w}_k = s_k - \sum_{j=k-m+1}^{k-1} (s_k^T w_j) w_j \qquad\qquad w_k := \frac{\tilde{w}_k}{\|\tilde{w}_k\|} \ .$$

Dieses Verfahren kann ein ungünstiges Verhalten aufweisen, wenn die Vektoren $s_k, ..., s_{k-m+1}$ (bestimmend für $Q(s_k, y_k)$, ..., $Q(s_{k-m+1}, y_{k-m+1})$) untereinander einen kleinen Winkel besitzen (s. Titelbild).

Dem kann man folgendermaßen vorbeugen: Für $m = 2$ (für $m > 2$ entsprechend) wird die Formel von Gay-Schnabel nur dann benutzt, wenn der Betrag des Kosinus des Winkels zwischen s_k und s_{k-1} kleiner als eine vorgegebene Konstante ist, d.h. es gibt $C > 0$, so daß für alle $k \in \mathbb{N}$ gilt:

$$15) \qquad\qquad | s_k^T s_{k-1} | / (\|s_k\| \|s_{k-1}\|) > C.$$

Andernfalls wird die Broyden-Formel verwendet (s. [Ri]).

Wird bei einem Quasi-Newton-Verfahren die m-Punkte-Formel von Gay und Schnabel benutzt, so braucht die Mittelwertsatzmatrix Y_{k+1} (10.1) nicht zu S_k (bzw. Y_{k+1}^{-1} nicht zu $\bigcap_{j=k-m+1}^{k} W_j$) gehören. Es entsteht damit kein Sekantenverfahren minimaler Änderung, aber wir haben die folgende

Bemerkung 5 :

Sei $(x_k)_0^\infty$ eine Folge in $\mathbb{R}^n$ und sei F' in einer konvexen und $(x_k)_0^\infty$ enthaltenden Menge Lipschitz-stetig . Ist die Folge der Aufdatierungen durch die Abfrage 15) bestimmt, so besitzt sie bzgl. $(x_k)_0^\infty$ die MAN-Eigenschaft.

Beweis: Wir können hier setzen:

$$16) \qquad\qquad Z_{k+1} := Y_k + (Y_{k+1} - Y_k) \frac{s_k v_k^T}{v_k^T s_k} \ .$$

Es ist $Z_{k+1} s_k = Y_{k+1} s_k = y_k$ und mit $v_k^T s_{k-1} = 0$ folgt mit 10.1 Lemma

$$Z_{k+1} s_{k-1} = Y_k s_{k-1} = y_{k-1}.$$

Damit ist $Z_{k+1} \in Q(s_{k-1}, y_{k-1}) \cap Q(s_k, y_k)$.

Da F' Lipschitz-stetig ist, gilt für ein $L > 0$

$$\| Z_{k+1} - F'(x_{k+1})\| \leq \| Y_k - F'(x_k) + F'(x_k) - F'(x_{k+1})\| + \|(Y_{k+1} - Y_k) \frac{s_k v_k^T}{v_k^T s_k} \|$$

$$\leq \| \int_0^1 (F'(x_{k-1} + t s_{k-1}) - F'(x_k) dt\| + L\| s_k \| + \|Y_{k+1} - Y_k\| \frac{\| s_k\| \| v_k\|}{| v_k^T s |}$$

$$\leq \frac{1}{2} L \| s_{k-1} \| + L \| s_k\| + \int_0^1 \|F'(x_k + ts_k) - F'(x_{k-1} + ts_{k-1})\| dt \frac{\|s_k\| \| v_k\|}{| v_k^T s_k|}$$

$$\leq \frac{1}{2} L \| s_{k-1} \| + L \| s_k \| + \frac{1}{C} \int_0^1 L \| s_{k-1} + t s_k - t s_{k-1} \| \, dt$$

$$\leq \frac{1}{2} L \| s_{k-1} \| + L \| s_k \| + \frac{L}{2C} (\| s_{k-1} \| + \| s_k \|) . \qquad \blacksquare$$

Folgerung 3 :

Sei $S_h(x_0)$ beschränkt, F' in einer konvexen Obermenge von $S_h(x_0)$ Lipschitz-stetig, x^* die einzige Nullstelle von F in $S_h(x_0)$ und $F'(x^*)$ regulär. Sei die Folge $(x_k)_0^\infty$ durch das Schema aus Satz 3 erzeugt, wobei die Folge der Aufdatierungen $(B_k)_0^\infty$ im Sinne der Abfrage 15) entweder mit der Gay-Schnabel- oder der Broyden-Formel bestimmt wurden. (Realisierbarkeit vorausgesetzt !) Dann konvergiert $(x_k)_0^\infty$ mindestens Q-superlinear und das gedämpfte Verfahren geht in das ungedämpfte über.

Man kann auch die Formel von Gay-Schnabel mit der Abfrage 15) bei dem GQN-Verfahren benutzen und globale Konvergenz beweisen, indem man im Beweis von Satz 4 Y_{k+1} durch Z_{k+1} aus 16) ersetzt (s. [Ri]).

Übungsaufgaben:

10.1   Behandeln Sie die Aufgabe 9.3 mit dem Verfahren von Broyden in der reinen und der GQN-Variante.

10.2   Beweisen Sie für alle $u, v \in \mathbb{R}^n$
$$\| u v^\mathsf{T} \| = \| u v^\mathsf{T} \|_F = \| u \| \, \| v \|$$

10.3   Sei $\| A \| := \sup \{ \| Ax \| \mid \| x \| = 1 \}$ ($\| \cdot \|$ - Eukl. Norm).
   a) Zeigen Sie, daß die Broyden-Aufdatierungsmatrix
$$B_{k+1} := \frac{(y_k - B_k s_k) \, s_k^\mathsf{T}}{s_k^\mathsf{T} s_k}$$
   auch in der Operatornorm $\| \cdot \|$ einen minimalen Abstand zu B_k hat.
   b) Für die Inverse H_k von B_k ($k \in \mathbb{N}$) gilt die Iterationsformel
$$H_{k+1} = H_k + \frac{(s_k - H_k y_k) \, s_k^\mathsf{T} H_k}{\langle s_k, H_k y_k \rangle}$$

10.4   Es seien $u, v \in \mathbb{R}^n$ mit $u^\mathsf{T} v \neq 0$ gegeben. Dann gilt
$$\left\| 1 - \frac{u v^\mathsf{T}}{u^\mathsf{T} v} \right\| = \frac{\| u \|_2 \| v \|_2}{| u^\mathsf{T} v |} \qquad \text{(Broyden)}.$$
Hinweis: Bestimme die Eigenwerte von $\left(1 - \frac{u v^\mathsf{T}}{u^\mathsf{T} v} \right) \left(1 - \frac{u v^\mathsf{T}}{u^\mathsf{T} v} \right)^\mathsf{T}$.

11 SEKANTENVERFAHREN BEI NICHTRESTRINGIERTER MINIMIERUNG

11.0 MODIFIZIERTE SEKANTENVERFAHREN

In diesem Kapitel betrachten wir Quasi-Newton-Verfahren für nichtrestringierte Minimierungsaufgaben. Um globale und superlineare Konvergenz zu erreichen, wird hier die gedämpfte Schrittweite (s. Algorithmus A2) benutzt.

In 3.4 haben wir aber gesehen, daß die superlineare Konvergenz nur dann zu erreichen ist, wenn die Differenz von Hesse- und Aufdatierungsmatrix angewandt auf die Fortschreitungsrichtung mit wachsendem Index gegen Null konvergiert. Da die Hesse-Matrix stets symmetrisch und an der Stelle der Minimallösung (bzw. lokalen Minimallösung) positiv semi-definit ist, sind Quasi-Newton-Verfahren mit positiv definiten Aufdatierungsmatrizen besonders wünschenswert. Zu ihnen gehört das Verfahren von Davidon-Fletcher-Powell (DFP) (s. [D], [F-P]), mit dem die Theorie und Praxis der Quasi-Newton-Verfahren begonnen hat, wie auch das BFGS-Verfahren von Broyden-Fletcher-Goldfarb-Shanno. Letzteres hat sich in der Praxis als das erfolgreichste Quasi-Newton-Verfahren für Optimierungsaufgaben erwiesen. Diese beiden Verfahren sollen im Vordergrund aller Betrachtungen dieses Abschnitts stehen.

Ein Vorteil der Quasi-Newton-Verfahren mit positiv definiten Aufdatierungsmatrizen ist, daß sie im Gegensatz zu Newton-Verfahren auch für nichtkonvexe Funktionen Abstiegsrichtungen erzeugen und damit wenigstens auch hier durchführbar sind.

Den ersten Beweis der globalen Konvergenz eines Quasi-Newton-Verfahrens verdankt man Powell, der 1970 die globale Konvergenz (s. [Pol]) des DFP-Verfahrens bei der Benutzung der Minimierungsregel für 1-stark konvexe Funktionen gezeigt hat. Im Jahre 1972 folgte eine überraschende Aussage von Dixon (s. [Di]), daß bei der Benutzung der optimalen Schrittweite das DFP und das BFGS (bzw. die gesamte Broyden-Klasse, s. 11.1) die gleiche Iterationsfolge erzeugen. Mit dem Resultat von Dixon folgt also die globale und superlineare Konvergenz des DFP-Verfahrens für die Minimierungsregel aus dem in 11.4 folgenden Konvergenzbeweis für das BFGS-Verfahren für effiziente Schrittweitenregeln. Dieses Resultat wurde von Powell 1976 (s. [P6]) für die Schrittweitenregel (PW) erzielt. Die Verallgemeinerung auf effiziente Schrittweitenregeln geht auf Werner (s. [We]) zurück. Wiederum für die Regel (PW) ist es Byrd, Nocedal und Ya-Xiang Yuan (s. [B-N-Y]) gelungen, die globale und Q-superlineare Konvergenz für alle Algorithmen der Broyden-Klasse (s. 11.1.4) mit Ausnahme des DFP-Verfahrens zu zeigen. In dieser Arbeit wird auch eine selbstkorrigierende Eigenschaft des BFGS-Verfahrens sichtbar, die das DFP-Verfahren nicht besitzt. Es existiert bis heute kein Beweis der globalen Konvergenz des DFP-Verfahrens bei Verwendung einer gebräuchlichen (in der Praxis benutzten) "nicht exakten" Schrittweitenregel (d.h. z.B. AR, ARA, PW, G). Für eine etwas kompliziertere "nichtexakte" Schrittweitenregel kommt Lenard (s. [Len]) zu globalen Konvergenzaussagen des DFP-Verfahrens.

Aber durch leichte Modifikationen lassen sich alle variablen Sekantenverfahren minimaler Änderung in konvergente (bzw. Q-superlinear konvergente) Verfahren abändern und dies sogar für nichtkonvexe Funktionen. Wir beginnen mit einer Modifikation, die einen einfachen und einheitlichen Beweis zuläßt. Beim Benutzen der DFP- und BFGS-Aufdatierungen kann durch die Wahl einer kleinen Konstante α in A2(mod) das nichtmodifizierte Verfahren erzwungen werden (Damit liefern A2 und A2(mod) auf einer Rechenanlage dieselben Ergebnisse). Aber auch die Broyden-Aufdatierung kann benutzt werden und liefert im allgemeinen gute Resultate.

Wie wir in 10.3 bzw. 10.7 gesehen haben, hängt die für die superlineare Konvergenz entscheidende Eigenschaft der asymptotischen Konvergenz der Aufdatierungsmatrizen (s. 10.1 Satz 2) von der Konvergenz (Σ-Konvergenz) der Iterationsfolge ab. Das legt die folgende Strategie nahe:

Ist der die Abstiegseigenschaft bestimmende Kosinus des Winkels zwischen dem Gradienten und der von dem Quasi-Newton-Verfahren erzeugten Richtung zu klein (und damit auch bei kleinen α nicht brauchbar), so wird ein Gradienten-Schritt ausgeführt. Die auf diese Weise entstehende Iterationsfolge $(x_k)_0^\infty$ wird zur Berechnung der Folge $(A_k)_0^\infty$ von Aufdatierungsmatrizen benutzt, d.h. für $k \in \mathbb{N}$ wird A_{k+1} als Nachfolger von A_k auch dann bestimmt, wenn die Abstiegsrichtung d_k nicht als $A_k^{-1} f'(x_k)$ genommen wurde. In der Endphase will man erreichen, daß das Verfahren in das eigentliche Quasi-Newton-Verfahren übergeht. Diese Überlegungen führen zu dem folgenden Algorithmus, der auch für nichtkonvexe Funktionen globale und Q-superlineare Konvergenzaussagen erlaubt.

<u>Verfahren</u> A2(mod) :

$0°$ Wähle $x_0 \in \mathbb{R}^n$, $\alpha > 0$, $A_0 \in L(\mathbb{R}^n)$ invertierbar und eine der Regeln (G),(PW),(AR mit s=1),(ARA mit $\beta \leq \frac{1}{2}$). Ferner wähle eine Nullfolge $(\gamma_k)_0^\infty$ in $(0,\infty)$ mit $k\gamma_k^2 \to \infty$ und $\alpha\,\gamma_k < 1$ für $k \in \mathbb{N}_0$. Setze $k := 0$.

$1°$ Falls $\nabla f(x_k) = 0$ setze $N := k$ und stoppe.

$2°$ Berechne $p_k' := A_k^{-1} \nabla f(x_k)$.

3° Berechne $\beta_k := \langle \nabla f(x_k), p'_k \rangle / \|p'_k\| \|\nabla f(x_k)\|$

4° Falls $\beta_k < \alpha \gamma_k$, wähle d_k mit $\dfrac{\langle \nabla f(x_k), d_k \rangle}{\|d_k\| \|\nabla f(x_k)\|} \geq \alpha \gamma_k$ (z.B $d_k = \nabla f(x_k)$,

setze $\delta_k := 0$ (Boolsche Variable) und gehe nach 6°.

5° Setze $d_k := p'_k$ und $\delta_k := 1$.

6° Bestimme $x_{k+1} := x_k - \alpha_k d_k$ mit der Schrittweitenregel R.

7° Falls $\delta_k = 0$ setze $\qquad p_k := \dfrac{-\|x_{k+1} - x_k\|}{\|p'_k\|} p'_k$ und

$w_k := \nabla f(x_k + p_k) - \nabla f(x_k)$,

sonst $p_k := x_{k+1} - x_k$ und $w_k := \nabla f(x_{k+1}) - \nabla f(x_k)$.

8° Berechne $A_{k+1}^{-1} = \Psi(A_k^{-1}, p_k, w_k)$ (bzw. $A_{k+1} = \Phi(A_k, p_k, w_k)$) mit einer inversen Aufdatierungsformel eines variablen Sekantenverfahrens minimaler Änderung (statt Def. 10.7 b) gelte jetzt $\int_0^1 f''(x_k + t\, p_k)dt \in S_k$). Falls A_{k+1}^{-1} mit Ψ nicht berechenbar ist, so setze $A_{k+1}^{-1} := I$.

9° Setze $k := k+1$ und gehe zu 1°.

Die Folge $(\gamma_k)_0^{\infty}$ ist beim folgenden Beweis wichtig, aber wegen der langsamen Konvergenz kann sie bei Berechnungen vernachlässigt und $\alpha \gamma_k$ durch α ersetzt.

Satz:

Sei $f \in C^2(\mathbb{R}^n)$, $x_0 \in \mathbb{R}^n$, $S_f(x_0)$ beschränkt, f besitze in $S_f(x_0)$ nur eine stationäre Stelle x^* in der $f''(x^*)$ positiv definit ist und f'' sei Lipschitz-stetig in x^*.

Dann ist die durch das Verfahren A 2 (mod) erzeugte Iterationsfolge $(x_k)_0^{\infty}$ (falls nicht endlich) mindestens Σ-konvergent gegen x^*. Sei zusätzlich ab einem $k_0 \in \mathbb{N}$ A_{k+1}^{-1} mit Ψ (bzw. A_{k+1} mit Φ) berechenbar.

Dann konvergiert die Folge $(x_k)_0^{\infty}$ mindestens Q-superlinear und das Verfahren A 2 (mod) geht sogar in das ungedämpfte Quasi-Newton-Verfahren über.

Beweis: Es ist für alle $k \in \mathbb{N}_0$ $\beta_k \geq \alpha \gamma_k$. Da $S_f(x_0)$ beschränkt ist und x^* die einzige singuläre Stelle von f in $S_f(x_0)$ (also globale Minimallösung) ist, folgt mit 6.1 Satz die Konvergenz von $(x_k)_0^{\infty}$ gegen x^*. Außerdem existiert eine abgeschlossene Kugel $\overline{K}(x^*, r)$ mit $r > 0$, so daß die Menge $\{f''(x) \in L(\mathbb{R}^n) \mid x \in \overline{K}(x^*, r)\}$ gleichmäßig positiv definit ist (s. 0.7.1). Mit 6.2 Bemerkung 1 ist

1) $$\sum_{k=0}^{\infty} \|x_k - x^*\| < \infty .$$

Sei nun angenommen, daß ab dem Index k_0 A_{k+1}^{-1} mit Ψ (bzw. A_{k+1} mit Φ) berechnet wurde. Bezeichne $H(x)$ die Hesse-Matrix von f in x.

Mit 0.6.4 gilt für $\quad W_k := \int_0^1 H(x_k + tp_k)\,dt$

2) $\qquad\qquad W_k \underset{k\to\infty}{\rightarrow} H(x^*)$

und wie im Beweis von 10.8 Satz folgt

3) $\qquad\qquad \sum_{k=0}^{\infty} \|W_{k+1} - W_k\| < \infty$.

Mit 10.7 Satz 3 ist

4) $\qquad\qquad \|A_{k+1} - A_k\| \underset{k\to\infty}{\rightarrow} 0$.

Die Folge $(p_k')_0^{\infty}$ ist bzgl. $(f,(x_k)_0^{\infty})$ Newton-ähnlich (s. 8.1). Denn für $k > k_0$ gilt mit 7°, 2), 4) und 0.6.8 Bemerkung 2

$$\frac{\|\nabla f(x_k) - H(x_k)p_k'\|}{\|p_k'\|} = \frac{\|(A_k - H(x_k))p_k\|}{\|p_k\|} \leq$$

$$\|A_{k+1} - A_k\| + \frac{\|A_{k+1}p_k - H(x_k)p_k\|}{\|p_k\|} \leq$$

$$\|A_{k+1} - A_k\| + \|W_k - H(x_k)\| \underset{k\to\infty}{\rightarrow} 0.$$

Mit $\alpha\gamma_k \underset{k\to\infty}{\rightarrow} 0$ und 8.1 Bemerkung 2 existiert ein $k_1 \geq k_0$, so daß für alle $k \geq k_1$ gilt

$$\beta_k = \frac{\langle \nabla f(x_k)p_k'\rangle}{\|f'(x)\| \, \|p_k'\|} > \alpha\gamma_k .$$

Damit geht das Verfahren A 2 (mod) in das dazugehörige Quasi-Newton-Verfahren über. Da aus $f \in C^2(\mathbb{R}^n)$ und $S_f(x_0)$ beschränkt mit 0.6.4 die Lipschitz-Stetigkeit von f' auf $S_f(x_0)$ folgt, ergibt sich der Rest der Behauptung mit 8.1 Satz. ∎

Bemerkung:

In 4° kann man statt $\cos(d_k, \nabla f(x_k)) \geq \alpha\gamma_k$, für die durch 4° entstehende Teilfolge von $(d_k)_0^{\infty}$, die Gradientenorientiertheit im quadratischen Mittel verlangen.

Aus $x_{k+1} \neq x_k$ folgt die Existenz der direkten Broyden-Aufdatierung 10.1.7). Bei Benutzung der Powell-Wolfe-Regel sind die BFGS- und DFP-Aufdatierungen (bzw. die Inversen) berechenbar (s. nächster Abschnitt). Mit der zusätzlichen Forderung der Beschränktheit von $(A_k)_0^{\infty}$ gilt eine analoge Aussage für variable Sekantenverfahren minimaler Inversen-Änderung.

Im Abschnitt 11.5 werden weitere global konvergente Modifikationen von Quasi-Newton-Verfahren betrachtet. Aber zunächst erfolgt eine ausführliche Untersuchung des BFGS- und des DFP-Verfahrens.
In diesem Kapitel soll die globale und Q-superlineare Konvergenz des BFGS-Verfahrens für stark konvexe Funktionen bewiesen werden.
Zunächst jedoch wollen wir auf das hervorstechende Merkmal der DFP- und BFGS-Aufdatierungsmatrizen $\{B_k\}_{k\in\mathbb{N}_0}$, ihre positive Definitheit, eingehen.

Diese ist für die Newton-Ähnlichkeit der Richtungen erforderlich, die aus einem Σ-konvergenten Verfahren ein Q-superlineares macht. Für $f \in C^1(\mathbb{R}^n)$, $x_k \in \mathbb{R}^n$ garantiert sie zunächst, daß $B_k^{-1} \nabla f(x_k)$ eine Abstiegsrichtung ist. Damit sind die vorliegenden Quasi-Newton-Verfahren in der Form A 2 in 10.1 spezielle verallgemeinerte Gradientenverfahren, für die bereits globale Konvergenzaussagen zur Verfügung stehen.

11.1 POSITIVE DEFINITHEIT DER DFP- UND BFGS-AUFDATIERUNGEN

Die historisch älteste und bekannteste Aufdatierungsformel für ein Quasi-Newton-Verfahren ist die DFP-Formel. Wie wir in 10.7 gesehen haben, wird hier für $s, y \in \mathbb{R}^n$ mit $\langle s, y \rangle \neq 0$ und eine $n \times n$-Matrix A

$$1) \qquad \overline{A}_{DFP} := \Phi_{DFP}(A, s, y) :=$$

$$:= A + \frac{(y - As)y^T + y(y - As)^T}{y^T s} - \frac{(y - As)^T s}{(y^T s)^2} \cdot yy^T =$$

$$= \left(I - \frac{ys^T}{y^T s}\right) A \left(I - \frac{sy^T}{y^T s}\right) + \frac{yy^T}{y^T s}$$

gesetzt. Ist A symmetrisch, so ist offensichtlich auch $\overline{A}_{DFP}$ symmetrisch. Die Multiplikation beider Seiten mit s ergibt $\overline{A}_{DFP}\, s = y$. Damit ist die Quasi-Newton-Gleichung (s. 10.1.4)) erfüllt. Aber es gilt auch der

Satz 1:
Sei $A \in L(\mathbb{R}^n)$ positiv definit und für $y, s \in \mathbb{R}^n$ sei $y^T s \neq 0$. Die durch 1) bestimmte Matrix $\overline{A}_{DFP}$ ist genau dann positiv definit, wenn

$$2) \qquad\qquad y^T s > 0$$

gilt. Die inverse $\overline{H}_{DFP} := \overline{A}_{DFP}^{-1}$ genügt dann der inversen Aufdatierungsformel

$$3) \qquad \overline{H}_{DFP} := \Psi_{DFP}(H, s, y) := H + \frac{s^T s}{y^T s} - \frac{Hyy^T H}{y^T Hy} \quad , \quad H := A^{-1}.$$

Beweis: Es sei $B := \overline{A}_{DFP}$ positiv definit. Da B die Quasi-Newton-Gleichung $Bs = y$ erfüllt, ist mit 2)
$$s^T Bs = y^T s > 0.$$
Falls umgekehrt 2) gilt, so ist nach 1) für $x \in \mathbb{R}^n \backslash \{0\}$ und $u := x - \frac{s(y^T x)}{y^T s}$

$$x^T B x = u^T A u + \frac{(y^T x)^2}{y^T s} \geq 0.$$

Um $x^T B x > 0$ zu zeigen, reicht es zu beweisen, daß nicht simultan u und $y^T x$ Null sind.

Aber aus $u = 0$ folgt mit einem $\alpha \in \mathbb{R} \backslash \{0\}$ $x = \alpha s$ und mit 2) $y^T x = \alpha y^T s \neq 0$. Direktes Ausmultiplizieren liefert 3). ∎

Bemerkung :
Ist zusätzlich f in der Niveaumenge $S_f(x_o)$ strikt konvex, so ist ∇f

strikt monoton (s. 0.8.6) und damit

$$y_k^T s_k = \langle \nabla f(x_{k+1}) - \nabla f(x_k), x_{k+1} - x_k \rangle > 0 \text{ für } x_k \neq x_{k+1},$$

d.h. 2) ist erfüllt.

Jedoch besondere Bedeutung bekommt hier die Regel (PW), die automatisch für alle auf der Niveaumenge $S_f(x_o)$ stetig differenzierbaren Funktionen für die Positivität in 2) sorgt.

Für die Realisierbarkeit dieser Regel muß nur zusätzlich die Beschränktheit von f nach unten (s. 4.3.5) gefordert werden. Damit sind das DFP-Verfahren und die nachfolgenden Verallgemeinerungen mit einer positiv definiten Startmatrix $H_o = A_o^{-1}$ stets durchführbar.

Da das DFP-Verfahren in einigen Beispielen ein instabiles Verhalten zeigte, begann die Suche nach neuen Quasi-Newton-Verfahren. Als besonders wichtig in diesem Zusammenhang hat sich die Broyden-Klasse erwiesen. Diese ist durch die inverse Aufdatierungsformel

$$4) \qquad \overline{H}_{BK} := \Psi_{BK}(H, s, y, \beta) := H + \frac{s\,s^T}{y^T s} - \frac{H y\,y^T H}{y^T H y} + \beta\,v\,v^T$$

mit $\beta \in \mathbb{R}_+$ und $v := \dfrac{s}{y^T s} - \dfrac{H y}{y^T H y}$ gegeben.

Für $\beta = 0$ erhalten wir die DFP-Formel.

Nach Satz 1 ist offenbar mit H auch $\overline{H}_{BK}$ positiv definit, falls $y^T s > 0$. Als das erfolgreichste Quasi-Newton-Verfahren für Minimierungsaufgaben hat sich dann die BFGS-Formel mit $\beta := y^T H y$ erwiesen. Hier ist die inverse Aufdatierungsformel durch

$$5) \qquad \Psi_{BFGS}(B, s, y) := \left(I - \frac{s y^T}{y^T s}\right) B \left(I - \frac{y s^T}{y^T s}\right) + \frac{s\,s^T}{y^T s}\,.$$

gegeben.

Da eine invertierbare Matrix nur gleichzeitig mit der Inversen positiv definit sein kann, und 5) formal aus 1) durch das Ersetzen von (A, s, y) durch (B, y, s) entsteht, erhalten wir für die BFGS-Formel 5) eine zu Satz 1 analoge Aussage.

Damit ist der folgende Algorithmus ein spezielles verallgemeinertes Gradientenverfahren, von dem wir im nächsten Abschnitt die R-lineare Konvergenz zeigen. Die Konvergenz ist sogar Q-superlinear, was mit dem Satz 3 dieses Abschnitts zusammenhängt.

Der Algorithmus A 2 aus 10.1 bekommt hier die folgende Gestalt:

6) **BFGS-Verfahren :**

   1° Wähle $x_o \in \mathbb{R}^n$ und ein symmetrisches positiv definites $B_o \in L(\mathbb{R}^n)$ (z.B. $B_o = I$), setze $k := 0$.

   2° Ist $\nabla f(x_k) = 0$, dann Stop.

   3° Setze $d_k := B_k \nabla f(x_k)$.

4° Bestimme α_k mit einer der Regeln (G), (PW), (AR mit s=1), (ARA mit $\beta \le \frac{1}{2}$) bzgl. $(x_k, d_k)_0^\infty$.

5° Setze $x_{k+1} := x_k - \alpha_k d_k$, $s_k := x_{k+1} - x_k$, $y_k := \nabla f(x_{k+1}) - \nabla f(x_k)$.

6° Setze $B_{k+1} := \Psi_{BFGS}(B_k, s_k, y_k) =$

$$= B_k + \frac{v_k s_k^T + s_k v_k^T}{\langle y_k, s_k \rangle} - \frac{\langle v_k, y_k \rangle s_k s_k^T}{\langle y_k, s_k \rangle^2}$$

mit $v_k := s_k - B_k y_k$.

7° Setze $k := k+1$ und gehe zu 2°.

Beim DFP-Verfahren wird in 6° Ψ_{BFGS} durch Ψ_{DFP} ersetzt.

Mit 10.1 Bemerkung 3, 10.7 Lemma und 10.7 Satz 3 erhalten wir zunächst die folgenden Sätze (s. [D-M]):

Satz 2 :

Sei f wie in 10.7 Lemma, $(x_k)_0^\infty$ durch den DFP-Algorithmus erzeugt und es gelte

(∗) $\qquad \sum_{k=0}^{\infty} \|x_{k+1} - x_k\| < \infty$.

Dann ist $(x_k)_0^\infty$ Q-superlinear konvergent und das gedämpfte Verfahren geht in das ungedämpfte über.

Satz 3:

Sei f wie in 10.7 Lemma, $(x_k)_0^\infty$ durch den BFGS-Algorithmus erzeugt und erfülle (∗). Ist zusätzlich die dazugehörige Folge der Aufdatierungsmatrizen $(A_k)_0^\infty$ (s. 11.3 Satz) beschränkt, so ist $(x_k)_0^\infty$ Q-superlinear konvergent und das gedämpfte Verfahren geht in das ungedämpfte über.

11.2 GLOBALE UND LINEARE KONVERGENZ DES BFGS-VERFAHRENS

In diesem Abschnitt soll zunächst die R-lineare Konvergenz des BFGS–Verfahrens für effiziente Schrittweitenregeln gezeigt werden (s. [We]). Der Beweis ist eine Modifikation eines Beweises von Powell, der dies für strikt konvexe Funktionen und die Schrittweitenregel (PW) bewiesen hat. Für den Beweis der R-linearen Konvergenz des BFGS-Verfahrens sollen die Ergebnisse von Kapitel 6 angewandt werden. Wir zeigen, daß das BFGS-Verfahren durch $(d_k := B_k \nabla f(x_k))_0^\infty$ eine Folge von Richtungen erzeugt, die im quadratischen Mittel gradientenorientiert ist.

In diesem Zusammenhang ist die folgende Rekursion (s. [Pe]) für die Determinanten der Aufdatierungsmatrizen $A_k := B_k^{-1}$ von besonderer Bedeutung. Man prüft durch Multiplikation mit 11.1.5) nach, daß für $(A_k)_0^\infty$

die Iteration

1)
$$A_{k+1} := A_k + \frac{y_k y_k^T}{y_k^T s_k} - \frac{A_k s_k s_k^T A_k}{s_k^T A_k s_k} \ .$$

gilt. Allgemein gilt dann für die Broyden-Klasse:

1')
$$A_{k+1} = A_k + \frac{y_k y_k^T}{y_k^T s_k} - \frac{A_k s_k s_k^T A_k}{s_k^T A_k s_k} + (\varphi\, s_k^T B_k s_k)\, v_k v_k^T \ ,$$

wobei φ ein Skalar und $v_k := \dfrac{y_k}{y_k^T s_k} - \dfrac{B_k s_k}{s_k^T B_k s_k}$ ist.

Für $\varphi = 1$ erhalten wir die DFP- und für $\Phi = 0$ die BFGS-Aufdatierung. Werden nur $\varphi \in [0,1]$ zugelassen, so sprechen wir von der eingeschränkten Broyden-Klasse.

Lemma (Pearson):

Es gilt für alle $k \in \mathbb{N}$

$$\det A_{k+1} = \frac{y_k^T s_k}{s_k^T A_k s_k}\, \det A_k \ .$$

Beweis: Beim Weglassen des Index k auf der rechten Seite von 1) gilt
für $C := A + \dfrac{y y^T}{y^T s}$

$$A_{k+1} = C - \frac{A s s^T A}{s^T A s} \ .$$

Da für alle $u, v \in \mathbb{R}^n$ $\det(I + u v^T) = 1 + u^T v$ gilt (s. [Hous]), folgt mit $B := A^{-1}$

2)
$$\det C = \det\left[A\left(I + \frac{B y y^T}{y^T s}\right)\right] = \det A\left(1 + \frac{y^T B y}{y^T s}\right).$$

Genauso gilt

$$A_{k+1} = C\left(I - \frac{C^{-1} A s s^T A}{s^T A s}\right)$$

und

3)
$$\det A_{k+1} = \det C\left(1 - \frac{s^T A C^{-1} A s}{s^T A s}\right).$$

Durch direktes Ausmultiplizieren prüft man nach, daß (s. auch 10.1.8))

$$C^{-1} = A^{-1} - \frac{A^{-1} y y^T A^{-1}}{y^T s + y^T A^{-1} y} \ .$$

Eingesetzt in 3) ergibt sich mit 2)

$$\det A_{k+1} = \det A\left(1 + \frac{y^T A^{-1} y}{y^T s}\right)\left(1 - \frac{s^T A}{s^T A s}\cdot\left[\left(A^{-1} - \frac{A^{-1} y y^T A^{-1}}{y^T s + y^T A^{-1} y}\right) A s\right]\right) =$$

$$= \det A\left(\frac{y^T s + y^T A^{-1} y}{y^T s}\right)\left(\frac{s^T y y^T s}{s^T A s[y^T s + y^T A^{-1} y]}\right) = \det A\left(\frac{y^T s}{s^T A s}\right). \quad \blacksquare$$

Satz:

Sei $f : \mathbb{R}^n \to \mathbb{R}$ und $x_o \in \mathbb{R}^n$. In einer Umgebung U von $S_f(x_o)$ sei $f \in C^2(U)$ und mit den Konstanten $m, M \in \mathbb{R}_+\backslash\{0\}$ gelte für alle $x \in S_f(x_o)$ und alle $z \in \mathbb{R}^n$

$(*)$ $$m \|z\|^2 \le z^T f''(x) z \le M \|z\|^2 .$$

Dann ist das BFGS-Verfahren 11.1 6) mit x_0 und jeder symmetrischen positiv definiten Startmatrix B_0 durchführbar.

Dabei bricht das Verfahren entweder nach endlich vielen Schritten mit der eindeutigen Minimallösung x^* von f ab, oder es entsteht eine unendliche Folge $(x_k)_0^\infty$, die mindestens R-linear gegen x^* konvergiert.

Beweis: Es werden die folgenden Bezeichnungen benutzt. Für $k \in \mathbb{N}$ sei $g_k := \nabla f(x_k)$, $p_k := -B_k g_k$, $s_k := x_{k+1} - x_k$, $y_k := g_{k+1} - g_k$. Mit $H(x)$ bezeichnen wir die Hesse-Matrix $\left(\dfrac{\partial^2 f}{\partial x_i \partial x_j}\right)_{1 \le i, j \le n}$ von f an der Stelle x.

Wir nehmen an, daß die Folge $(x_k)_0^\infty$ unendlich ist, also alle Größen g_k, s_k und y_k von Null verschieden sind.

Es gilt mit 1) $(B_k = A_k^{-1})$

4) $$0 < \mathrm{tr}(A_{k+1}) = \mathrm{tr}(A_k) + \frac{\|y_k\|^2}{y_k^T s_k} - \frac{\|A_k s_k\|^2}{s_k^T A_k s_k} .$$

Mit dem Mittelwertsatz (0.6.4) gilt

5) $$y_k = H_k s_k \qquad \text{mit} \qquad H_k := \int_0^1 H(x_k + t s_k)\,dt .$$

Mit $(*)$ folgt für alle $u \in \mathbb{R}^n$

6) $$m \|u\|^2 \le u^T H_k u \le M \|u\|^2$$

Die Matrix H_k ist positiv definit. Daher existiert $H_k^{\frac{1}{2}}$ und wir setzen $z_k := H_k^{\frac{1}{2}} s_k$. Dann folgt mit 6) für alle $k \in \mathbb{N}_0$

7) $$0 < m \le \frac{\|y_k\|^2}{y_k^T s_k} = \frac{s_k^T H_k^2 s_k}{s_k^T H_k s_k} = \frac{z_k^T H_k z_k}{z_k^T z_k} \le M$$

Aus 4) und der Summation folgt mit 7) für $\gamma_j := \dfrac{\|A_j s_j\|^2}{s_j^T A_j s_j}$ $(j \in \mathbb{N})$

8) $$\sum_{j=0}^{k-1} \gamma_j \le \mathrm{tr}(A_0) - \mathrm{tr}(A_k) + kM \le \mathrm{tr}(A_0) + kM \le k(\mathrm{tr}(A_0) + M) = kM_0 ,$$

wobei $M_0 := \mathrm{tr}(A_0) + M$ ist.

Dies und die Ungleichung zwischen dem geometrischen und arithmetischen Mittel liefert

9) $$\prod_{j=0}^{k-1} \gamma_j \le M_0^k .$$

Aus Lemma folgt mit 5) und 6)

10) $$\frac{\det A_0}{\det A_k} = \prod_{j=0}^{k-1} \frac{s_j^T A_j s_j}{y_j^T s_j} .$$

Mit den Eigenwerten $\lambda_{k,1} \le \cdots \le \lambda_{k,n}$ von A_k gilt:

11) $$\mathrm{tr}(A_k) = \sum_{i=1}^n \lambda_{k,i} \qquad \text{und} \qquad \det A_k = \prod_{i=1}^n \lambda_{k,i} .$$

Die Ungleichung zwischen dem geometrischen und arithmetischen Mittel ergibt jetzt mit 8), 11) und der binomischen Ungleichung

12) $$\det A_k \le \left[\frac{\mathrm{tr}(A_k)}{n}\right]^n \le \left[\frac{k M_0}{n}\right]^n \le \left[1 + \frac{k M_0}{n}\right]^n \le \left(\left[1 + \frac{M_0}{n}\right]^n\right)^k =: C_1^k .$$

Durch Multiplikation der Ungleichungen 9), 10) und 12) folgt jetzt

13)
$$\det A_o \prod_{j=0}^{k-1} \gamma_j \leq \left(\prod_{j=0}^{k-1} \frac{s_j^T A_j s_j}{y_j^T s_j} \right) C_1^k M_o^k \ .$$

Mit $\det A_o \geq (\min\{\det A_o, 1\})^k$ folgt für ein $C > 0$

14)
$$\prod_{j=0}^{k-1} \frac{(s_j^T A_j s_j)^2}{\|A_j s_j\|^2 \, y_j^T s_j} \geq \det A_o \left(\frac{1}{C_1 M_o} \right)^k \geq C^k \ .$$

Mit 5) und 6) ist $y_j^T s_j = s_j^T H_j s_j \geq m \|s_j\|^2$. Aus $s_j = -\alpha_j p_j$, $A_j s_j = -\alpha_j g_j$ (α_j Schrittweite) folgt für $\beta_j := \dfrac{p_j^T g_j}{\|g_j\| \, \|p_j\|}$ mit 14)

15)
$$\prod_{j=0}^{k-1} \beta_j^2 = \prod_{j=0}^{k-1} \frac{(s_j^T A_j s_j)^2}{\|A_j s_j\|^2 \, \|s_j\|^2} \geq \prod_{j=0}^{k-1} \frac{(s_j^T A_j s_j)^2 m}{\|A_j s_j\|^2 \, y_j^T s_j} \geq (m\,C)^k \ .$$

Aus 6.3 Satz 2 folgt die mindestens R-lineare Konvergenz von $(x_k)_0^\infty$.

<u>Bemerkung:</u>

Es ist Byrd, Nocedal und Ya-Xiang Yuan gelungen, das Resultat von Powell auf die eingeschränkte Broyden-Klasse mit Ausnahme des DFP-Verfahrens zu übertragen (wie bei Powell wird hier die Schrittweitenregel (PW) benutzt). Dabei wird in dieser Arbeit der folgende Unterschied zwischen dem DFP- und BFGS-Verfahren sichtbar. Analog wie bei 4) erhalten wir für die Iteration 1')

16) $\operatorname{tr}(A_{k+1}) = \operatorname{tr}(A_k) + \dfrac{\|y_k\|^2}{y_k^T s_k} + \Phi \dfrac{\|y_k\|^2}{y_k^T s_k} \cdot \dfrac{s_k^T A_k s_k}{y_k^T s_k} - (1 - \Phi) \dfrac{\|A_k s_k\|^2}{s_k^T A_k s_k} - 2\Phi \dfrac{y_k^T A_k s_k}{y_k^T s_k}.$

Wird die Schrittweite α_k bzgl. der Regel (PW) (s. 4.2.7) bestimmt, so führt dies mit den Konstanten σ, β aus 4.2.7 zu der folgenden Abschätzung (s. [B-N-Y] (3.7)) (m, M, β_k wie oben)

17)
$$\operatorname{tr}(A_{k+1}) \leq \operatorname{tr}(A_k) + M + \frac{\Phi M \alpha_k}{1 - \beta} - \frac{(1 - \Phi)\alpha_k}{c_2 \beta_k^2} + \frac{2\Phi M \alpha_k}{m \, c_1 \beta_k} \ ,$$

wobei $c_1 := \dfrac{(1 - \beta)}{M}$ und $c_2 := \dfrac{2(1 - \alpha)}{M}$.

Der vierte Summand auf der rechten Seite verschwindet bei der DFP-Formel und sorgt bei den anderen Formeln für die Verkleinerung der Spur, wenn der Winkel zwischen dem Gradienten und der Fortschreitungsrichtung ungünstig wird (β_k ist der Kosinus des Winkels). Dies führt zu einer selbstkorrigierenden Eigenschaft der Folge $(\beta_k)_0^\infty$, wenn die folgende leicht zu zeigende Ungleichung benutzt wird:

18)
$$\beta_k \geq \frac{\alpha_k}{c_2 \operatorname{tr}(A_k)} \ ,$$

d.h. nur dann ist β_k klein, wenn α_k klein oder $\operatorname{tr}(A_k)$ groß ist. Sei $\Phi < 1$. Angenommen, die Schrittweite α_k ist für $k \in \mathbb{N}$ gleichmäßig von Null entfernt. Dann dominiert für kleine β_k der vierte Summand in 17) die anderen und verkleinert die Spur, was mit 18) als eine Selbst-Dämpfung in Bezug auf die Abnahme-Tendenz von $(\beta_k)_0^\infty$ wirkt. Andererseits gilt für die Schrittweiten α_k die Abschätzung (s. [B-N-Y] Lemma 2.2)

19)
$$c_1 \frac{s_k^T A_k s_k}{\|s_k\|^2} \le \alpha_k \le c_2 \frac{s_k^T A_k s_k}{\|s_k\|^2} \qquad \text{für } k \in \mathbb{N}_0$$

und mit Lemma ist

20)
$$\det(A_{k+1}) \ge \det(A_k) \frac{y_k^T s_k}{s_k^T A_k s_k} \, ,$$

da im Falle $\Phi > 0$ die Ergänzung bzgl. der BFGS-Formel positiv semi-definit ist. Die Ungleichungen 19) und 20) sorgen dann dafür, daß α_k von der Null entfernt bleibt.

Damit besitzt das BFGS-Verfahren eine selbstkorrigierende Eigenschaft in Bezug auf die Folge $(\beta_k)_0^\infty$, die beim DFP-Verfahren nicht vorhanden ist.

Bei der global und superlinear konvergenten Modifikation des DFP-Verfahrens in der Form von A2(mod) (s. 11.0) erfolgt die Korrektur durch die Abfrage 4°. Denn es sei noch vermerkt, daß nach 6.3 R-lineare Konvergenz vorliegt, wenn $\varliminf_k \beta_k > 0$ gilt.

11.3   ORDNUNGSMONOTONIE DER BFGS- UND DER DFP-FORMEL

Für die numerische Stabilität und Effektivität der Quasi-Newton-Verfahren möchte man erreichen, daß die positive Definitheit der Aufdatierungsmatrizen im gesamten Verlauf möglichst gut bleibt.
Anders gesagt: Man will die gleichmäßige positive Definitheit für die Folge der Aufdatierungsmatrizen erreichen. Einen relativ einfachen Zugang zu dieser Fragestellung und ihrer geometrischen Deutung bekommt man mit dem Begriff einer ordnungsmonotonen Abbildung.
Da die gleichmäßige positive Definitheit der Aufdatierungsmatrizen ihre gleichmäßige Beschränktheit impliziert, wird dies mit 10.7 Satz 7 auch die Q-superlineare Konvergenz des BFGS-Verfahrens liefern.
In dem Raum $L(\mathbb{R}^n)$ wollen wir jetzt die Ordnung einführen, die durch den Kegel K_{PS} der positiv semi-definiten Matrizen bestimmt ist.

Definition 1 :

Für $A, B \in L(\mathbb{R}^n)$ gilt die Relation $A \le B$, wenn $B-A$ positiv semi-definit ist.

Definition 2 :

Eine Abbildung $P : L(\mathbb{R}^n) \to L(\mathbb{R}^n)$ heißt *ordnungsmonoton*, wenn die folgende Implikation gilt:

$$A, B \in L(\mathbb{R}^n) \quad \text{und} \quad A \leq B \Rightarrow P(A) \leq P(B).$$

Satz 1 :

Sei $P : L(\mathbb{R}^n) \to L(\mathbb{R}^n)$ eine affine Abbildung, für die in $L(\mathbb{R}^n)$ die folgende Implikation gilt:

1) A ist positv definit $\Rightarrow P(A)$ ist positv definit.

Dann ist P ordnungsmonoton.

Bemerkung 1 :

Für die geometrische Anschauung ist das folgende Bild der Ungleichung $A \leq B \leq C$ hilfreich.

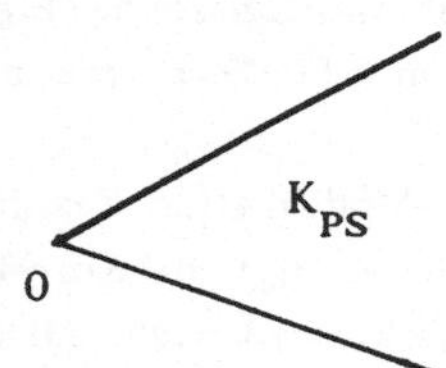
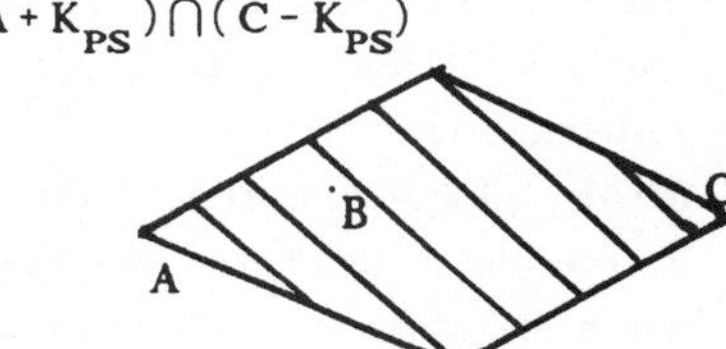

Denn es gilt offenbar

$$A \leq B \leq C \iff B \in (A + K_{PS}) \cap (C - K_{PS}),$$

wobei $A + K_{PS} = \{A + D \mid D \in K_{PS}\}$ und $C - K_{PS} = \{C - D \mid D \in K_{PS}\}$ ist.

Beweis: Sei $A \leq B$, $n \in \mathbb{N}$ und I die Einheitsmatrix. Es gilt:

$$nA - nB + I = n(B - A) + I > 0$$

Da P affin ist, folgt mit 1)

$$0 \leq P(nA - nB + I) = nP(A) - nP(B) + P(I) = n(P(B) - P(A)) + P(I)$$

Division durch n ergibt

$$P(B) - P(A) + \frac{1}{n}P(I) > 0.$$

Aus $\lim\limits_{n \to \infty} \frac{1}{n}P(I) = 0$ folgt $P(B) - P(A) \geq 0$. ∎

Damit und mit 11.1 Satz 1 und Satz 2 erhalten wir die

Folgerung:

Seien $s, y \in \mathbb{R}^n$ mit $y^T s > 0$. Dann sind die Abbildungen

a) $P_1 := \overline{A}_{DFP}(\cdot, s, y) : L(\mathbb{R}^n) \to L(\mathbb{R}^n)$ und

b) $P_2 := \overline{H}_{BFGS}(\cdot, s, y) : L(\mathbb{R}^n) \to L(\mathbb{R}^n)$

ordnungsmonoton.

Für die Beschreibung der Geometrie dieser **Aufdatierungsformeln** brauchen wir noch, bei obigen Bezeichnungen, die folgende

Bemerkung 2 :

Sei $B \in Q(s,y)$ invertierbar und $\lambda \in \mathbb{R}$. Dann gilt

$$P_1(\lambda B) = \lambda B + (1-\lambda)\frac{yy^T}{y^Ts}$$

$$P_2(\lambda B^{-1}) = \lambda B^{-1} + (1-\lambda)\frac{ss^T}{y^Ts} \ .$$

Insbesondere ist für $\lambda \in [0,1]$ $P_1(\lambda B) \geq \lambda B$ und $P_2(\lambda B^{-1}) \geq \lambda B^{-1}$.

Beweis: Folgt durch direktes Einsetzen von $\lambda Bs = \lambda y$ in 11.1.1) und 11.1.5). ∎

Die Ordnungsmonotonie liefert uns die folgende Implikation

$$B \in Q(s,y) \text{ und } \lambda_1 B \leq A \leq \lambda_2 B \Rightarrow \lambda_1 B \leq P_1(A) \leq \lambda_2 B \ .$$

Dies führt zu der folgenden geometrischen Anschauung der Strategie für die Erhaltung der positiven Definitheit, die den Formeln innewohnt. Sei $(x_k)_0^\infty$ eine DFP- (bzw. BFGS-) Folge und im k-ten Schritt sei $B = Y_{k+1}$ und $A_k = A_k^{DFP}$ ($A_k^{-1} = (A_k^{BFGS})^{-1}$). In dem Kegel $\{A \in L(\mathbb{R}^n) \mid A \text{ positiv semi-definit}\}$ haben wir das Bild.

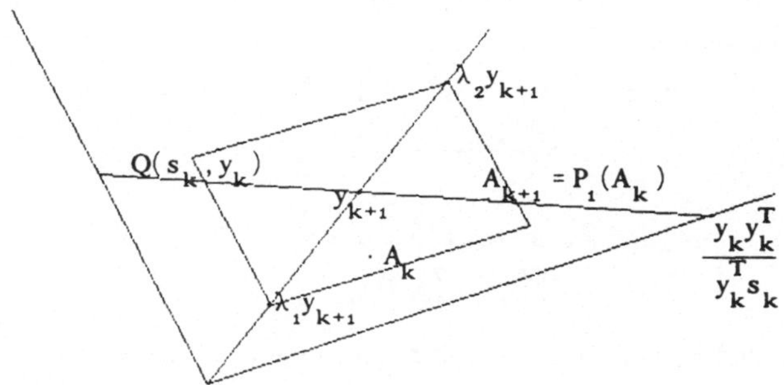

Ein entprechendes Bild bekommen wir auch für P_2.

Für die weiteren Rechnungen brauchen wir noch das einfache

Lemma:

Sei für ein $\alpha \in \mathbb{R}_+$ und ein $A \in L(\mathbb{R}^n)$ $\|A\| \leq \alpha$. Dann gilt

$$-\alpha I \leq A \leq \alpha I.$$

Ist A symmetrisch, so gilt die Implikation

$$0 \leq A \leq \alpha I \Rightarrow \|A\| \leq \alpha \ .$$

Beweis: $\langle (A + \alpha I)x, x \rangle = \langle Ax, x \rangle + \alpha \langle x, x \rangle \geq -\|A\|\|x\|^2 + \alpha\|x\|^2 \geq 0$. Die andere Ungleichung folgt analog.

Sei $A \geq 0$ symmetrisch und $\bar{\lambda} = \max\{\lambda \in \mathbb{R} \mid \lambda \text{ Eigenwert von } A\} = \|A\|$. Sei $\bar{u}$ ein Eigenvektor zu dem Eigenwert $\bar{\lambda}$. Dann gilt:

$$0 \leq \langle A\bar{u}, \bar{u} \rangle = \lambda\langle \bar{u}, \bar{u} \rangle \leq \alpha\langle \bar{u}, \bar{u} \rangle \text{ d.h. } 0 \leq \bar{\lambda} = \|A\| \leq \alpha \ . \quad ∎$$

<u>Satz</u> 2 :

Sei $x_0 \in \mathbb{R}^n$, $B_0 > 0$ und f wie in 11.2 Satz mit Lipschitz-stetiger zweiter Ableitung im Punkte x^*. Dann ist die durch 11.1.6) erzeugte Folge der BFGS-Aufdatierungsmatrizen $(B_k)_0^\infty$ gleichmäßig positiv definit, d.h. es existieren Konstanten $c, C \in \mathbb{R}_+\backslash\{0\}$, so daß für alle $k \in \mathbb{N}$ und alle $z \in \mathbb{R}^n$

$$2) \qquad c\,\|z\|^2 \leq z^T B_k z \leq C\,\|z\|^2$$

gilt. Insbesondere ist $(B_k)_0^\infty$ und $(B_k^{-1})_0^\infty$ beschränkt.

Beweis: Mit 11.2 (*) gilt für $Y_{k+1} = \int\limits_0^1 f''(x_k + t s_k)\,dt$ und alle $k \in \mathbb{N}$, $z \in \mathbb{R}^n$:

$$3) \qquad m\,\|z\|^2 \leq z^T Y_k z \leq M\,\|z\|^2 .$$

Für die Inversen Y_k^{-1} erhalten wir dann (s. 0.7.1 Satz 7)

$$4) \qquad \frac{1}{M}\,\|z\|^2 \leq z^T Y_k^{-1} z \leq \frac{1}{m}\,\|z\|^2 .$$

Mit der Ordnungsschreibweise aus 11.2 und $m' := \frac{1}{M}$, $M' := \frac{1}{m}$, $Z_k := Y_k^{-1}$ kann man 4) auch folgendermaßen schreiben:

$$5) \qquad \forall k \in \mathbb{N} : \quad m' I \leq Z_k \leq M' I .$$

Mit Lemma ist

$$6) \qquad Z_{k+2} = Z_{k+1} + Z_{k+2} - Z_{k+1} \leq Z_{k+1} + \|Z_{k+2} - Z_{k+1}\| I \leq$$
$$\leq \left(1 + \frac{\|Z_{k+2} - Z_{k+1}\|}{m'}\right) Z_{k+1}$$

und

$$7) \qquad Z_{k+1} = Z_{k+2} + Z_{k+1} - Z_{k+2} \leq Z_{k+2} + \|Z_{k+1} - Z_{k+2}\| I \leq$$
$$\leq \left(1 + \frac{\|Z_{k+2} - Z_{k+1}\|}{m'}\right) Z_{k+2} .$$

Da B_0 und Z_1 positiv definit sind, gibt es ein $\alpha \geq 1$, so daß

$$8) \qquad \frac{1}{\alpha} Z_1 \leq B_0 \leq \alpha Z_1$$

gilt. Mit den Abkürzungen $\alpha_j := \frac{\|Z_{j+1} - Z_j\|}{m'}$ ($j \in \mathbb{N}$) und $\beta_k := \alpha\left(\prod\limits_{j=0}^{k}(1 + \alpha_j)\right)$ ($k \in \mathbb{N}$) wird jetzt mit vollständiger Induktion die folgende Ungleichung gezeigt:

$$9) \qquad \forall k \in \mathbb{N} : \quad \beta_k^{-1} Z_{k+1} \leq B_k \leq \beta_k Z_{k+1} .$$

Nach 8) ist der Induktionsanfang für $k = 0$ gegeben.

Mit der Ordnungsmonotonie der BFGS-Formel $P_{k+1} := \Psi_{BFGS}(\,\cdot\,, s_k, y_k)$ (s. Folgerung), Bemerkung 2 und der Induktionsannahme für k (d.h. 9)) erhalten wir aus 6) und 7)

$$10) \qquad \beta_{k+1}^{-1} Z_{k+2} \leq \beta_k^{-1} Z_{k+1} \leq P_{k+1}(\beta_k^{-1} Z_{k+1}) \leq B_{k+1} = P_{k+1}(B_k) \leq$$
$$\leq P_{k+1}(\beta_k Z_{k+1}) \leq \beta_k Z_{k+1} \leq \beta_{k+1} Z_{k+2}$$

Nach 11.2 Satz ist die dazugehörige Iterationsfolge $(x_k)_0^\infty$ R-linear und damit folgt: $\sum\limits_{k=0}^{\infty} \|x_{k+1} - x^*\| < \infty$.

Mit 10.3 Bemerkung 4 ist $\sum\limits_{k=0}^{\infty} \|Z_{k+1} - Z_k\| < \infty$.

Wegen $\sum\limits_{j=0}^{\infty} \alpha < \infty \iff \prod\limits_{j=0}^{\infty}(1+\alpha) < \infty$ (s. [F]) gilt

$$\bar{\beta} := \alpha \prod\limits_{j=0}^{\infty}(1 + \alpha_j) < \infty.$$

Mit 5) und 10) folgt für alle $k \in \mathbb{N}$

$$m'\bar{\beta}^{-1} I \leq \bar{\beta}^{-1} Z_{k+2} \leq B_{k+1} \leq \bar{\beta} Z_{k+2} \leq \bar{\beta} M' I.$$

d.h. für $c := m'\bar{\beta}^{-1}$ und $C := M'\bar{\beta}$ folgt die Behauptung.

Die Beschränktheit von $(B_k)_0^{\infty}$ und $(B_k^{-1})_0^{\infty}$ ist mit Lemma und 0.7.1 Satz 7 zu sehen. ∎

Bemerkung 3 :

Durch die direkte Übertragung des Beweises bekommt man die folgende Aussage für das DFP-Verfahren:

Ist die DFP-Iterationsfolge $(x_k)_0^{\infty}$ Σ-konvergent, so ist die dazugehörige Folge der Aufdatierungsmatrizen gleichmäßig positiv definit.

Eine gleichmäßige positiv definite Folge von Matrizen ist insbesondere beschränkt. Mit 10.7 Satz 7, 11.2 Satz und 8.1 Satz 1 folgt schließlich das zentrale Resultat (s. [P6] und [We]).

11.4   Q-SUPERLINEARE KONVERGENZ DES BFGS-VERFAHRENS

Satz:

Unter den Voraussetzungen von 11.3 Satz 2 ist das BFGS-Verfahren 11.1 6) mit x_0 und jeder symmetrischen positiv definiten Startmatrix B_0 durchführbar. Dabei bricht das Verfahren entweder nach endlich vielen Schritten mit der Minimallösung x^* von f ab, oder es entsteht eine (unendliche) Folge $(x_k)_0^{\infty}$, die mindestens Q-superlinear gegen x^* konvergiert. Die Matrizen $(B_k)_0^{\infty}$ (bzw. $\{A_k = B_k^{-1}\}$) sind gleichmäßig positiv definit. Wird eine der Schrittweitenregeln (PW), (G) oder (ARA mit $\beta \in (0,\frac{1}{2}]$) benutzt, so gibt es überdies ein $k_0 \in \mathbb{N}$, so daß für alle $k \geq k_0$ die Schrittweite $\alpha_k = 1$ akzeptiert wird, d.h. das Verfahren geht in das ungedämpfte BFGS-Verfahren über.

Bemerkung:

In der Originalarbeit von Powell wird das obige Resultat bei der Benutzung der Regel (PW) für zweimal stetig differenzierbare strikt konvexe Funktionen mit beschränkten Niveaumengen und einer positiv definiten Matrix $f''(x^*)$ gezeigt. Dieses Resultat könnte man mit den obigen Mitteln wie folgt erreichen. Nach 11.1 Bemerkung ist hier das BFGS-Verfahren realisierbar. Der Beweis von 11.2 Satz läßt sich bei diesen Voraussetzungen bis 14) führen (die rechte Seite von (∗) in 11.2 Satz folgt mit der Kompaktheit von $S_f(x_o)$ und $f \in C^2(S_f(x_o))$). Nach Definition der Regel (PW) (s. 4.2.7) gilt für ein $c_2 \in (0,1)$ und alle $j \in \mathbb{N}$

$$y_j^T s_j \geq (1 - c_2)(-s_j^T g_j)$$

was mit 14) zu

$$(\ast\ast) \qquad \prod_{j=0}^{k-1} \frac{\|g_j\|}{\|s_j\| \beta_j} = \prod_{j=0}^{k-1} \frac{\|g_j\|^2}{\langle s_j, -g_j \rangle} < \left(\frac{m\,C}{1 - c_2} \right)^k$$

führt. Da f nach unten beschränkt ist, folgt

$$\sum_{k=1}^{\infty} -s_k\, g_k = \sum_{k=1}^{\infty} \|g_k\| \, \|s_k\| \beta_k < \infty \ .$$

Die Annahme: $\exists\, \varepsilon > 0 \ \forall\, k \in \mathbb{N} : \ \|g_k\| > \varepsilon$ impliziert dann: $\|s_k\| \beta_k \to 0$, was im Widerspruch zu (∗∗) steht. Dies bedeutet für die konvexe Funktion f die Konvergenz von $(x_k)_0^\infty$ gegen die Minimallösung x^*. Aus der positiven Definitheit von $f''(x^*)$ folgt, daß f in einer Umgebung U^* von x^* stark konvex ist. Damit läßt sich für $x_k \in U^*$ der Übergang von 14) bis 15) wie in 11.2 Satz führen. Der Rest des Beweises erfolgt analog wie oben.

Wir wollen jetzt noch eine andere Minimalitätseigenschaft des BFGS-Verfahrens erwähnen. Die Suche nach einer symmetrischen positiv definiten Matrix H, die die Quasi-Newton-Gleichung

$$H s = y \qquad (s, y \in \mathbb{R}^n, \ \langle s, y \rangle > 0)$$

erfüllt, kann durch die folgende äquivalente Aufgabe ersetzt werden: Finde eine invertierbare Matrix $J \in L(\mathbb{R}^n)$, so daß

$$11) \qquad J J^T s = y$$

gilt. Ist J eine Lösung von 11), dann gelten für $v = J^T s$ die Gleichungen

$$12) \qquad J v = y \qquad \text{und}$$

$$13) \qquad J^T s = v \ .$$

Wir interpretieren jetzt $\bar H$ als den Nachfolger von H. Sei $L L^T$ die Cholesky-Zerlegung von H und wir suchen nach der besten Approximaton J von L (in Abhängigkeit von v) bzgl. der Menge $\{ J \in L(\mathbb{R}^n) \mid J \text{ erfüllt } 12) \}$ in der Frobenius-Norm (Broyden-Formel). Mit der Beziehung 13) wird v eliminiert. Dann stellt sich heraus, daß $\bar H := J J^T$ der direkten BFGS-Formel entspricht, d.h.

$$\bar H = H + \frac{y\, y^T}{y^T s} - \frac{H s s^T H}{s^T H s} \ .$$

11.5 BEISPIELE FÜR GLOBAL KONVERGENTE MODIFIKATIONEN DER SEKANTENVERFAHREN

Es folgen jetzt noch einige global konvergente Varianten von Sekanten-verfahren.

Verfahren A 3 :

$0^°$ Wähle $x_0 \in \mathbb{R}^n$, $\alpha \in (0,1]$, $A_0 \in L(\mathbb{R}^n)$ invertierbar und eine bzgl. f effiziente Schrittweitenregel R. Setze $k := 0$.

Weiter wie in A2(mod) (s. 11.0), wobei die Abfrage $\beta_k < \alpha\gamma_k$ durch $\beta_k < \alpha$ ersetzt wird.

Satz 1 :

Sei $f \in C^2(\mathbb{R}^n)$, $x_0 \in \mathbb{R}^n$, $S_f(x_0)$ beschränkt, f besitze in $S_f(x_0)$ nur eine singuläre Stelle x^* in der $f''(x^*)$ positiv definit ist und f'' sei in x^* Lipschitz-stetig.

Dann ist die durch das Verfahren A 3 erzeugte Iterationsfolge $(x_k)_0^\infty$ (falls nicht endlich) mindestens R-linear konvergent gegen x^*.

Sei zusätzlich ab einem $k_0 \in \mathbb{N}$ A_{k+1}^{-1} mit Ψ berechenbar, $(A_k^{-1})_0^\infty$ beschränkt und $\alpha < \dfrac{m}{M}$, wobei m der kleinste und M der größte Eigen-wert von $f''(x^*)$ ist.

Dann geht das Verfahren A 3 in das dazugehörige Quasi-Newton-Verfahren über. Die Folge $(x_k)_0^\infty$ konvergiert mindestens Q-superli-near. Bei der Benutzung einer der Regeln (G),(PW),(ARA mit $\beta \le \frac{1}{2}$) wird für große k die Schrittweite 1 akzeptiert, d.h. das Verfahren geht sogar in das ungedämpfte Quasi-Newton-Verfahren über.

Beweis: Es ist für alle $k \in \mathbb{N}_0$ $\beta_k \ge \alpha$. Da $S_f(x_0)$ beschränkt ist und x^* die einzige singuläre Stelle von f in $S_f(x_0)$ (also globale Minimallö-sung) ist, folgt mit 6.1 Satz die Konvergenz von $(x_k)_0^\infty$ gegen x^*. Außerdem existiert eine abgeschlossene Kugel $U = \overline{K}(x^*,r)$ mit $r > 0$, so daß die Menge $\{f''(x) \in L(\mathbb{R}^n) \mid x \in U\}$ gleichmäßig positiv definit ist. Damit ist f in U stark konvex. Mit 6.3 Satz 1 ist die Konvergenz mindestens R-linear.

Insbesondere ist nach dem Wurzelkriterium

1)
$$\sum_{k=0}^\infty \|x_k - x^*\| < \infty .$$

Sei nun angenommen, daß ab dem Index k_0 A_{k+1}^{-1} mit Ψ berechnet wurde und für ein C > 0 und für alle $k \in \mathbb{N}_0$ gelte

2)
$$\|A_k^{-1}\| \le C .$$

Bezeichnet $u_k := x_k + p_k$, so folgt aus 2) und $f'(x^*) = 0$ mit einer Lipschitz-Konstanten β (s. 0.6.5)

3)
$$\|u_k - x^*\| = \|x_k - x^* - A_k^{-1} f'(x_k)\| \leq$$
$$\leq \|x_k - x^*\| + \|A_k^{-1}\| \|f'(x_k) - f'(x^*)\| \leq (1 + C\beta) \|x_k - x^*\|.$$

Daraus und aus 1) folgt

4)
$$\sum_{k=0}^{\infty} \|u_k - x^*\| < \infty.$$

Mit 10.2 Satz und 10.3 Lemma (s. auch Beweis von 10.8 Satz) folgt $(A_k)_0^\infty$ beschränkt und

5)
$$\|A_{k+1} - A_k\| \underset{k \to \infty}{\to} 0.$$

Mit $W_{k+1} := \int_0^1 f''(x_k + t\,p_k)\,dt$ gilt mit 5° und 0.6.4

6)
$$A_{k+1} p_k = g(x_{k+1}) - g(x_k) = W_{k+1} p_k.$$

Die Folge $(p_k')_0^\infty$ ist bzgl. $(f,(x_k)_0^\infty)$ Newton-ähnlich (s. 8.1), denn für $k > k_0$ gilt mit 5), 6) und 0.6.8 Bemerkung 2

$$\frac{\|(A_k - f''(x_k))\,p_k'\|}{\|p_k'\|} \leq \|A_{k+1} - A_k\| + \frac{\|A_{k+1} p_k - f''(x_k)p_k\|}{\|p_k\|} \leq$$

$$\leq \|A_{k+1} - A_k\| + \|W_{k+1} - f''(x_k)\| \underset{k \to \infty}{\to} 0.$$

Mit $\alpha < \frac{m}{M}$ (mit 0.7.1 erfüllen n, M die Voraussetzung 8.1.1) und 8.1 Bemerkung 2 existiert ein $k_1 \geq k_0$, so daß für alle $k \geq k_1$ gilt

$$\beta_k = \frac{f'(x_k)\,p_k'}{\|f'(x)\|\,\|p_k'\|} > \alpha.$$

Damit geht das Verfahren A 3 in das dazugehörige Quasi-Newton-Verfahren über. Mit 10.7 Satz 5 konvergiert $(x_k)_0^\infty$ Q-superlinear. Mit 8.1 Satz folgt der Rest der Behauptung. ∎

Bemerkung 1:

Die Behauptung des Satzes bleibt offenbar erhalten, wenn statt der Eindeutigkeit der singulären Stelle x^* die Konvergenz der Folge $(x_k)_0^\infty$ gegen eine reguläre Minimalstelle verlangt wird.

Bemerkung 2:

Für $\alpha \geq \frac{m}{M}$ könnte die Abfrage 4° das Benutzen der Aufdatierungs-matrizen A_k verhindern. Bemerkenswert ist hier die Tatsache, daß auch die Aufdatierungsformeln, die keine positiv definiten Matrizen garantieren (z.B. Broyden- oder PSB-Formel), für $\alpha < \frac{m}{M}$ und große k Abstiegsrichtungen erzeugen.

Bemerkung 3:

Mit dieser Änderung ist also auch das DFP-Verfahren global konvergent und für $\alpha < \frac{m}{M}$ ist die Konvergenz Q-superlinear. Außerdem geht dieses Verfahren in das eigentliche DFP-Verfahren über.

Es sollen jetzt noch zwei Änderungen des Verfahrens A 3 angegeben werden, die auch Konvergenzaussagen erlauben.

Bei dem folgenden Verfahren ist die Q-superlineare Konvergenz nicht mehr von der Abschätzung $\alpha < \frac{m}{M}$ abhängig.

Verfahren A 3' :

Hier wird die Abfrage 4° aus A 3 durch

4' $\beta_k < \min\{\alpha, \sqrt{\|x_k - x_{k-1}\|}\}$

ersetzt, wobei x_{-1} z.B. so gewählt wird, daß $\|x_0 - x_{-1}\| = 1$ ist, bzw.

$\beta_k < \min\{\alpha, \|f'(x_k)\|\}$.

Dann folgt die Alternative

Satz 2:

Sei x_0, x^* und f wie in Satz 1 gewählt und sei das Verfahren A 3' realisierbar.

Dann konvergiert $(x_k)_0^\infty$ gegen x^* und es gilt eine der beiden Aussagen

a) Die Folge $(x_k)_0^\infty$ ist Q-superlinear konvergent und das Verfahren geht in das eigentliche Quasi-Newton-Verfahren über. Darüberhinaus geht bei Benutzung einer der Regeln (G), (PW), (ARA mit $\beta \leq \frac{1}{2}$) das Verfahren in das ungedämpfte Newton-Verfahren über.

b) Die Konvergenz ist im Sinne von $\sum_{k=0}^\infty \|x_k - x_{k+1}\| = \infty$ besonders langsam.

Beweis: Aus $\sum_{k=0}^\infty \|x_k - x_{k+1}\| = \infty$ folgt $\sum_{k=0}^\infty \beta_k^2 = \infty$ und mit 6.1 Satz 1 die Konvergenz von $(x_k)_0^\infty$ gegen x^*.

Ist $\sum_{k=0}^\infty \|x_k - x_{k+1}\| < \infty$, d.h. $(x_k)_0^\infty$ Σ-konvergent, so ist zunächst x_k gegen ein $\overline{x} \in S_f(x_0)$ konvergent. Wie im Beweis von Satz 1 folgt aus 10.3 Lemma und 10.7 Satz 3 $(A_{k+1} - A_k) \xrightarrow[k\to\infty]{} 0$.

Mit 10.1 Satz 2 und 8.1 Bemerkung 1 folgt die Newton-Änlichkeit der Folge $(A_k f'(x_k))_0^\infty$. Nach 8.1 Bemerkung 2 ist wegen $\|x_{k+1} - x_k\| \to 0$ für große k $\beta_k \geq \min\{\alpha, \sqrt{\|x_k - x_{k-1}\|}\}$. Damit und mit den Sätzen 10.1 Satz 2 und 8.1 Satz folgt der Rest der Behauptung.

Da die Größe $\frac{m}{M}$ aus Satz 1 in der Regel nicht bekannt ist, wird man die Konstante α im Verfahren A 3 klein wählen. Aber besonders für die Anfangsphase (wo sich die positive Definitheit von $f''(x^*)$ noch nicht bemerkbar macht), wird man die positive Definitheit (in der Abstiegsrichtung), die durch die Größe β_k gesteuert wird, nicht zu klein wählen wollen (um die Nähe von x^* in größeren Schritten zu erreichen). Dafür kann man das Verfahren A 3 wie folgt ändern.

Verfahren A 3″ :

Die Aussage und der Beweis von Satz 1 bleiben erhalten, wenn die Abfrage 4° in A 3 durch die folgende Abfrage für ein $C \in (0,1)$

$$4″ \qquad \beta_k < \alpha + \min\{C, \|x_k - x_{k-1}\|\} \qquad \text{oder}$$
$$4_a″ \qquad \beta_k < \alpha + \min\{C, \|f'(x_k)\|\}$$

ersetzt wird.

Bemerkung:

Wie wir bereits gesehen haben, braucht man für die Q-superlineare Konvergenz der Sekantenverfahren bzw. variablen Sekantenverfahren nicht die Konvergenz der Aufdatierungsmatrizen $(A_k)_0^\infty$ gegen die zweite Ableitung an der Stelle der Lösung $f''(x^*)$. Dafür ist bereits die asymptotische Konvergenz von $(A_k)_0^\infty$ (d.h. $(A_{k+1} - A_k) \to 0$) ausreichend. Denn dann konvergieren die Richtungen $A_k^{-1} f'(x_k)$ gegen die Newton-Richtung im Sinne von 8.1.5).

Für die BFGS- und DFP-Formel läßt sich zwar die Konvergenz zeigen (s. [G-P], [St2]) aber der Grenzwert braucht nicht $f''(x^*)$ zu sein (s. auch [D-S] S.185). Im Normalfall konvergiert aber $(A_k)_0^\infty$ gegen $f''(x^*)$. Darauf hoffend, kann man auch die folgenden konvergenten Änderungen der Sekantenverfahren (bzw. variablen Sekantenverfahren) benutzten. Bei der Voraussetzung der Konvergenz von $(A_k)_0^\infty$ gegen $f''(x^*)$ erhält man dann analoge Aussagen zu den Sätzen 1 und 2.

Verfahren A 4 :

1° Wähle $x_o \in \mathbb{R}^n$, $\alpha > 0$, $A_o \in L(\mathbb{R}^n)$ invertierbar und setze $k := 0$.

2° Falls $\nabla f(x_k) = 0$ setze $Z := k$ und stoppe.

3° Berechne $p_k := A_k^{-1} f'(x_k)$ und $\beta_k := \dfrac{\langle \nabla f(x_k), p_k \rangle}{\|p_k\| \, \|\nabla f(x_k)\|}$.

4° Falls $\beta_k < \alpha$ wähle d_k mit $\cos(d_k \, \nabla f(x_k)) \geq \alpha$ und gehe zu 6°.

5° Setze $d_k := p_k$.

6° Bestimme die Schrittweite α_k bzgl. (x_k, d_k) mit einer effizienten Schrittweitenregel.

7° Setze $x_{k+1} := x_k - \alpha_k d_k$, $s_k := x_{k+1} - x_k$, $y_k := f'(x_{k+1}) - f'(x_k)$ und bestimme A_{k+1} mit einem variablen Sekantenverfahren minimaler Änderung.

8° Setze $k := k + 1$ und gehe zu 2°.

Die Abfragen $4_a'$, $4″$, $4_a″$ aus Verfahren A 3′ und A 3″ kann man auch hier zur Abänderung von A 4 benutzen.

Eine Kombination von Verfahren GQN aus 10.8 und Verfahren A 3 führt zu dem

Verfahren A 5 :

Bezeichne $g(x) := \nabla f(x)$.

0° Wähle $x_0 \in \mathbb{R}^n$, $C \in (0,1)$, $C_1 > 0$, $A_0 \in L(\mathbb{R}^n)$ invertierbar und eine bzgl. f effiziente Schrittweitenregel R, setze $k := 0$.

1° Berechne $p_k := -A_k^{-1}g(x_k)$, $g(x_k + p_k)$

2° Falls $\dfrac{\|g(x_k + p_k)\|}{\|g(x_k)\|} < C$ und $f(x_k) - f(x_k + p_k) \geq C_1 \|f'(x_k)\|^3$

setze $x_{k+1} := x_k + p_k$.

3° Bestimme $x_{k+1} = x_k - \alpha_k g(x_k)$, wobei α_k der Schrittweitenregel R genügt.

4° Falls $g(x_{k+1}) = 0$, setze $N := k$ und stoppe.

5° Falls berechenbar, so bestimme $A_{k+1}^{-1} = \Psi(A_k^{-1}, p_k, g(x_{k+1}) - g(x_k))$ mit einer inversen Aufdatierungsformel (bzw. $A_{k+1} = \Phi(A_k, p_k, g(x_{k+1}) - g(x_k))$) eines variablen Sekantenverfahrens minimaler Änderung (statt b) in Def. 10.7 gelte jetzt $\int_0^1 F'(x_k + tp_k)dt \in S_k$). Sonst setze $A_{k+1}^{-1} := I$ (bzw. irgendeine Matrix).

6° Setze $k := k + 1$ und gehe nach 1°.

11.6 DIE VERFAHREN DER BROYDEN-KLASSE FÜR QUADRATISCHE FUNKTIONEN

Die besondere Bedeutung der Verfahren der Broyden-Klasse (s. 11.1.4)) zeigt sich bei Anwendung auf quadratische Funktionen

1) $\qquad f(x) = \frac{1}{2}x^T A x + a^T x + b$

mit $b \in \mathbb{R}$, $a \in \mathbb{R}^n$ und einer symmetrischen und positiv definiten $n \times n$-Matrix A.

Bei Benutzung der Minimierungsregel (M) enden diese Verfahren spätestens nach $N \leq n$ Schritten.

Ist $N = n$, so wird sogar im Laufe des Verfahrens die Inverse von A bestimmt.

Sie erweisen sich als spezielle konjugierte Gradientenverfahren, die wir im Kapitel 12 behandeln werden. Sei also für ein $x_0 \in \mathbb{R}^n$ die Iterationsfolge $(x_k)_0^\infty$ von der Gestalt

2) $\qquad x_{k+1} = x_k - \alpha_k d_k$

mit $d_k = B_k f'(x_k)$ und B_{k+1} aus B_k mit einer Aufdatierungsformel Ψ_{BK} wie im 11.1.4) bestimmt.

Die optimale (perfekte) Schrittweite kann dann explizit angegeben werden und es gilt für $k \in \mathbb{N}$

3) $\qquad \alpha_k = \dfrac{f'(x_k) d_k}{d_k^T A d_k}$.

Mit $f'(x_k) = A x_k + a$ gilt hier

$$y_k = f'(x_{k+1}) - f'(x_k) = A(x_{k+1} - x_k) = A s_k$$

und $x^* = -A^{-1}a$ ist die eindeutige Minimallösung von f auf $\mathbb{R}^n$.

Für die Funktion f aus 1) gilt der (s. [Schw] S. 233)

Satz:

Bei jedem Startwert $x_o \in \mathbb{R}^n$ und bei jeder positiv definiten Startmatrix $B_o \in L(\mathbb{R}^n)$ ist der Algorithmus 2) mit der Schrittweitenregel (M) durchführbar und endet nach $N \leq n$ Schritten mit der Lösung $-A^{-1}a$. Falls $N = n$ ist, gilt $B = A^{-1}$.

Angewandt auf quadratische Funktionen erweisen sich die Verfahren der Broyden-Klasse als spezielle Verfahren vom Typ der konjugierten Gradienten, für die im nächsten Kapitel die Behauptung des Satzes allgemein bewiesen wird.

Übungsaufgaben :

11.1 Berechnen Sie die Aufgabe 2.3 oder 3.1 mit dem Broyden-Verfahren in der Version A2 (mod).

11.2 Sei $a \in L(\mathbb{R}^n)$. Zeigen Sie, daß $(A^T+A)/2$ den kleinsten Abstand zu A in der Frobenius-Norm bzgl. des Teilraumes der symmetrischen Matrizen besitzt.

Hinweis: Benutzen Sie den Projektionssatz.

11.3 Prüfen Sie die folgende Formel von Sherman-Morrison-Woodbury.

Für $u,v \in \mathbb{R}^n$ und $A \in \mathbb{R}^{n \times n}$ invertierbar gilt:

Genau dann ist $A + uv^T$ invertierbar, wenn $1 + v^T A^{-1} u =: \sigma \neq 0$.

Für $\sigma \neq 0$ gilt

$$(A + uv^T)^{-1} = A^{-1} - \frac{1}{\sigma} A^{-1} uv^T A^{-1}.$$

11.4 Sei K ein konvexer Kegel in dem Vektorraum X. Wir erklären eine zweistellige Relation $\leq$ auf X durch $x \leq y : \Leftrightarrow y - x \in K$.

Zeigen Sie, daß $\leq$ reflexiv, transitiv und mit der Addition bzw. Skalarmultiplikation im folgenden Sinne verträglich ist:

a) $\quad \forall\, x,y,z \in X : x \leq y \Rightarrow x + z \leq y + z$

b) $\quad \forall\, \alpha \in \mathbb{R}_+ \;\forall\, x,y \in X : x \leq y \Rightarrow \alpha x \leq \alpha y$

Das Paar (X,K) heißt dann ein geordneter Vektorraum.

12 VERFAHREN DER KONJUGIERTEN GRADIENTEN

12.1 KONJUGIERTE RICHTUNGEN

Ist $Q \in \mathbb{R}^{n \times n}$ eine positiv definite und symmetrische Matrix, $b \in \mathbb{R}^n$, $a \in \mathbb{R}$ und $f : \mathbb{R}^n \to \mathbb{R}$ mit $f(x) := \frac{1}{2} \langle x, Qx \rangle - \langle b, x \rangle + a$, so ist $x^* \in \mathbb{R}^n$ genau dann eine Minimallösung von f, wenn $\nabla f(x^*) = Qx^* - b = 0$ ist. Zur Bestimmung des Minimums von f ist also die Gleichung $Qx = b$ zu lösen. In diesem Kapitel wird zuerst das Verfahren der konjugierten Gradienten zur Lösung von linearen Gleichungssystemen eingeführt und seine Konvergenz bewiesen. Dieses Verfahren, das 1952 von Hestenes und Stiefel in der Arbeit "Methods of conjugate gradients for solving linear systems" [H-S], beschrieben wurde, ist zugleich ein verallgemeinertes Gradientenverfahren für f. Von besonderer Bedeutung ist die Tatsache, daß zur Bestimmung des $(k+1)$-ten Vektors x_{k+1} und der neuen Suchrichtung d_{k+1} nur die Vorgänger x_k und d_k benötigt werden. Ist die Matrix Q schwach besetzt (wie sie etwa bei der Diskretisierung von partiellen Differentialgleichungen enstehen, s. [H1] und [H2]), so kann man mit der Methode der konjugierten Gradienten große Systeme bereits auf kleinen Rechenanlagen behandeln. Aber sie ist zunächst nur für symmetrische und positiv definite Matrizen anwendbar. Für invertierbare Q, kann zwar die Gleichung $Qx = b$ durch $Q^T(Qx) = Q^T b$ ersetzen (erfordert zwei Matrix-Vektormultiplikationen pro Iteration), aber für schlecht konditionierte Aufgaben wird die Konditionszahl von $Q^T Q$ zur groß. Zur Behandlung nichtsymmetrischer linearer Gleichungssysteme mit Quasi-Newton-Verfahren siehe Kapitel 13. Das anschließend beschriebene Verfahren der konjugierten Gradienten von Fletcher-Reeves bzw. Poljak ist eine Übertragung des oben genannten Verfahrens auf nichtquadratische Funktionen mit Lipschitz-stetiger Ableitung.

Definition:

Sei $Q \in \mathbb{R}^{n \times n}$ eine positiv definite und symmetrische Matrix, und seien $d_1, \ldots, d_n \in \mathbb{R}^n$ mit $d_i \neq 0$ für alle $i = 1, \ldots, n$. Die $d_1, \ldots, d_n$ heißen zueinander **Q-orthogonal** oder **Q-konjugiert**, wenn für alle $i, j \in \{ 1, \ldots, n \}$ mit $i \neq j$ gilt:

$$\langle d_i, Qd_j \rangle = 0$$

Bemerkung 1:

Sind $d_1, \ldots, d_n \in \mathbb{R}^n$ zueinander Q-orthogonal, so sind $d_1, \ldots, d_n$ linear unabhängig. Denn für $\mu_1, \ldots, \mu_n \in \mathbb{R}$ mit $\sum_{i=1}^{n} \mu_i d_i = 0$ gilt:

$$\langle Qd_i, \sum_{i=1}^{n} \mu_i d_i \rangle = \mu_i \langle Qd_i, d_i \rangle = 0 \quad \text{für} \quad i = 1, \ldots, n$$

und somit $\mu_i = 0$ für $i = 1, \ldots, n$, da Q positiv definit ist.

Satz:

Sei $Q \in \mathbb{R}^{n \times n}$ eine positiv definite und symmetrische Matrix, b, $x_1 \in \mathbb{R}^n$ und $f : \mathbb{R}^n \to \mathbb{R}$ mit $f(x) := \frac{1}{2}\langle x, Qx\rangle - \langle b, x\rangle$ eine Funktion. Sind die Vektoren $d_1, \ldots, d_n$ zueinander Q-orthogonal und ist für alle $k \in \mathbb{N}$

$$\alpha_k = \frac{-\langle Qx_k - b, d_k\rangle}{\langle Qd_k, d_k\rangle} \quad \text{und} \quad x_{k+1} := x_k + \alpha_k d_k \, , \quad \text{so ist für alle}$$

$k \in \{1, \ldots, n\}$

$$f(x_{k+1}) = \min \{f(x) \mid x \in x_1 + \operatorname{span}\{d_1, \ldots, d_k\}\}.$$

Insbesondere konvergiert die Folge $(x_k)_0^\infty$ in höchstens n Schritten gegen die Minimallösung von f auf dem $\mathbb{R}^n$.

Beweis: Mit der positiven Definitheit von Q folgt die Konvexität von f. Also genügt es für $i \in \{1, \ldots, k\}$ (s. 0.8.4 Satz 2) zu zeigen :

3) $\qquad f'(x_{k+1}) \, d_i = \langle Qx_{k+1} - b, d_i\rangle = 0.$

Für $i = k$ gilt:

4) $\quad \langle Qx_{k+1} - b, d_k\rangle = \langle Qx_k - b, d_k\rangle - \dfrac{\langle Qx_k - b, d_k\rangle}{\langle Qd_k, d_k\rangle} \langle Qd_k, d_k\rangle = 0.$

Die Behauptung wird nun mit vollständiger Induktion bewiesen.

Der Induktionsanfang für $k = 1$ folgt direkt aus 4).

Für den Induktionsschluß von k auf $k+1$ genügt es nach 4) $i \in \{1, \ldots, k-1\}$ zu betrachten. Mit der Induktionsannahme und der Q-Orthogonalität gilt:

$$\langle Qx_{k+1} - b, d_i\rangle = \langle Q(x_k + \alpha_k d_k) - b, d_i\rangle$$

$$= \langle Qx_k - b, d_i\rangle + \alpha_k \langle Qd_k, d_i\rangle = 0 \qquad \blacksquare$$

Bemerkung 2:

Da x_{k+1} die Funktion f auf dem affinen Teilraum $x_1 + \operatorname{span}\{d_1, \ldots, d_k\}$ minimiert, minimiert x_{k+1} f auch auf der Geraden $\{x_k + \mu d_k \mid \mu \in \mathbb{R}\}$, und man kann sagen, daß α_{k+1} nach der Minimierungsregel gewählt ist.

Ist für eine positiv definite und symmetrische Matrix $Q \in \mathbb{R}^{n \times n}$ ein System Q-orthogonaler Vektoren $d_1, \ldots, d_n$ bekannt, so können die Minimallösung der Abbildung $x \mapsto \langle x, Qx\rangle - \langle b, x\rangle$ und die Inverse Q^{-1} von Q nach der untenstehenden Formel berechnet werden.

Bemerkung 3:

Sei $Q \in \mathbb{R}^{n \times n}$ eine positiv definite und symmetrische Matrix, $b \in \mathbb{R}^n$, $f : \mathbb{R}^n \to \mathbb{R}$ mit $f(x) := \langle x, Qx\rangle - \langle b, x\rangle$ eine Funktion.

Sind $d_1, \ldots, d_n \in \mathbb{R}^n$ Q-orthogonale Vektoren, dann gilt:

5) $\qquad x^* = \displaystyle\sum_{k=1}^n \frac{\langle d_k, b\rangle}{\langle Qd_k, d_k\rangle} d_k \qquad$ ist die Minimallösung von f und

$$6) \qquad Q^{-1} = \sum_{k=1}^{n} \frac{d_k d_k^T}{\langle d_k, Q d_k \rangle}$$

Beweis: Für 5) ist $\nabla f(x^*) = 0$ zu zeigen.

Für alle $i \in \{1, \ldots, n\}$ gilt:

$$\langle \nabla f(x^*), d_i \rangle = \langle Q x^* - b, d_i \rangle = \langle Q \Big(\sum_{k=1}^{n} \frac{\langle d_k, b \rangle}{\langle Q d_k, d_k \rangle} d_k \Big) - b, d_i \rangle$$

$$= \Big(\sum_{k=1}^{n} \frac{\langle d_k, b \rangle}{\langle Q d_k, d_k \rangle} \langle Q d_k, d_i \rangle \Big) - \langle b, d_i \rangle$$

$$= \langle d_i, b \rangle - \langle b, d_i \rangle = 0 .$$

Da nach Bemerkung 1 $d_1, \ldots, d_n$ linear unabhängig sind, folgt $\nabla f(x^*) = 0$.

Zu 6): Für alle $i \in \{1, \ldots, n\}$ gilt:

$$6) \quad \sum_{k=1}^{n} \frac{d_k d_k^T}{\langle d_k, Q d_k \rangle} Q d_i = \sum_{k=1}^{n} \frac{d_k}{\langle d_k, Q d_k \rangle} \langle d_k, Q d_i \rangle$$

$$= \frac{d_i}{\langle d_i, Q d_i \rangle} \langle d_i, Q d_i \rangle = d_i$$

Da span $\{ d_1, \ldots, d_n \} = \mathbb{R}^n$ ist, folgt für alle $x \in \mathbb{R}^n$

$$\sum_{k=1}^{n} \frac{d_k d_k^T}{\langle d_k, Q d_k \rangle} Q x = x \qquad \text{und somit die Behauptung.} \qquad \blacksquare$$

Beim Verfahren der konjugierten Gradienten werden ausgehend von einem Startvektor x_1 die zueinander Q - orthogonalen Vektoren $d_1, \ldots, d_n$ nacheinander aus x_k und d_k ($k = 1, \ldots, n - 1$) berechnet.

12.2 VERFAHREN DER KONJUGIERTEN GRADIENTEN ZUR LÖSUNG LINEARER GLEICHUNGSSYSTEME

Das folgende Verfahren der konjugierten Gradienten stammt von Hestenes und Stiefel ([H-S]).

1) Sei $Q \in \mathbb{R}^{n \times n}$ eine positiv definite und symmetrische Matrix, $b \in \mathbb{R}^n$ und $f : \mathbb{R}^n \to \mathbb{R}$ mit $f(x) := \frac{1}{2} \langle x, Qx \rangle - \langle b, x \rangle$.

$1°$ Wähle einen Startvektor $x_1 \in \mathbb{R}^n$.

Setze $d_1 := b - Q x_1$ und $k := 1$.

Ist $d_1 = 0$, so stoppe mit der Lösung x_1.

$2°$ Berechne

$$\alpha_k := - \frac{\langle Q x_k - b, d_k \rangle}{\langle Q d_k, d_k \rangle} = - \frac{\langle \nabla f(x_k), d_k \rangle}{\langle Q d_k, d_k \rangle}$$

und $x_{k+1} = x_k + \alpha_k d_k$.

$3°$ Ist $Q x_{k+1} = b$, so stoppe mit der Lösung x_{k+1}.

4° Berechne

$$\mu_k := \frac{\langle Qd_k, Qx_{k+1} - b\rangle}{\langle Qd_k, d_k\rangle} = \frac{\langle Qd_k, \nabla f(x_{k+1})\rangle}{\langle Qd_k, d_k\rangle}$$

und

$$d_{k+1} := b - Qx_{k+1} + \mu_k d_k.$$

5° Setze $k := k + 1$ und fahre bei 2° fort.

Zum Beweis der Konvergenz des Verfahrens der konjugierten Gradienten in höchstens n Schritten ist nach 12.1 Satz zu zeigen, daß die Vektoren $d_1, \ldots, d_n$ zueinander Q-orthogonal sind. Der folgende Satz verdeutlicht zudem auch die Bezeichnung "Verfahren der konjugierten Gradienten".

<u>Satz:</u>

Sei $Q \in \mathbb{R}^{n \times n}$ eine positiv definite und symmetrische Matrix, $b \in \mathbb{R}^n$, $f : \mathbb{R}^n \to \mathbb{R}$ mit $f(x) := \frac{1}{2}\langle x, Qx\rangle - \langle b, x\rangle$ und $d_1, \ldots, d_n$ durch den in 12.1 beschriebenen Algorithmus des Verfahrens der konjugierten Gradienten konstruiert.

Dann gilt für alle $k, i \in \{1, \ldots, n\}$ mit $i < k$ und $g_k := \nabla f(x_k)$

     1. $\langle Qd_k, d_i\rangle = 0$

     2. $g_k^T d_i = 0$

     3. $g_k^T g_i = 0$

Der Algorithmus endet nach höchstens n Schritten mit der Minimallösung von f.

Beweis: Für alle $k \in \{1, \ldots, n\}$ gilt:

4) $\langle Qd_{k+1}, d_k\rangle = \langle d_{k+1}, Qd_k\rangle = \langle -g_{k+1} + \mu_k d_k, Qd_k\rangle$

    $= -\langle g_{k+1}, Qd_k\rangle + \langle Qd_k, g_{k+1}\rangle = 0$

5) $\langle g_{k+1}, d_k\rangle = \langle Q(x_k + \alpha_k d_k) - b, d_k\rangle = \langle g_k, d_k\rangle + \alpha_k\langle Qd_k, d_k\rangle$

        $= \langle g_k, d_k\rangle - \langle g_k, d_k\rangle = 0$

Beweis von 1. und 2. und 3. durch Induktion:

Induktionsanfang für $k = 2$ und $i = 1$ folgt für 1., 2. aus 4) und 5).

Für 3. erhalten wir mit 5)

     $\langle g_2, g_1\rangle = \langle g_2, -d_1\rangle = 0$

Induktionsannahme: 1., 2. und 3. gilt für alle $1 \le i < k \le n$.

Induktionsschritt : $k \to k + 1$

Nach der Induktionsannahme gilt für $i < k$

6) $\langle g_{k+1}, d_i\rangle = \langle g_k, d_i\rangle + \langle \alpha_k Qd_k, d_i\rangle = 0$

und mit 5) gilt 6) auch für $i = k$.

Daraus folgt für $i > 1$

7) $\langle g_{k+1}, g_i\rangle = \langle g_{k+1}, -d_i + \mu_{i-1}d_{i-1}\rangle = 0$

und für $i = 1$

8) $\quad \langle g_{k+1}, g_1 \rangle = -\langle g_{k+1}, d_1 \rangle = 0$

Nach 4) bleibt noch für $i < k$ $\langle Qd_{k+1}, d_i \rangle = 0$ zu zeigen.

Mit 1., 7) und 8) ist

$\langle Qd_{k+1}, d_i \rangle = \langle d_{k+1}, Qd_i \rangle = \langle -g_{k+1} + \mu_k d_k, Qd_i \rangle = \langle -g_{k+1}, Qd_i \rangle =$

$= \langle -g_{k+1}, (g_{i+1} - g_i)/\alpha_i \rangle = 0$

Mit 12.1 Satz folgt die Konvergenz gegen die Minimallösung von f nach höchstens n Schritten. $\quad\blacksquare$

Folgerung:

Ist $Q \in \mathbb{R}^{n \times n}$ eine positiv definite und symmetrische Matrix, $b \in \mathbb{R}^n$, $a \in \mathbb{R}$ und $f : \mathbb{R}^n \to \mathbb{R}$ mit $f(x) := \frac{1}{2}\langle x, Qx \rangle - \langle b, x \rangle + a$ eine Funktion, dann ist das Verfahren der konjugierten Gradienten ein verallgemeinertes Gradientenverfahren mit Minimierungsregel für f.

Beweis: Nach 12.1 Bemerkung 2 ist α_k nach der Minimierungsregel gewählt. Es ist $\langle d_1, g_1 \rangle = -\langle g_1, g_1 \rangle < 0$ und mit Induktion über k folgt

$$\langle d_k, g_k \rangle = \langle -g_{k-1} + \mu_{k-1} d_{k-1}, g_k \rangle \qquad\qquad (\text{s. } 1)\ 4^\circ)$$

$$= -\|g_k\|^2 + \mu_{k-1}\langle d_{k-1}, g_k \rangle < 0 . \qquad\qquad \blacksquare$$

Bemerkung: Das Verfahren der konjugierten Gradienten läßt sich für $f : \mathbb{R}^n \to \mathbb{R}$ mit $f(x) := \frac{1}{2}\langle x, Qx \rangle - \langle b, x \rangle$ auch durch die folgenden Formeln beschreiben:

$$d_1 := -g_1$$

$$\alpha_k := \min \{ \alpha \geq 0 \mid \langle \nabla f(x_k + \alpha d_k), d_k \rangle = 0 \}$$

$$x_{k+1} := x_k + \alpha_k d_k$$

$$\mu_k := \frac{\langle f''(x_{k+1})d_k, g_{k+1} \rangle}{\langle f''(x_k)d_k, d_k \rangle}$$

$$d_{k+1} := -g_{k+1} + \mu_k d_k$$

Da $\quad Qd_k = \dfrac{Q(\alpha_k d_k)}{\alpha_k} = \dfrac{Q(x_{k+1} - x_k)}{\alpha_k} = \dfrac{g_{k+1} - g_k}{\alpha_k}$ ist,

$$\mu_k := \frac{\langle Qd_k, g_{k+1} \rangle}{\langle Qd_k, d_k \rangle} = -\frac{\langle g_{k+1} - g_k, g_{k+1} \rangle}{\langle g_{k+1} - g_k, -g_k + \mu_{k-1}d_{k-1} \rangle}$$

Nach Satz gilt daher:

$$\mu_k = \frac{\langle g_{k+1}, g_{k+1} \rangle}{\langle g_k, g_k \rangle} = \frac{\|g_{k+1}\|^2}{\|g_k\|^2} . \qquad\qquad \blacksquare$$

Da eine zweimal stetig differenzierbare Funktion in der Umgebung einer Minimallösung annähernd quadratisch verläuft, kann wie der Satz zeigen wird, das Verfahren der konjugierten Gradienten in der Formulierung von Bemerkung 2 auf Funktionen mit Lipschitz-stetiger Ableitung übertragen werden. Das dabei entstehende Verfahren heißt Verfahren der konjugierten Gradienten nach Fletcher-Reeves bzw. Poljak-Ribière.

12.3 VERFAHREN DER KONJUGIERTEN GRADIENTEN FÜR NICHTQUADRATISCHE MINIMIERUNGSAUFGABEN

1) Das Verfahren der konjugierten Gradienten ohne Restart
(s. z.B. [He], [B/O])

Sei $f : \mathbb{R}^n \to \mathbb{R}$ eine stetig differenzierbare Funktion mit Lipschitz-stetiger Ableitung $f' : \mathbb{R}^n \to \mathbb{R}^n$.

1° Wähle einen Startvektor $x_o \in \mathbb{R}^n$ mit beschränkter Niveaumenge $S_f(x_o) = \{ x \in \mathbb{R}^n \mid f(x) \le f(x_o) \}$.

2° Ist $\nabla f(x_o) = 0$, dann stoppe mit der Lösung x_o. Andernfalls setze $d_o := -\nabla f(x_o)$ und $k := 0$.

3° Bestimme die kleinste optimale Schrittweite α_k, das heißt
$$\alpha_k := \min \{ \alpha \ge 0 \mid \langle \nabla f(x_k + \alpha d_k), d_k \rangle = 0 \}$$

4° Setze $x_{k+1} := x_k + \alpha_k d_k$

5° Ist $\nabla f(x_{k+1}) = 0$, dann stoppe mit der Lösung x_{k+1}.

6° Berechne μ_k nach einer der beiden Regeln: (g_k wie in 12.2)

$$\mu_k := \frac{\langle g_{k+1} - g_k, g_{k+1} \rangle}{\| g_k \|^2} \qquad \text{(Poljak - Ribière)}$$

oder

$$\mu_k := \frac{\| g_{k+1} \|^2}{\| g_k \|^2} \qquad \text{(Fletcher - Reeves)}$$

7° Setze $d_{k+1} := -g_{k+1} + \mu_k d_k$ $k := k + 1$ und fahre bei 3° fort.

Bemerkung 1:

a) $\langle g_k, d_k \rangle = -\langle g_k, g_k \rangle + \mu_{k-1} \langle g_k, d_{k-1} \rangle$

$\qquad = \| g_k \|^2 + \mu_{k-1} \langle \nabla f(x_{k-1} + \alpha_k d_{k-1}), d_{k-1} \rangle$ (s. 3°)

$\qquad = -\| g_k \|^2 < 0.$

Also ist d_k für alle $k \in \mathbb{N}_o$ eine Abstiegsrichtung bezüglich f und das Verfahren der konjugierten Gradienten ein verallgemeinertes Gradientenverfahren für f.

b) Ist f strikt konvex, so entspricht die Berechnung

$$\alpha_k := \min \{ \alpha \geq 0 \mid \langle \nabla f(x_k + \alpha d_k), d_k \rangle = 0 \} \text{ der Minimierungsregel}$$

$$f(x_k + \alpha_k d_k) = \min \{ f(x_k + \alpha d_k) \mid \alpha \geq 0 \}$$

Wird die iterative Berechnung der Fortschreitungsrichtungen d_k in jedem n-ten Schritt durch das Festlegen einer neuen Anfangsrichtung $d_k := -\nabla f(x_k)$ für das iterative Berechnen der nächsten n Fortschreitungsrichtungen unterbrochen, so erhält man das untenstehende Verfahren.

2) Das Verfahren der konjugierten Gradienten mit Restart
(s. z.B. [He])

Sei $f : \mathbb{R}^n \to \mathbb{R}$ eine stetig differenzierbare Funktion mit Lipschitz-stetiger Ableitung $f' : \mathbb{R}^n \to \mathbb{R}^n$.

1° -5° wie im Verfahren der konjugierten Gradienten ohne Restart

6° Ist $k = n - 1$, dann gehe zu 9°.

7° Andernfalls berechne μ_k nach einer der folgenden drei Regeln:

$$\mu_k := \frac{\langle f''(x_{k+1}) d_k, g_{k+1} \rangle}{\langle f''(x_{k+1}) d_k, d_k \rangle}$$

oder

$$\mu_k := \frac{\langle g_{k+1} - g_k, g_{k+1} \rangle}{\langle g_k, g_k \rangle}$$

oder

$$\mu_k := \frac{\| g_{k+1} \|^2}{\| g_k \|^2}$$

8° Setze $d_{k+1} := - g_{k+1} + \mu_k d_k$, $k := k + 1$ und fahre bei 3° fort.

9° Setze $k := 0$, $x_o := x_n$, $d_o := - g_n$ und fahre bei 3° fort.

Bemerkung 2:
Ein weiteres Kriterium für einen Restart ist die folgende Bedingung für ein festes $\gamma \in (0, 1)$:

6° Ist $|\langle g_k, g_{k+1} \rangle| > \gamma \| g_{k-1} \|^2$, so gehe zu 9 .

Der Satz von Zoutendijk (s. 6.1) wird im folgenden Konvergenzbeweis des konjugierten Gradientenverfahrens ohne Restart benutzt.

Satz 1: (s. z.B. [B-O])
Sei $f : \mathbb{R}^n \to \mathbb{R}$ eine stetig differenzierbare Funktion mit Lipschitz-stetiger Ableitung $f' : \mathbb{R}^n \to \mathbb{R}^n$ und $x_o \in \mathbb{R}^n$ ein Startpunkt mit beschränkter Niveaumenge $S_f(x_o) = \{ x \in \mathbb{R}^n \mid f(x) \leq f(x_o) \}$.

Dann besitzt die durch das konjugierte Gradientenverfahren ohne Restart mit der Regel von Fletcher-Reeves erzeugte Iterationsfolge $(x_k)_0^\infty$ mindestens einen stationären Häufungspunkt.

Beweis: Definiere für alle $k \in \mathbb{N}_0$ $g_k := \nabla f(x_k)$, $s_k := d_k / \|g_k\|^2$ und $G_k := g_k / \|g_k\|^2$.

Nach Punkt 7° in 1) ist $d_k = -g_k + (\|g_k\|^2 / \|g_{k-1}\|^2)d_{k-1}$, und es folgt $s_k = -G_k + s_{k-1}$.

Mit $\langle g_{k+1}, d_k \rangle = \langle \nabla f(x_k + \alpha_k d_k), d_k \rangle = 0$ (α_k nach Minimierungsregel) gilt

3) $\qquad \langle -g_k, s_k \rangle = \langle -g_k, -G_k + s_{k-1} \rangle = \langle -g_k, -G_k \rangle + \langle -g_k, s_{k-1} \rangle = 1$

und

4) $\qquad \|s_k\|^2 = \langle s_k, s_k \rangle = \langle s_{k-1} - G_k, s_{k-1} - G_k \rangle$

$\qquad\qquad = \|s_{k-1}\|^2 - 2\langle s_{k-1}, G_k \rangle + 1 / \|g_k\|^2 = \|s_{k-1}\|^2 + 1 / \|g_k\|^2 .$

Nach Bemerkung 1 ist d_k für alle $k \in \mathbb{N}_0$ eine Abstiegsrichtung und somit

$$v_k := \frac{\langle g_k, d_k \rangle}{\|g_k\| \, \|d_k\|} > 0.$$

Annahme: $(x_k)_0^\infty$ besitzt keinen stationären Häufungspunkt.

Dann existiert ein $\varepsilon > 0$ und ein $k_0 \in \mathbb{N}_0$ mit

$\|g_k\| = \|\nabla f(x_k)\| \geq \varepsilon$ für alle $k \geq k_0$.

Für alle $k \geq k_0 + 1$ folgt:

$$\|s_k\|^2 = \sum_{i=1}^{k} (\|s_i\|^2 - \|s_{i-1}\|^2) + \|s_{k_0}\|^2$$

$$= \sum_{i=1}^{k} \frac{1}{\|g_i\|^2} + \|s_{k_0}\|^2 \leq k / \varepsilon^2 + \|s_{k_0}\|^2$$

und somit ist $\|s_k\| \leq 1/\varepsilon \left(k + \varepsilon^2 \|s_{k_0}\|^2 \right)^{\frac{1}{2}}$ für alle $k \in \mathbb{N}_0$, $k > k_0$.

Da $S_f(x_0)$ nach Voraussetzung beschränkt und wegen der Stetigkeit von f abgeschlossen ist, ist $S_f(x_0)$ kompakt, und es gibt ein $M > 0$ mit $\|\nabla f(x_k)\| \leq M$ für alle $k \in \mathbb{N}_0$.

Damit ergibt sich für alle $k \in \mathbb{N}$, $k \geq k_0$ die Abschätzung

$$v_k = \frac{-\langle g_k, d_k \rangle}{\|g_k\| \, \|d_k\|} = \frac{-\langle g_k, s_k \rangle}{\|g_k\| \, \|s_k\|} \geq \frac{1}{M \frac{1}{\varepsilon}\left(k + \varepsilon^2 \|s_{k_0}\|^2 \right)^{\frac{1}{2}}}$$

und es folgt

$$\sum_{k=0}^{\infty} v_k^2 \geq \sum_{k=0}^{\infty} \frac{\varepsilon^2}{M^2\left(k + \varepsilon^2 \|s_{k_0}\|^2 \right)} = \infty .$$

Damit besitzt $(x_k)_0^\infty$ nach dem Satz von Zoutendijk einen stationären Häufungspunkt, und es ergibt sich ein Widerspruch zur obigen Annahme. $\qquad\blacksquare$

Die allgemeinen Sätze aus 6.2 über die R-lineare Konvergenz können auch auf die Verfahren der konjugierten Gradienten angewandt werden. So kann man z.B. den folgenden Satz beweisen.

Satz 2:

Sei $x_o \in \mathbb{R}^n$, $f \in C^2(\mathbb{R}^n)$ und in $S_f(x_o)$ stark konvex.

Dann ist das Verfahren in der Variante von Poljak-Ribière durchführbar, die Funktionswerte fallen monoton, und die Folge der Richtungen $(d_k)_o^\infty$ ist bzgl $(x_k)_o^\infty$ gradientenorientiert.

Falls das Verfahren nicht nach endlich vielen Schritten mit der Minimallösung x^* von f abbricht, konvergiert $(x_k)_o^\infty$ mindestens R-linear gegen x^*.

Beweis: Nach Bemerkung 1 liegt ein verallgemeinertes Gradientenverfahren vor.

Für $H_k := \int_0^1 f''(x_k + t(x_{k+1} - x_k))\, dt$ und $g_k := \nabla f(x_k)$ $\quad (k \in \mathbb{N})$

gilt nach dem Mittelwertsatz (0.6.4) und 4°

5) $\qquad (g_{k+1} - g_k) = H_k(x_{k+1} - x_k) = \alpha_k H_k d_k.$

Aus der starken Konvexität von f folgt die Existenz von $m, M > 0$, so daß für alle $x \in S_f(x_o)$ und alle $z \in \mathbb{R}^n$ gilt:

6) $\qquad m\|z\|^2 \leq z^T f''(x)z \qquad$ und $\qquad \|f''(x)z\| \leq M\|z\|$

und damit für alle $k \in \mathbb{N}$

7) $\qquad m\|d_k\|^2 \leq d_k^T H_k d_k \qquad$ und $\qquad \|H_k d_k\| \leq M\|d_k\|.$

Mit 3° in 1), Bemerkung 1 und 5) folgt

8) $\qquad \langle g_{k+1} - g_k, d_k \rangle = -\langle g_k, d_k \rangle = \|g_k\|^2 = \alpha_k \langle d_k, H_k d_k \rangle.$

Aus 6°, 5) und 8) folgt

$$\mu_k = \frac{\langle g_{k+1} - g_k, g_{k+1} \rangle}{\langle g_k, g_k \rangle} = \frac{\langle \alpha_k H_k d_k, g_{k+1} \rangle}{\langle g_k, g_k \rangle} = \frac{\langle H_k d_k, g_{k+1} \rangle}{\langle H_k d_k, d_k \rangle}.$$

Damit und mit 7) gilt:

9) $\qquad |\mu_k| = \dfrac{\|g_{k+1}\|\,\|H_k d_k\|}{\langle d_k, H_k d_k \rangle} \leq \dfrac{M\|g_{k+1}\|\,\|d_k\|}{m\|d_k\|^2} = \dfrac{M}{m}\dfrac{\|g_{k+1}\|}{\|d_k\|^2}.$

Mit 4° und 9) erhalten wir

10) $\qquad \|d_{k+1}\| \leq \|g_{k+1}\| + |\mu_k|\,\|d_k\| \leq (1 + M/m)\|g_{k+1}\|,$

und aus 8) und 10) folgt schließlich

$$\frac{-\langle g_k, d_k \rangle}{\|g_k\|\,\|d_k\|} = \frac{\|g_k\|^2}{\|g_k\|\,\|d_k\|} = \frac{\|g_k\|}{\|d_k\|} \geq \left(1 + \frac{M}{m}\right)^{-1}$$

Aus 6.2 Satz 1 folgt nun die Behauptung. ∎

In diesem Kapitel werden Sekantenverfahren zur Berechnung einer Lösung eines linearen Gleichungssystems Ax=b betrachtet, wobei $A \in L(\mathbb{R}^n)$ und $b \in \mathbb{R}^n$ ist. Wir gehen jetzt von der folgenden Situation aus. Bei jedem Iterationsschritt kann eine Aufdatierungsformel aus einer gegebenen Klasse und eine Schrittweitenregel gewählt werden. Unser zentrales Anliegen besteht darin, diese Wahl nach geeigneten Optimalitätskriterien durchzuführen. Die besten Resultate liefert eine Variante, die das folgende Optimalitätskriterium benutzt. Aus der vorliegenden Klasse von Aufdatierungen (bei denen die inversen Matrizen bekannt sind) wird diejenige Aufdatierung benutzt, die den kleinsten Abstand zu A besitzt Die Sekantenverfahren sind auch für nichtsymmetrische Matrizen A verwendbar und verhalten sich sehr günstig bei nicht eindeutig lösbaren Aufgaben.

Um die Geometrie der Aufdatierungsmatrizen zu beschreiben, wählen wir jetzt die folgenden Bezeichnungen. Sei $x_0 \in \mathbb{R}^n$ der gewählte Startpunkt und H_0 eine n×n-Matrix, die man als Approximation von A^{-1} ansieht. Mit $(x_k)_0^\infty$ bezeichnen wir die von dem vorliegenden Iterationsverfahren erzeugte Folge. Weiterhin wird in jedem Iterationsschritt $k \in \mathbb{N}$ eine n×n-Matrix H_k erzeugt. Für $k \in \mathbb{N}_0$ bezeichne B_k die Inverse von H_k. Die Approximation H_{k+1} von A^{-1} soll aus H_k mit Hilfe der <u>allgemeinen Aufdatierungsformel</u>

1) $$H_{k+1} = H_k + (I-H_kA) \frac{\Delta_k v_k^T}{v_k^T H_k A \Delta_k} H_k$$

gebildet werden, wobei Δ_k, $v_k \in \mathbb{R}$ beliebige Vektoren mit $v_k^T H_k A \Delta_k \neq 0$ sind.

Ist $v_k^T \Delta_k \neq 0$, so gilt für die Inverse von H_{k+1}

2) $$B_{k+1} = B_k + (A-B_k) \frac{\Delta_k v_k^T}{v_k^T \Delta_k} \; .$$

Diese Aufdatierungen erfüllen die Sekantengleichung <u>(Quasi-Newton-Gleichung)</u>

3) $$H_{k+1} A \Delta_k = \Delta_k \qquad \text{bzw.} \qquad B_{k+1} \Delta_k = A \Delta_k$$

Für $v_k = \Delta_k$ bekommt man hier die <u>Broyden-Formel</u>.

Für die weiteren Betrachtungen kann die folgende geometrische Interpretation der Aufdatierungen hilfreich sein. Für den affinen Teilraum der n×n-Matrizen, die die Sekantengleichung 3) erfüllen, wollen wir die Bezeichnung

$$W_k := \left\{ H \in L(\mathbb{R}^n) \mid HA\Delta_k = \Delta_k \right\} \quad \text{bzw.} \quad Q_k := \left\{ B \in L(\mathbb{R}^n) \mid B \Delta_k = A \Delta_k \right\}$$

wählen. Es ist für alle $k \in \mathbb{N}$ A^{-1} ein Element von W_k und wir erhalten das

Bild 1

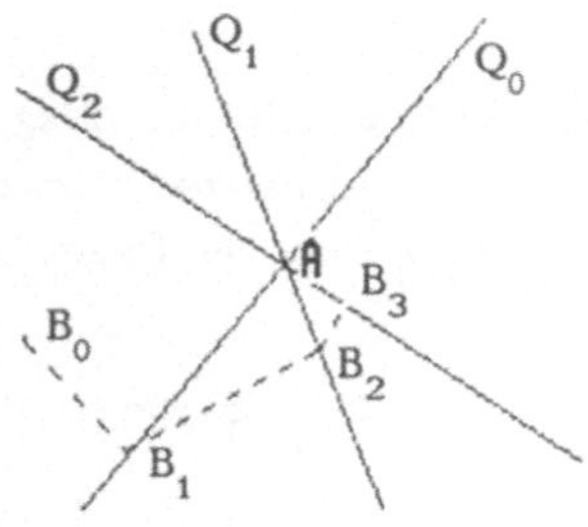

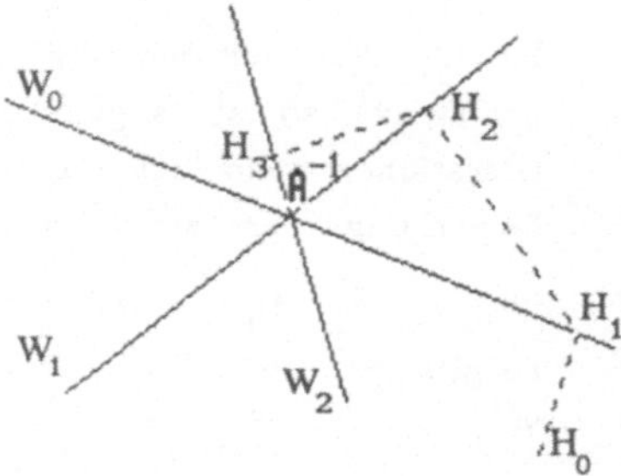

Allgemeiner Algorithmus

Ausgehend von dem aktuellen Punkt x_k sucht man eine Verbesserung in der Richtung Δ_k, d.h. $x_{k+1} := x_k + t_k \Delta_k$, mit einer geeignet gewählten Schrittweite $t_k \in \mathbb{R}$ (z.B. liefert die Minimierungsregel $t_k = r_k^T q_k / q_k^T q_k$). Dies führt zu dem

<u>**Algorithmus**</u> I :

1°) Wähle $x_0 \in \mathbb{R}^n$, $H_0 \in L(\mathbb{R}^n)$, setze $r_0 := b - A x_0$, k=0

2°) Setze $\Delta_k := H_k r_k$, $q_k := A \Delta_k$, $z_k := H_k q_k$

3°) $x_{k+1} := x_k + t_k \Delta_k$, $r_{k+1} := r_k - t_k q_k$ und $H_{k+1} := H_k + (\Delta_k - z_k) \dfrac{v_k^T H_k}{v_k^T z_k}$

4°) Setze k = k+1 und gehe zu 2°)

Mit der Bezeichnung

4)
$$\tau_k := \frac{v_k \Delta_k}{v_k^T z_k}$$

ergibt sich leicht mit 3°) die folgende Beziehung:

5)
$$\Delta_{k+1} = H_{k+1} r_{k+1} = (1-t_k)\Delta_k + \tau_k(\Delta_k - z_k).$$

Die Multiplikation von 5) mit A liefert

6)
$$q_{k+1} = (1-t_k)q_k + \tau_k(q_k - A z_k).$$

Weiter folgt durch Einsetzen in $\Delta_{k+1} = H_{k+1} r_{k+1}$ die Beziehung

7)
$$\Delta_{k+1} = (1 - t_k + \tau_k)\Delta_k - \tau_k z_k .$$

Iterative Berechnung der neuen Suchrichtung Δ_{k+1}

Für die algorithmische Realisierung besitzt die folgende Beobachtung (s. [DFW]) große Bedeutung. Man braucht für die Berechnung im k-ten Schritt nicht die Aufdatierungsmatrix H_k selbst, sondern nur den Vektor $\Delta_k = H_k r_k$, der die Suchrichtung bestimmt. Wir wollen jetzt die Umrechnung 7) zur Bestimmung der neuen Suchrichtung genauer betrachtenen. Sie besagt

$$\Delta_{k+1} = (1 - t_k + \tau_k)\Delta_k - \tau_k z_k.$$

Ist die "Präkonditionierung" H_0 von einfacher Gestalt (z.B. eine Diagonalmatrix), so ist es günstig (zumindest, wenn die Anzahl der Gesamtiterationen klein ist), die Berechnung von $z_k = H_k q_k$ mit der folgenden Bemerkung 1 durchzuführen. Sei

8) $\qquad \tilde{z}_i := H_i q_k \quad$ und $\quad \gamma_i := \dfrac{v_i^T \tilde{z}_i}{v_i^T z_i} \qquad$ für i= 1, ..., k $\quad$ (τ wie in 4)),

so gilt

9) $\qquad \tilde{z}_{i+1} \quad \tilde{z}_i + \dfrac{\gamma_i}{\tau_i} (\Delta_{i+1} - (1 - t_i)\Delta_i) \quad$ für i = 0, 1, ..., k-1 .

Denn durch Einsetzen in 1) folgt zunächst

10) $\qquad\qquad \tilde{z}_{i+1} = \tilde{z}_i + \gamma_i (\Delta_i - z_i)$

und anschließend ergibt sich 9) durch Anwendung von 7) auf $\Delta_i - z_i$.

Bemerkung 1 :

Um z_k zu berechnen, wird zunächst $z_0 = H_0 q_k$ gesetzt. Mit der Iteration 9) ergibt sich $\tilde{z}_k = z_k$. Mit 7) wird dann Δ_{k+1} bestimmt.

Bemerkung 2 :

Ist für j $\in \mathbb{N}_0$ der Vektor v_j nur implizit durch $w_j = H_j v_j$ gegeben, so ist

$$\gamma_j = w_j^T q_k / w_j^T q_j \quad \text{und} \quad \tau_j = w_j^T r_j / w_j^T q_j,$$

da $v_j^T \tilde{z}_j = v_j^T H_j q_k = w_j^T q_k$ und $v_j^T \Delta_j = v_j^T H_j r_j = w_j^T r_j$ gilt.

Algorithmische Realisierung der Sekantenverfahren

$1°\quad$ Setze $r_0 := b - Ax_0$, $\quad \Delta_0 := H_0 r_0$, $\quad q_0 := A\Delta_0$.

$2°\quad$ **Iterationsschleife:** Wähle $t_k \in \mathbb{R}$, $\quad \tilde{z}_0 := H_0 q_k$

$3°\quad$ falls $k \geq 1$ **(Aufdatierungsschleife)** : $\quad i = 1, ..., k$:

$\qquad$ **A)** $\quad \tilde{z}_i := \tilde{z}_{i-1} + \dfrac{v_{i-1}^T \tilde{z}_{i-1}}{\sigma_{i-1}} (\Delta_i - (1 - t_{i-1})\Delta_{i-1}) \quad$ oder

$\qquad$ **B)** $\quad \tilde{z}_i := \tilde{z}_{i-1} + \dfrac{w_{i-1}^T q_k}{\sigma_{i-1}} (\Delta_i - (1 - t_{i-1})\Delta_{i-1})$

$4°\quad \tilde{z}_k := z_k, \; x_{k+1} := x_k + t_k\Delta_k, \; r_{k+1} = r_k - t_k q_k$

$5°\quad$ Berechne τ_k, v_k (bei $3°$**A)**) bzw. w_k (bei $3°$**B)**), $\sigma_k := v_k^T \Delta_k$, $t_{k+1}, \; \Delta_{k+1} := \Delta_k - t_k z_k, \; q_{k+1}$

$6°\quad$ Setze $k = k+1$ und gehe zu $2°$.

Algorithmen mit Restart

Um den Schwierigkeiten des wachsenden Speicher- und Rechenaufwandes vorzubeugen, wird das vorliegende Verfahren nach einer festgewählten Anzahl von Iterationen neugestartet. Dafür wird lediglich der aktuelle Vektor x_k als neuer Startpunkt x_0 übernommen. Die Aufdatierung beginnt wieder mit H_0. Die Q-superlineare Konvergenz des Broyden-Verfahrens kann man hier nicht erwarten, da man jetzt auf die bis dahin gemachten Verbesserungen der Aufdatierungsmatrix verzichtet (s. Bild 1). Es kann hier in der Regel aber R-lineare Konvergenz bewiesen werden (z.B. in Anlehnung an Abschnitt 6.2). In der Praxis verhalten sich derartige Neustart-Varianten für großdimensionierte Probleme günstiger als erwartet. Bei dem RA-Verfahren wird der Parameter τ (s. 4)) dafür benutzt, die Abstiegsrichtung Δ_{k+1} bzgl. Δ_k zu orthogonalisieren. Mit 7) folgt dann sofort $\tau_k = (1 - t_k) \|\Delta_k\|^2 / (\Delta_k^T z - \|\Delta_k\|^2)$. Ist hier der Nenner gleich Null, so wird als H_1 die Broyden-Aufdatierung ($v_k = \Delta_k$) benutzt. Die Schrittweite wird mit der Minimierungsregel bestimmt (optimale Schrittweite) und nach jedem Sekantenschritt erfolgt ein Restart. Bei der Realisierung dieses Verfahrens kommt die ursprüngliche Idee eines Sekantenverfahrens nicht mehr zum Ausdruck.

Restart-Algorithmus (RA) :

1° Wähle $x_0 \in \mathbb{R}^n$, $H_0 \in L(\mathbb{R}^n)$. Setze $r_0 := b - Ax_0$, $k := 0$.

2° **Iterationsschleife:** $\Delta_k := H_0 r_k$, $q_k := A\Delta_k$, $z_k := H_0 q_k$

$t_k := r_k^T q_k / \|q_k\|^2$, $x_{k+1} := x_k + t_k \Delta_k$, $r_{k+1} := r_k - t_k q_k$.

3° Falls $\Delta_k^T z_k - \|\Delta_k\|^2 \neq 0$, so setze $\tau_k = (1 - t_k)\|\Delta_k\|^2 / (\Delta_k^T z_k - \|\Delta_k\|^2)$

sonst setze $\tau_k := \|\Delta_k\|^2 / (\Delta_k^T z_k)$

4° $\Delta_{k+1} := (1 - t_k + \tau_k)\Delta_k - \tau_k z_k$, $q_{k+1} := A\Delta_{k+1}$, $t_{k+1} := \dfrac{r_{k+1}^T q_{k+1}}{\|q_{k+1}\|^2}$

5° $x_{k+2} := x_{k+1} + t_{k+1}\Delta_{k+1}$, $r_{k+2} := r_{k+1} - t_{k+1} q_{k+1}$.

Setze $k := k+2$ und gehe zu 2°.

Die folgende Extrapolation erlaubt es oft, die Resultate von "RA" zu verbessern und wird mit "**RAex**" bezeichnet. Hier wird 5° ersetzt durch

$5'$ $\tilde{x}_{k+2} := x_{k+1} + t_{k+1}\Delta_{k+1}$, $\tilde{r}_{k+2} := r_{k+1} - t_{k+1} q_{k+1}$.

Berechne $t^* := (\tilde{r}_{k+2}^T (\tilde{r}_{k+2} - \tilde{r}_k)) / \|\tilde{r}_{k+2} - \tilde{r}_k\|^2$,

wobei $\tilde{x}_0 := x_0$ und $\tilde{r}_0 := r_0$ gesetzt wird.

$x_{k+2} := \tilde{x}_{k+2} + t^*(\tilde{x}_k - \tilde{x}_{k+2})$, $r_{k+2} := \tilde{r}_{k+2} - t^*(\tilde{r}_{k+2} - \tilde{r}_k)$,

Setze $k := k+2$ und gehe zu 2°.

Die folgende Version von RA ist etwas allgemeiner realisierbar und liefert zu RA vergleichbare Ergebnisse. Sie wird mit **RA1** bezeichnet. Man wählt hier die neue Abstiegsrichtung Δ_{k+1} orthogonal zu Δ_k und von der Form $\Delta_{k+1} = C_1 \Delta_k - C_2 z_k$, wobei C_1, $C_2 \in \mathbb{R}$ sind. Sei $\lambda := z_k^T \Delta_k / \|\Delta_k\|^2$ und $u_k := A z_k$. Die Minimierung der Norm von r_{k+2} führt, zusammen mit $\Delta_{k+1}^T \Delta_k = 0$, zu

$$C_2 = ((\lambda q_k - u_k)^T r_{k+1}) / \|\lambda q_k - u_k\|^2 \quad \text{und} \quad C_1 = \lambda C_2.$$

Hier ersetzt man also 3° und 4° durch (C_1, C_2 wie oben)

$$4' \quad \Delta_{k+1} := C_1 \Delta_k - C_2 z_k, \quad q_{k+1} := C_1 q_k - C_2 u_k, \quad t_{k+1} := 1.$$

Minimierung des Abstandes zu A

Das folgende Verfahren nutzt die Tatsache aus, daß bei linearen Gleichungen mit $-A$ die Jacobi-Matrix der Funktion $x \mapsto r(x) := b - Ax$ (auch in der Lösung) vorliegt. Unsere Realisierung des Verfahrens beruht auf dem folgenden Optimalitätsprinzip: Der die Aufdatierung 1) bzw. 2) bestimmende Vektor v_k wird so gewählt, daß der Abstand von B_{k+1} zu A in der Frobenius-Norm minimal ist. Ersetzt man in 2) den Vektor v_k durch ein Vielfaches, so bleibt B_{k+1} unverändert. Auf der Suche nach einem geeigneten v_k kann man also $v_k^T \Delta_k = 1$ voraussetzen. Für ein $B \in L(\mathbb{R}^n)$ und $\Delta \in \mathbb{R}^n \backslash \{0\}$ bezeichne

11) $$Q(B, \Delta) := \{ \ C \in L(\mathbb{R}^n) \ | \ C = B + (A - B) \frac{\Delta v^T}{v^T \Delta}, \ v \in \mathbb{R}^n, \ v^T \Delta = 1 \ \}.$$

<u>Satz</u> 1 :

Sei $B \in L(\mathbb{R}^n)$ und sei $\Delta \in \mathbb{R}^n$ mit $(A - B)\Delta \neq 0$. Dann ist die beste Approximation von A bzgl. Q(B, Δ) in der Frobenius-Norm durch den Vektor

12) $$v^* = \frac{(A-B)^T (A-B) \Delta}{\| (A-B) \Delta \|^2}$$

und 11) gegeben.

Beweis: Es muß $C \mapsto \| C - A \|_F^2$ unter der Nebenbedingung $C \in Q(B, \Delta)$ bzw. die konvexe Funktion

$$v \mapsto f(v) := \| B + (A-B) \Delta v^T - A \|_F^2$$

auf $V := \{ v \in \mathbb{R}^n | \ v^T \Delta = 1 \}$ minimiert werden.

Wir haben $f(v) = \| B - A \|_F^2 + 2 \operatorname{tr} ((B-A)^T (A-B) \Delta v^T) + \|(A-B) \Delta v^T\|_F^2$

$$= \| B - A \|_F^2 + 2 v^T (B-A)^T (A-B) \Delta + \|(A-B) \Delta \|^2 \| v \|^2.$$

Wir bestimmen jetzt die globale Minimallösung v von f auf $\mathbb{R}^n$ und zeigen, daß sie bereits die geforderte Nebenbedingung $v^* \in V$ erfüllt. Ein $v \in \mathbb{R}^n$ ist genau dann eine Minimallösung von f auf $\mathbb{R}^n$, wenn gilt

$$f'(v) = 2 (B-A)^T (A-B) \Delta + 2 \|(A-B) \Delta \|^2 v^* = 0.$$

Dies führt zu v^* mit 12). Offensichtlich ist dann $\Delta^T v^* = 1$. ∎

Folgerung:

Wird im Algorithmus I für $k \in \mathbb{N}_0$ die Aufdatierung H_{k+1} durch

13) $$v_k^* = \frac{(A-B_k)^T(A-B_k)\Delta_k}{\|(A-B_k)\Delta_k\|^2} = \frac{(A-B_k)^T(q_k - r_k)}{\|q_k - r_k\|^2}$$

bestimmt, so ist die dazugehörige inverse Matrix B_{k+1} die beste Approximation von A bzgl. $Q(B_k, \Delta_k)$.

Eine Realisierung des Verfahrens

Mit den Bezeichnungen aus 8) wollen wir jetzt wieder die neue Suchrichtung Δ_{k+1} iterativ bestimmen. Nach 9) gilt für $k \in \mathbb{N}$ und $i = 0, ..., k-1$

$$\tilde{z}_{i+1} = \tilde{z}_i + \frac{\gamma_i}{\tau_i} (\Delta_{i+1} - (1 - t_i)\Delta_i).$$

Damit ist für $\tilde{u}_i := A\tilde{z}_i$

$$\tilde{u}_{i+1} = \tilde{u}_i + \frac{\gamma_i}{\tau_i} (q_{i+1} - (1 - t_i)q_i).$$

Mit den Bezeichnungen $\rho_i := (r_i - q_i)$ und $u_k := Az_k$ ist wegen $v_i^T \Delta_i = 1$

$$\frac{\gamma_i}{\tau_i} = \frac{v_i^T \tilde{z}_i}{v_i^T z_i} = \frac{\rho_i^T(B_i - A)H_i q_k}{\|\rho_i\|^2} = \frac{\rho_i^T(\tilde{u}_i - q_k)}{\|\rho_i\|^2} \quad \text{und}$$

$$\tau_k = \frac{\|\rho_k\|^2}{\rho_k^T(q_k - u_k)} .$$

Dies führt zu der folgenden Realisierung des Verfahrens:

Algorithmus LDA :

1^0 Wähle $x_0 \in \mathbb{R}^n$, $H_0 \in L(\mathbb{R}^n)$ invertierbar.

       Berechne $r_0 = b - Ax_0$, $\Delta_0 = H_0 r_0$, $q_0 = A\Delta_0$ und setze $k = 0$.

2^0 $\rho_k = r_k - q_k$, $t_k = q_k^T r_k / q_k^T q_k$ (bzw. $t_k = 1$), $\tilde{z}_0 = H_0 q_k$, $\tilde{u}_0 = A\tilde{z}_0$

       $x_{k+1} := x_k + t_k\Delta_k$, $r_{k+1} = r_k - t_k q_k$.

       Falls $\|r_{k+1}\| = 0$ dann stop.

3^0 falls $k \geq 1$: (Aufdatierungsschleife) $i = 0, ..., k-1$

$$\tilde{z}_{i+1} = \tilde{z}_i + \frac{\rho_i^T(\tilde{u}_i - q_k)}{\sigma_i} (\Delta_{i+1} - (1 - t_i)\Delta_i)$$

$$\tilde{u}_{i+1} = \tilde{u}_i + \frac{\rho_i^T(\tilde{u}_i - q_k)}{\sigma_i} (q_{i+1} - (1 - t_i)q_i)$$

4^0 $z_k = \tilde{z}_k$, $u_k = \tilde{u}_k$, $\sigma_k = \|\rho_k\|^2$, $\tau_k = \dfrac{\sigma_k}{\rho_k^T(q_k - u_k)}$

       $\Delta_{k+1} = (1 - t_k + \tau_k)\Delta_k - \tau_k z_k$

       $q_{k+1} = (1 - t_k + \tau_k)q_k - \tau_k u_k$

       $\rho_{k+1} = r_{k+1} - q_{k+1}$

5^0 Setze $k = k+1$ und gehe zu 2^0 .

Konvergenzbetrachtungen

Wir wollen unter der Voraussetzung der Berechenbarkeit der Aufdatierungsmatrizen die globale und Q-superlineare Konvergenz des obigen
Verfahrens beweisen.

<u>Satz</u> 2 :

Sei $x_0 \in \mathbb{R}^n$ und A, H_0 invertierbar. Sei $(x_k)_0^\infty$ eine von dem Algorithmus LDA bzgl. der optimalen Schrittweite erzeugte Folge. Ist
für alle $k \in \mathbb{N}_0$ $v_k^T z_k \neq 0$, so konvergiert $(x_k)_0^\infty$ gegen die gesuchte
Lösung von $Ax = b$ und die Konvergenz ist mindestens Q-superlinear.

<u>*Beweis:*</u> Da die Broyden-Aufdatierung (im Verfahren nicht benutzt)

$$B_{k+1}^B = B_k + (A - B_k)\frac{\Delta_k \Delta_k^T}{\Delta_k^T \Delta_k}$$

aus $Q(B_k, \Delta_k)$ ist, folgt aus der Definition von B_{k+1}

$$\| A - B_{k+1} \|_F \leq \| A - B_{k+1}^B \|_F$$

Die Broyden-Aufdatierung B_{k+1}^B ist die Projektion von B_k auf
$\{B \in L(\mathbb{R}^n) \mid B\Delta = A\Delta\}$ und es gilt

$$\| A - B_k \|_F^2 - \| A - B_{k+1} \|_F^2 \geq \| A - B_k \|_F^2 - \| A - B_{k+1}^B \|_F^2 = \| B_{k+1}^B - B_k \|_F^2$$

$$= \| (q_k - r_k)\Delta_k^T / (\Delta_k^T \Delta_k) \|_F^2 = \frac{\| q_k - r_k \|^2}{\| \Delta_k \|^2}$$

Durch die Summation auf beiden Seiten folgt daraus

$$\sum_{k=0}^\infty \frac{\| q_k - r_k \|^2}{\| \Delta_k \|^2} \leq \| A - B_0 \|_F^2 - r,$$

wobei r der Grenzwert der monoton fallenden Folge $(\| A - B_k \|_F^2)_1^\infty$ ist.
Insbesondere ist

14) $$\lim_{k \to \infty} \frac{\| q_k - r_k \|}{\| \Delta_k \|} = 0$$

und damit ist die Folge der Richtungen $(\Delta_k)_0^\infty$ bzgl. der Funktion
$r(x) := \| b - Ax \|$ Newton-ähnlich. Denn mit 14) gilt

$$\frac{\| r'(x_k) - r''(x_k)\Delta_k \|}{\| \Delta_k \|} = \frac{\| A^T(Ax_k - b) - A^T A \Delta_k \|}{\| \Delta_k \|} = \frac{\| A^T(r_k - q_k) \|}{\| \Delta_k \|} \to 0$$

Nach 8.1 Bemerkung 2 existiert ein $k_0 \in \mathbb{N}_0$, so daß für alle $k \geq k_0$
$\Delta_k^T r'(x_k) > 0$ ist, und die Folge $(\Delta_k)_{k_0}^\infty$ ist streng gradientenähnlich.
Nach 8.3 Satz, 6.3 Satz 1 und 3.1 Bemerkung folgt die globale und Q-
superlineare Konvergenz von $(x_k)_0^\infty$ gegen die Lösung von $Ax = b$. ∎

Literaturangaben

[A-P]   *Alefeld, G.; Potra, F.* [1989]. A new class of intervall methods with higher order of convergence. Computing 42, 69-80.

[A-B]   *Anderson, N.; Björck, A.* [1973]. A new high order method of regula falsi type computing a root of an equation. BIT 13 , 253 -264 (1973).

[A]   *Armijo, L.* [1966]. Minimization of functions having Lipschitz-continuous first partial derivatives. Pac. J. Math. 16, 1-3.

[Av]   *Avriel, M.* [1976]. Nonlinear Programming Analysis and Methods. Prentice-Hall, INC.

[B-O]   *Blum, E.; Oettli, W.* [1975]. Mathematische Optimierung. Springer Verlag.

[Br]   *Brent, R . P.* [1971] . Algorithm with guaranteed convergence for finding a zero of a function, Computer. J . 14, 422-425 (1971) .

[B-D]   *Brown, K. M.; Dennis, J. E.* [1972]. Derivative-free analogues of the Levenberg-Marquardt and Gauss Algorithms for nonlinear squares Approximations. Numer. Math. 18, 289-297.

[B1]   *Broyden, C. G.* [1965]. A class of methods for solving nonlinear simultaneous equations. Math. Comp. 19, 577-593.

[B2]   *Broyden, C. G.* [1970]. The convergence of single-rank quasi-Newton methods. Math. Comp. 24, 365-382.

[B3]   *Broyden, C. G.* [1970]. The convergence of a class of double-rank minimization algorithms Parts I and II. J.I.M.A. 6, 76-90, 222-236.

[B4]   *Broyden, C. G.* [1971]. The convergence of an algorithm for solving sparse nonlinear systems. Math. Comp. 25, 285-294.

[B-D-M]   *Broyden, C. G.; Dennis, J. E.; Morė, J. J.* [1973]. On the local and superlinear convergence of quasi-Newton methods. Inst. Math. Appl. 12, 223-245.

[Bu-D]   *Bus, J. C. P. , Dekker, T.J.* [1975]. Two efficient algorithms with guaranteed convergence for finding a zero of a function. Trans. Math. Softw. 4, 330 -345 .

[B-N-Y]   *Byrd, R. H.; Nocedal, J.; Ya-Xiang Yuan* [1987]. Global convergence of a class of quasi-Newton methods on convex problems. SIAM J. Numer. Anal. Vol. 24 No. 5, 1171-1190.

[C-S]   *Chartres, B.; Stepleman, R.* [1972]. A general theory of convergence for numerical methods. SIAM J. Numer. Anal. 9, 476-492.

[C]   *Curry, H.* [1944]. The method of steepest descent for nonlinear minimization problems. Quart. Appl. Math. 2, 258-261.

[D-F-S] *Dantzig, G. B.; Folkman, J. G.; Shapiro, N.* [1967]. On the Continuity of the minimum set of a continuous Function. J. Math. Anal. Appl. 17, 519-548.

[D] *Dekker , T.J.* [1969]. Finding a zero by means of successive linear interpolation . *in* "Constructive Aspects of the Fundamental Theorem of Algebra." (B. Dejon and P. Henrici, Eds.), pp. 37- 48, Wiley - Interscience, New-York .

[D-M1] *Dennis. J. E.; Moré J. J.* [1974]. A characterization of superlinear convergence and its application to quasi-Newton methods. Math. Comp. 28, 549-560.

[D-M2] *Dennis, J. E.; Moré J. J.* [1977]. Quasi-Newton methods motivation and theory. SIAM Rev. 19, 46-89.

[D-S1] *Dennis, J. E.; Schnabel, R. B.* [1979]. Least change secant updates for quasi-Newton methods. SIAM Rev. 21, 443-459.

[D-S] *Dennis, J. E.; Schnabel, R. B.* [1983]. Numerical Methods for unconstrained optimization and nonlinear equations. Prentice-Hall.

[D-W] *Dennis, J. E.; Walker, H. F.* [1981]. Convergence theorems for least change secant update methods. SIAM J. Numer. Anal. 18, 949-987, 19, 443.

[D-F—W] *Deuflhard, P.; Freund, R. ; Walter,A.* [1990]. Fast secant methods for the iterative solution of large nonsymmetric linear systems. Preprint 5/90, Konrad-Zuse-Zentrum Berlin.

[D] *Dietz, P.* [1984]. Uniforme Konvexität. Diplomarbeit, Universität Kiel.

[Die] *Dieudonné, J.* [1960]. Foundations of Modern Analysis. Academic Press, New York and London.

[Di] *Dixon, L. C. W.* [1972]. Quasi-Newton techniques generate identical points II. The proof of four new theorems. Math. Programming 3, 345-358.

[D-J1] *Dowell, M. , Jarratt, P.* [1971]. A modified regula falsi method for computing the root of an equation. BIT 11, 168-174 .

[D-J2] *Dowell, M. , Jarratt, P.*[1972]. The "Pegasus " method for computing the root of an equation, BIT 12 , 503- 508 .

[Eu] *Euler, L.* [1744]. Methoden Curven zu finden, denen eine Eigenschaft im höchsten oder geringsten Grade zukommt. Ostwalds Klassiker der exakten Wissenschaften N. 46, 1894.

[F] *Fichtenholz, G. M.* [1964]. Differential- und Integralrechnung. VEB Deutscher Verlag der Wissenschaften, Berlin.

[F-R] *Fletcher, R.; Reeves, C. M.* [1964]. Function minimization by conjugate gradients.

[Fo]   *Forster, O.* [1977]. Analysis I & II. roro Vieweg Mathematik, Reinbek bei Hamburg .

[G-S]   *Gay, D.M.; Schnabel, R. B. [1975]*. Solving systems of nonlinear equations by Broydens method with projected updates. In *Nonlinear Programming 3*, O. Mangasarian, R. Meyer and S. Robinson,

[G-P]   *Ge, Ren-pu; Powell, M.J.D.* [1983]. The convergence of variable metric matrices in unconstrained optimization. Math. Progr. 27, 123-143.

[G-G]   *Glashoff, K., Gustafson, S.A.* [1978]. Einführung in die lineare Optimierung, Wiss. Buchgesellschaft, Darmstadt.

[G-S]   *Glashoff, K.; Schultz, R.* [1979]. Über die genaue Berechnung von besten L_1- Approximationen. J. Approximation Theory 25, 280-293 (1979)

[Gol]   *Goldfarb, K.* [1970]. A family of variable metric methods derives by variational means. Math. Comp. 24, 23-26.

[Gold1]   *Goldstein, A.A.* [1965]. On steepest descent. SIAM J. Control 3, 147-151.

[Gold2]   *Goldstein, A.A.* [1966]. Minimizing functionals on normed linear spaces. SIAM J. Control 4, 81-89.

[Go]   *Gonnet, G.H.* [1977]. On the Structure of zero finders, BIT 17, 170-183.

[Gre]   *Greenstadt, J.* [1970]. Variations of variable metric methods. Math. Comp. 26, 145-166.

[H]   *Hackbusch, W.* [1991]. Iterative Lösung großer schwach besetzter Gleichungssysteme. Teubner Studienbücher, Stuttgart .

[Hal]   *Halperin, I.* [1962]. The product of projections operators. Acta Sci. Math. (Szeged) 23, 96-99.

[He]   *Hestenes, M.* [1980]. Conjugate Direction Methods in Optimization. Springer Verlag.

[H-S]   *Hestenes, M.R.; Stiefel, E.* [1952]. Method of conjugate gradients for solving linear systems, J. Res. Nat. Bur. Standards 49, 409-436.

[H-Z]   *Hettich, R.; Zencke, P.* [1982]. Numerische Methoden der Approximation und semi-infiniten Optimierung, Teubner Studienbücher.

[Hi]   *Himmelblau, D.* [1972]. Applied Nonlinear Programming, Mc Graw Hill

[Ho]   *Horst, R.* [1972]. Nichtlineare Optimierung, Carl Hanser Verlag

[Hous]   *Householder, A.S.* [1964]. The Theory of matrices in numerical analysis, Blaisdell New York

[K-A]   *Kantorowitsch, L.W. ; Akilow, G.P.* [1964]. Funktionalanalysis in normierten Räumen, Akademie-Verlag Berlin.

[Ke]   *Kelley, J.E.* [1960]. The cutting plane method for solving convex programs, J. Soc. Ind. Appl. Math. 8, 703-712

[K1]   *Kosmol, P.* [1976]. Optimierung konvexer Funktionen mit Stabilitätsbetrachtungen, Dissertationes Mathematicae CXL.

[K2]   *Kosmol, P.* [1976]. Regularisation of optimization problems and operator equations, Lectures Notes in Econom. and Math. Syst. 117 161-170, Springer Verlag.

[K3]   *Kosmol, P.* [1978]. On stability of convex operators, Lecture Notes in Econom. and Math. Syst. 157, 173-179, Springer Verlag

[K4]   *Kosmol, P.* [1991]. Optimierung und Approximation, de Gruyter Lehrbuch, Berlin-New York.

[K5]   *Kosmol, P.* [1987]. Über die sukzessive Wahl des kürzesten Weges in "Ökonomie und Mathematik", Springer Verlag, Hrsg. Opitz/Rauhut

[K6]   *Kosmol, P.* [1983]. Zweistufige Lösungen von Optimierungsaufgaben in "Mathematische Systeme in der Ökonomie", Athenäum, Hrsg. M.J. Beckmann, W. Eichhorn, W. Krelle

[K7]   *Kosmol, P.;* [1993]. A new class of derivative – free procedures for finding a zero of a function. Eingereicht bei Computing.

[K-W]   *Kosmol, P. ; Wriedt, M.* [1978]. Starke Lösbarkeit von Optimierungsaufgaben, Mathematische Nachrichten 83, 191-195

[K-Z1]   *Kosmol, P.; Zhou, X.* [1990]. The limit points of affine iterations Numer. Funct.Anal. and Optimiz. , 11 , (3and 4) , 403-409.

[K-Z2]   *Kosmol, P.; Zhou, X.* [1991]. The product of affine orthogonal projections. Journal of Approxim.Theory , Vol. 64, No 3,351 –355.

[Kow]   *Kowalsky, H-J* [1975]. Lineare Algebra, de Gruyter Lehrbuch

[K-T]   *Kozek, A. , Trzmielak-Stanislawska, A.*[1989]. On a class of omnibus algorithms for zero – finding. J. of Complexity 5 , 80-95.

[Kr]   *Krabs, W.* [1976]. Stetige Abänderung der Daten bei nichtlinearer Optimierung und ihrer Konsequenzen, Operation Research Verfahren XXV

[Kri]   *Kristiansen , G. K. :* [1963]. Algol Programming , BIT 3 , 204-208.

[Le1]   *Le , D.* [1984]. Three new rapidly convergent algorithms for finding zero of a function. SIAM J. Sci. Statist. Comput. 6(1) , 193- 208 .

[Le2]   *Le , D.* [1985]. An efficient derivative free method for solving nonlinear equations. Trans. Math . Softw. 11 , 3 (1985) .

[Len]   *Lenard, M.L.* [1975]. Practical convergence conditions for the Davidon-Fletcher-Powell method, Math. Programing 9, 69-86

[Le]   *Levenberg, K.* [1944]. A method for the solution of certain non-
          linear problems in least squares, Quart. Appl. Math. 2, 164-168

[L-P]   *Levitin, E.S; Poljak, B.T.* [1966]. Constrained Minimization Me-
          thods, Zh. Vychisl. Math. nat. Fiz 6, 5, 787-823 (U.S.S.R. comp.
          math. and math. physics)

[Lu1]   *Luenberger, D.G.* [1969]. Optimization by vector space methods,
          John Wiley.

[Lu2]   *Luenberger, D.G.* [1973]. Introduction to linear and nonlinear
          programming, Addision-Wesley.

[Man]   *Mangasarian, O.L.*[1976]. Uncostrained Methods in Nonlinear Pro-
          gramming, SIAM-AMS Proceedings, Vol.9, 169-184.

[Ma]   *Marquardt, D.* [1963]. An algorithm for least squares estimation
          of nonlinear parameters, SIAM J. Appl. Math. 11, 431-441 .

[M]   *Marvill, E.S.* [1979]. Convergence results for Schubert's method
          for solving sparse nonlinear equations, SIAM J. Numer. Anal. 16,
          588-604 .

[McC-R]   *McCormick, G.P.; Ritter, K.* [1972]. Methods of conjugate direc-
          tions versus quasi-Newton methods, Math. Programming 3, 101-116

[Mo]   *Morrison, D.D.* [1960]. Methods for nonlinear least squares pro-
          blems and convergence proofs, Tracking Programs and Orbit De-
          termination, Proc. Jet Propulsion Laboratory Seminar, 1-9 .

[Mu]   *Muller, D.E.*[1956]. A method for solving algebraic equations using
          an automatic computer. Math. Tables and other Aids in comp. 10,
          208-216.

[N-H]   *Nerincs, D. , Haegemans, A.* [1976]. A comparison of non-linear
          equation solvers. J. Comput. Appl. Math. 2, 145-148 (1976).

[vN]   *v. Neumann, J.* [1950]. Functional Operators Vol II. The Geometry
          of Orthogonal Spaces, Ann. Math. Studies 22, Princeton University
          Press

[Ni]   *Nickel, K.* [1974]. Über die Stabilität und Konvergenz numerischer
          Algorithmen I, II, Interne Berichte des Instituts für praktische
          Mathematik der Universität Karlsruhe

[Ni-R]   *Nickel, K.; Ritter, K.* [1972]. Termination criterion and numeri-
          cal convergence, SIAM J. Numer. Anal 9, 277-283

[O-R]   *Ortega, J. M.; Rheinboldt, W. C.* [1970]. Iterative solution of non-
          linear equations in several variables. Acad. Press, New York

[Os]   *Ostrowski, A. M.* [1973]. Solution of Equations in Euclidean and
          Banach Spaces. Academic Press, New York and London .

[Pe]   *Pearson, J. D.* [1969]. Variable metric methods of minimization.
          Comput. J. 12, 171-178.

[Pol]   *Polak, E.* [1971]. Computational methods in optimization. An uninfied approach. Academic Press, New York.

[P-R]   *Polak, E; Ribière, G.* [1969]. Note sur la convergence de methodes de directions conjuguées. Rev. Francaise Automat. Informat. Recherche Operationelle, Ser. Rouge. Anal. Numer. 3, 35 - 43.

[Polj 1] *Poljak, B. T.* [1969]. Metod soprjazennych gradientov v zadacah na exstremum. Z. Vychisl. Mat i Mat. Fiz 9, 807 - 821.

[Polj 2] *Poljak, B. T.* [1966]. Existence theorems and convergence of minimizing sequences in extremum problems with restrictions. Soviet. Math. Dokl. 166, 2, 72 - 75.

[P 1]   *Powell, M. J. D.* [1964]. An efficient method for finding the minimum of a function of several variables without calculating derivatives. Comput. J. 7. 155 - 162.

[P 2]   *Powell, M. J. D.* [1965]. A method for minimizing a sum of squares of nonlinear functions without calculating derivatives. Comput. J. 7. 303 - 307.

[P 3]   *Powell, M. J. D.* [1970 a]. A hybrid method for nonlinear equations in Numerical Methods for Nonlinear Algebraic Equations, P. Rabinowitz ed. Gordon and Breach, London, 87 - 114.

[P 4]   *Powell, M. J. D.* [1970 b]. A new algorithm for unconstrained optimization. In nonlinear Programming, J. B. Rosen, O. L. Mangasarian, K. Ritter, Academic Press, New York, 31 - 65.

[P 5]   *Powell, M. J. D.* [1975]. Convergence properties of a class of minimization algorithms. In nonlinear Programming 2, ed. Mangasarian, O.; Meyer, R; Robinson, S. Academic Press, 1 - 27.

[P 6]   *Powell, M. J. D.* [1976]. Some global properties of a variable metric algorithm for minimization without line searches. SIAM - AMS Proceedings, Vol.9

[P 7]   *Powell, M. J. D.* [1978]. The convergence of variable metric methods for nonlinear constrained optimization calculations. Nonlinear Programming 3.

[P 8]   *Powell, M. J. D.* [1986]. How bad are the BFGS and DFP methods when the objective function is quadratic? Math. Programming 34, 34 - 47.

[R 1]   *Ritter, K.* [1972]. Superlinearly convergent methods for unconstrained minimization problems. Proc. ACM Boston, 1137 - 1145.

[R 2]   *Ritter, K.* [1975]. A quasi-Newton method for unconstrained minimization problems. In Nonlinear Programming 2, ed. Mangasarian, O.; Meyer, R; Robinson, S. Academic Press, 1 - 27.

[Ro]   *Rockafellar, T.* [1970]. Convex Analysis, Princeton, New Jersey.

[Sch]   *Schittkowski, K.* [1987]. More Test Examples for nonlinear Programming. Lecture Notes in Economics and Mathematical Systems 282. Springer-Verlag Berlin-Heidelberg.

[S]   *Schubert, L. K.* [1970]. Modification of a quasi - Newton method for nonlinear equations with a sparse Jacobian. Math. Comp. 24, 27 - 30.

[Schw]   *Schwetlick, H.* [1979]. Numerische Lösung nichtlinearer Gleichungen. Oldenbourg Verlag. München Wien.

[St 1]   *Stoer, J.* [1975]. On the convergence rate of imperfect minimization algorithms in Broyden β - class. Math. Programming 9, 313 - 335.

[St 2]   *Stoer, J.* [1984]. The convergence of matrices generated by rank-2 methods from the restricted β - class of Broyden. Numer. Math. 44, 37 - 52.

[St 3]   *Stoer, J.* [1972]. Einführung in die Numerische Mathematik I. Springer-Verlag, Heidelberger Taschenbücher, Berlin-Heidelberg-New York .

[Th]   *Thielk, S.* [1990]. Behandlung von restringierten Optimierungsaufgaben mit global konvergenten Quasi-Newton-Verfahren. Diplomarbeit am Mathematischen Seminar der Universität Kiel.

[T 1]   *Toint, Ph. L.* [1977]. On the sparse and symmetric matrix updating subject to a linear equation. Math. Comp. 31, 954 - 961.

[T 2]   *Toint, Ph. L.* [1981]. A sparse quasi - Newton update derived variationally with a non - diagonally weighted Frobenius norm. Math. Comp. 37, 425 - 434.

[Tr]   *Traub, J. F.* [1982]. Iterative Methods for the Solution of Equations. Chelsea, New York

[W-W]   *Warth, W. ; Werner, J.* [1977]. Effiziente Schrittweitenfunktionen bei unrestringierten Optimierungsaufgaben. Computing 19, 59 - 72.

[We]   *Werner, J.* [1978]. Über die globale Konvergenz von Variable - Metrik- Verfahren mit nicht - exakter Schrittweitenbestimmung. Numer. Math. 31, 321 - 334.

[W 1]   *Wolfe, P.* [1969]. Convergence conditions for ascent methods. SIAM Review 11, 226 - 235.

[W 2]   *Wolfe, P.* [1971]. Convergence conditions for ascent methods II. Some corrections. SIAM Review 13, 185 - 188.

[Z]   *Zoutendijk, G.* [1970]. Nonlinear Programming, Computational Methods, in J. Abadie (ed.), Nonlinear and Integer Programming, North - Holland Publ. Co, 37 - 86.

Zeichenliste

$A^{1/2}$	113	$S_f(r)$	28	β_k		99
$C(M,Y)$	1	$S_f(x_0)$	29	$\partial f/\partial x_j$		16
$C_1(U,Y)$	15	$SP(Z)$	157	$\nabla f(x)$		17
Epi (f)	6	tr (A)	24	$\Phi(B_k, s_k, y_k)$		146
$f'_+(x)$	32	$V_1(x_0), V_2(x_0)$	96	Σ–konvergent		152
$F'(x,z)$	14					
$F'(x)$	14	(AR)	88	$\|\cdot\|$		1
$H(x)$	17	(ARA)	89	$\langle\cdot,\cdot\rangle$		3, 118
$J(x)$	17	(C)	87	$[x,y]$		5
$K_1(x_0), K_2(x_0),$		(G)	90	$\lim_{k\to\infty} x_k$		1
$K_3(x_0)$	100	(LM)	87	$\varliminf_{n\to\infty} M_n$		10
$L(X,Y)$	14	(M)	86	$\varlimsup_{n\to\infty} M_n$		10
$Lip_L(U)$	19	(PW)	90	$\int_a^b A(t)\,dt$		17
$M(f,K)$	11, 28	(V)	134			
$Q(s_k, y_k)$	145	(Z)	101			

Algorithmenliste

Algorithmus/Verfahren

A1	146	GQN1	179	N3	140
A2	147	Gradienten-,	84	N4	141
A2 (mod)	184	- verallgem.	85	OS	175
A3, A3', A3''	199-202	- konjugierte	207, 210	PA	176
A4,	202	- - mit Restart	211	Pegasus-	58
A5	203	- - ohne Restart	210	Poljak-Ribiére	210
bad-Broyden-	180	Illinois-	58	PSB	156
BFGS	188	Kelley-	12	Quasi-Newton-	147
Bisektions-	52	LDA	219	RA	217
Broyden-,	150, 180, 214	M	178	RAex	217
- Klasse	188, 190	m-PG	63	RA1	218
DFP	189	MAN-	171	Regula-Falsi	53
DSCP	66	Marquardt	144	Schubert-	157
Fletcher-Reeves-	210	Newton-,	52, 67	Sekanten-	57, 215, 216
G-N	134	- mit Diff.quot.	78	SJN	170
Gauß-Newton-,	80	- gedämpftes	130	Toint-	159
- gedämpft	134	- - diskretisiertes	131	I	215
Gay-Schnabel-	180	- modifiziertes	133	3-P	59
Goldener Schnitt	64	N1	131	3-PG	60
GQN	177	N2	137	3–PK	63

Teubner Studienbücher

Mathematik

Kall: **Lineare Algebra für Ökonomen.** DM 28,80 (LAMM)

Kall: **Mathematische Methoden des Operations Research.** DM 28,80 (LAMM)

Kohlas: **Stochastische Methoden des Operations Research.** DM 26,80 (LAMM)

Kohlas: **Zuverlässigkeit und Verfügbarkeit.** DM 38,– (LAMM)

Kosmol: **Methoden zur numerischen Behandlung nichtlinearer Gleichungen und Optimierungsaufgaben.** 2. Aufl. DM 32,–

Krabs: **Optimierung und Approximation.** DM 29,80

Lehn/Wegmann: **Einführung in die Statistik.** 2. Aufl. DM 27,80

Lehn/Wegmann/Rottig: **Aufgabensammlung zur Einführung in die Statistik.** DM 26,80

Louis: **Inverse und schlecht gestellte Probleme.** DM 28,80

Metzler: **Dynamische Systeme in der Ökologie.** DM 28,80

Müller: **Darstellungstheorie von endlichen Gruppen.** DM 28,80

Rauhut/Schmitz/Zachow: **Spieltheorie.** DM 38,– (LAMM)

Schwarz: **FORTRAN-Programme zur Methode der finiten Elemente.** 3. Aufl. DM 27,80

Schwarz: **Methode der finiten Elemente.** 3. Aufl. DM 46,– (LAMM)

Spaniol: **Arithmetik in Rechenanlagen.** DM 28,80 (LAMM)

Stiefel/Fässler: **Gruppentheoretische Methoden und ihre Anwendung.** DM 34,– (LAMM)

Stummel/Hainer: **Praktische Mathematik.** 2. Aufl. DM 39,80

Topsac: **Informationstheorie.** DM 19,80

Uhlmann: **Statistische Qualitätskontrolle.** 2. Aufl. DM 39,– (LAMM)

Velte: **Direkte Methoden der Variationsrechnung.** DM 28,80 (LAMM)

Vogt: **Grundkurs Mathematik für Biologen.** DM 24,80

Walter: **Biomathematik für Medizin.** 3. Aufl. DM 28,80

Witting: **Mathematische Statistik.** 3. Aufl. DM 29,80 (LAMM)

Wolfsdorf: **Versicherungsmathematik.**
Teil 1: Personenversicherung. DM 45,–
Teil 2: Theoretische Grundlagen, Risikotheorie, Sachversicherung. DM 39,80

Preisänderungen vorbehalten.

B. G. Teubner Stuttgart